大黄鱼养殖技术

黄伟卿　刘家富　刘招坤　谢伟铭　阮少江
张　艺　林培华　周银珠　郑昇阳
——编著

中国海洋大学出版社
·青岛·

图书在版编目（CIP）数据

大黄鱼养殖技术 / 黄伟卿等编著. —青岛：中国海洋大学出版社，2019.8

ISBN 978-7-5670-2081-8

Ⅰ.①大… Ⅱ.①黄… Ⅲ.①大黄鱼—海水养殖—技术培训—教材 Ⅳ.①S965.322

中国版本图书馆CIP数据核字（2019）第019254号

大黄鱼养殖技术

出版发行	中国海洋大学出版社
社　　址	青岛市香港东路23号　　**邮政编码**　266071
网　　址	http://pub.ouc.edu.cn
出 版 人	杨立敏
责任编辑	董　超
电　　话	0532-85902342
电子信箱	465407097@qq.com
印　　制	青岛国彩印刷股份有限公司
版　　次	2019年8月第1版
印　　次	2019年8月第1次印刷
成品尺寸	185 mm × 260 mm
印　　张	15.5
字　　数	276千
印　　数	1~2100
定　　价	96.00元
订购电话	0532-82032573（传真）

发现印装质量问题，请致电0532-88194567，由印刷厂负责调换。

《大黄鱼养殖技术》是在福建省2016年本科高校重大教育教学改革研究项目“转型背景下地方本科院校应用型人才培养机制探索——基于宁德师范学院的典型例证”（JZ160214）、2018年度宁德师范学院校本教材建设项目“宁师院教〔2018〕25号”、福建省中科院STS计划配套项目（2017T3016）“大黄鱼耐低盐机制研究及低盐驯养技术的应用”和福建省引导性项目（2017N0027）“大黄鱼和缢蛏低盐混合养殖新技术研发与推广”项目的支持下组织编写的。

本书由宁德师范学院、宁德市鼎诚水产有限公司和宁德市水产技术推广站联合编写，参加本书编写的有宁德师范学院、宁德市鼎诚水产有限公司黄伟卿，宁德师范学院阮少江、郑昇阳和周银珠，宁德市水产技术推广站刘家富、刘招坤和张艺，宁德市生产力促进中心谢伟铭。

本书由黄伟卿和刘家富统稿。具体编写分工如下：绪论由谢伟铭编写；第一章，第二章第一、三节，第四章第一、二、三、四节由刘家富编写；第二章第二节，第三章第二、三、四节，第四章第五节由黄伟卿编写；第三章第一节，第五章第一节由阮少江编写；第五章第三节由刘招坤编写；第五章第二节由张艺、林培华编写；第五章第四节及附录由郑昇阳、周银珠编写。

本书内容包括大黄鱼养殖技术研究及其产业化历程、大黄鱼的生物学特性、大黄鱼的营养、大黄鱼的人工繁育、大黄鱼的人工养殖和养殖大黄鱼的主要病害及防控，可作为水产养殖专业教学用书，也可供有关科研技术人员和养殖户参考。

在编写过程中，宁德市水产技术推广站陈庆林工程师、福建省闽东水产研究所刘振勇研究员以及国家大黄鱼重点实验室韩坤煌高级工程师对编写本书提供了许多宝贵的意见和大量的资料，谨此表示感谢！

由于编者的水平有限，本书如有不足之处，希望读者批评指正。

编　者

2019年8月6日

CONTENTS

目录

绪 论

大黄鱼养殖技术研究及其产业化历程

大黄鱼是我国特有的地方性海水鱼类，曾是我国最大群体的海洋经济鱼类，居我国海洋四大主捕对象（大黄鱼、小黄鱼、带鱼、墨鱼）之首，在我国及太平洋西部海洋渔业中均占有重要地位。20世纪70年代以前全国平均年捕捞量约12万吨。70年代初以来，由于酷捕滥捞，资源濒临枯竭。1985年，福建省有关部门立项“大黄鱼人工繁殖及育苗技术研究”，并首获成功。经过30多年发展，大黄鱼现已成为我国最大规模的海水养殖鱼类。在国家部委和地方政府部门及社会各界的共同努力下，大黄鱼养殖技术在跨越7个“五年计划”的研发历程中，主要经历了如下5个发展阶段。

一、“六五计划”后期的人工育苗初试阶段（1985年）

在原福建省水产厅的支持下，1985年春，宁德地区水产科技人员利用官井洋内湾性大黄鱼产卵场的条件，组建了“大黄鱼人工育苗初试”课题组，通过努力钻研，掌握了大黄鱼具有临产亲鱼不摄食、潮流变化影响卵母细胞成熟分裂与排卵，以及产卵活动需要特定的海区综合生态环境条件刺激等特性后，探索了采捕临产亲鱼的最佳海区、渔具、时限及雌雄亲鱼选择等关键技术，首次获得大黄鱼海上人工授精、室内人工育苗的成功，培育出了平均全长21.9 mm的苗种7 343尾。并以此技术路线为基础构建了大黄鱼全人工育苗的基础亲本群体。为缩短研究周期，项目组还突破了野生大黄鱼保活、驯养与亲鱼强化培育技术，以加快大黄鱼全人工育苗基础亲本群体的构建。同时，探索了海上网箱和池塘培育大黄鱼鱼种技术，为实现大黄鱼全人工育苗与增养殖技术的研究打下了重要基础。

二、“七五计划”期间的科技攻关阶段（1986～1990年）

“七五计划”期间，“大黄鱼人工育苗量产及其增养殖应用技术研究”作为重大科技攻关项目，先后在原福建省科委和原国家农牧渔业部正式立项。在1985年初试成功的基础上，以刘家富为主的科研团队进一步优化和制定了大黄鱼人工育苗和增养殖应用的技术路线和实施方案，攻破了一系列国内外首创的关键技术：① 1986年，首创了利用海区潮流，在海上网箱的框架上张挂多口浮游生物网，高效、批量地采捕天然桡足类的技术，优化了大黄鱼育苗饵料系列，解决了大黄鱼仔稚鱼因缺乏高度不饱和脂肪酸的“异常胀鳔症”引起的批量死亡技术难题。② 1987年，首创了大黄鱼亲鱼麻醉和催产技术，即对大黄鱼亲本采用丁香酚麻醉技术以减少其应激反应导致的死亡率过高和采用激素LRH-A3进行人工催产的技术。其中丁香酚的麻醉技术为国内首次应用于海水鱼类。建立了大黄鱼全人工批量育苗的核心技术。③ 1987年，首创了大黄鱼亲本的室内增温强化培育和建立早春育苗技术，为之后的培育早春苗、避免布娄克虫等病虫害对网箱中间培育大黄鱼苗的严重危害、缩短商品鱼养殖周期等解决了关键技术。④ 1987年，首次开展大黄鱼增殖放流，恢复大黄鱼种质资源的技术。在官井洋大黄鱼产卵场标志放流了平均全长93.1 mm的大黄鱼苗6 126尾和增殖放流1万尾。⑤ 1988年，通过添加多种维生素和微量元素首次解决了导致网箱养殖大黄鱼体形粗短、影响生长的营养缺乏症问题。⑥ 1990年，实现了大黄鱼全人工批量育苗技术。随着大黄鱼人工繁殖与育苗综合技术的成熟，以及保活天然鱼与人工苗养殖鱼培育的大黄鱼亲鱼的批量成熟，实现了104万尾的大黄鱼全人工批量育苗。

三、"八五计划"期间的养殖关键技术深化研究阶段（1991～1995年）

大黄鱼早期试养生长速度总体较慢，2龄鱼平均达不到250 g，产生不了经济效益，多数人认为其没有养殖开发前景。以刘家富为主的研究团队从个别试养鱼两年至少可达500 g生长快的例子，力排"大黄鱼难养"和"养殖大黄鱼没有经济效益"的众议，于1991年3月提出了"瞄准养殖技术开发，创立闽东大黄鱼养殖支柱产业"的建议。他们以"大黄鱼养殖技术开发研究"为题，获得福建省人大常委会的支持，经原福建省水产厅和原福建省科学技术委员会立项，开展了大黄鱼养殖关键技术研究和中间试验。当年获平均规格体质量达60 g（最大体质量为155 g）、养殖成活率48%的批量培育鱼种技术的新突破；1992年，先后获得大黄鱼网箱、土池批量养殖及早春、秋季等多季人工育苗成功的同时，指导养殖户开展池塘与网箱试养大黄鱼获得丰厚收入。同时，在福建省领导的关心下，原福建省科学技术委员会于1994和1995年先后启动了"福建沿岸大黄鱼养殖技术研究与开发"和"大黄鱼集约化养殖与人工育苗技术开发"项目。这些均为大黄鱼养殖产业化奠定了基础。

四、"九五计划"期间的养殖技术产业化阶段（1996～2000年）

福建省大黄鱼养殖热于1996年开始兴起。在大黄鱼养殖技术产业化过程中，出现了诸如养殖网箱与池塘布局、规模化养殖技术、种质保持、健康苗种繁育、病害防控等产业技术问题亟待解决。对此，原福建省科学技术委员会和福建省水产厅组织闽东等地区的水产、科技部门和水产科技人员，以及在闽的高等院校和科研院所专家，经过数个月的筹备，于1997年8月召开了全省的贯彻落实"依靠科技进步，促进大黄鱼养殖产业化"的工作会议，会上正式成立了福建省大黄鱼养殖产业化领导小组和工作小组，出台了《关于"依靠科技进步，促进大黄鱼养殖产业化"的意见》（简称《意见》）和《关于"依靠科技进步，促进大黄鱼养殖产业化的意见"的实施方案》（简称"实施方案"）。

根据上述的《意见》和《实施方案》，原福建省科学技术委员会和水产厅加强了大黄鱼养殖技术的示范与服务基地建设，组建了福建省大黄鱼养殖产业化技术服务队，并以原宁德地区水产技术推广试验场为基地，向省内外提供大黄鱼养殖技术服务；组织编撰教材，先后举办了全国、全省及有关县的多期大黄鱼养殖技术培训班；原福建省科学技术委员会和水产厅还联合启动了包括"大黄鱼养殖示范基地建设""养殖大黄鱼病害防治技术研究""大黄鱼人工配合饲料研制"和"大黄鱼保活运输技术研究"等大黄鱼养殖产业化技术研究项目；农业部启动了"大黄鱼养殖产业化技术研究"之"中华农业科教基金"和"大黄鱼健康养殖技术""丰收计划”等项目，大力地推动了大黄鱼养殖产业化的进程。自20世纪90年代初开始，正值我国因虾病肆虐导致养虾业发展滑坡之际，大黄鱼养殖技术的研发成功，促进了我国南方海水鱼网箱养殖的快速发展，推动了我国“以大黄鱼等多种类为代表的第4次海水养殖浪潮”，为我国海水养殖业的发展做出了具有里程碑意义的贡献。

1997～1998年，大黄鱼养殖技术逐步向浙江、广东、江苏等省辐射。

1997年，浙江省引进福建宁德地区的大黄鱼苗种和技术进行网箱养殖，1998年，引进大黄鱼受精卵开展了人工育苗试验并获成功。该省养殖大黄鱼的主要海区有：宁波市的象山港象山县西沪港海区和奉化市铁港海区，舟山市的嵊泗绿华海区、岱山秀山海区、普陀六横海区，台州市的淑江区大陈岛海区，温州市的洞头和南麂海区等。但由于受自然条件（冬天温度低于大黄鱼对温度的需求）的限制，大黄鱼在浙江省海域无法安全越冬，只能靠福建的南苗北调进行季节性的两地对接养殖，加上生长期较短，养殖效果较差，限制了该省大黄鱼养殖业的发展，使其多数年份养殖产量一直停留在3 000 t左右。

1995年，广东省原汕头市水产局同福建省原宁德地区水产技术推广站合作，率先引进大黄鱼人工育苗技术，并在潮阳市海门镇成功地进行了人工育苗。1997年开始分别在惠州市的惠东县盐洲港、大亚湾开发区澳头港，潮州市的饶平县柘林港，湛江市的徐闻县等地开展了大黄鱼网箱与池塘养殖试验。

1998年，江苏省开始在连云港市的赣榆县与南通市的启东县（现启东市）成功进行了大黄鱼人工育苗试验，后者还利用该苗种进行了沿海垦区港道养殖试验。

五、“十五计划”期间至今产业技术体系构建和产业升级阶段（2001年至今）

大黄鱼养殖产业技术的提升是产业化后的永恒主题。为促进产业化进程及产业升级，大黄鱼养殖技术研究项目组在上级科技与渔业等主管部门的支持与指导下，从1997年开始，就在项目区致力于构建大黄鱼产业技术支撑体系。

1. 制定产业发展规划　2003与2007年，农业部渔业局先后组织编制了第1期（2003～2007年）和第2期（2008～2015年）的《全国出口水产品优势养殖区域发展规划》，大黄鱼先后作为其中的我国六大和八大优势出口养殖水产品之一而被列入。农业部渔业局先后把福建省的宁德市蕉城、霞浦、福鼎、福安与福州市连江、罗源等县市区，以及浙江省的舟山市普陀、宁波市象山、台州市椒江、温州市苍南等县市区列入了我国大黄鱼的优势养殖区域。其中福建省的大黄鱼养殖产量占全国的90%以上。作为大黄鱼主产区的福建省渔业部门，先后委托宁德市渔业协会（原宁德市大黄鱼协会）起草了相应的两期《福建省出口大黄鱼优势养殖区域产业发展规划》（简称《规划》。《规划》根据全国及优势养殖省、市、县的大黄鱼产业发展的历史、现状、存在问题及发展目标，对大黄鱼的原良种繁育体系、保障体系、示范基地、龙头企业、信息网络等建设进行了整体规划设计，为大黄鱼产业的健康持续发展提供了科学依据。

2. 标准化与品牌工程　2001年以来农业部启动了“从田头到饭桌”的食品质量安全“行动计划”，大黄鱼养殖标准化和产品质量安全便成为“十五计划”期间开始的大黄鱼产业升级的主要内容之一。福建省质量技术监督与渔业部门以及农业部先后起草并发布了GB/T 32755—2016《大黄鱼》国家标准与DB35/T 159.1 ~ 159.6—2001《大黄鱼　标准综合体》福建省地方标准和NY 5060—2001《无公害食品　大黄鱼》、NY/T 5061—2002《无公害食品　大黄鱼养殖技术规范》农业行业标准，以及SC/T 2012—2002《大黄鱼　配合饲料》、SC/T 2049.1—2006《大黄鱼　亲鱼》、SC/T 2049.2—2006《大黄鱼　鱼苗鱼种》等水产行业标准。同时，作为大黄鱼主要养殖区的福建省宁德、福州两市及其相关县（市、区），在国家部委和福建省业务部门支持下，进行了大黄鱼原良种场、水产养殖病害防治站、海洋与渔业环境监测站、技术培训机构和信息网络等有关大黄鱼养殖标准化方面的基层科技能力建设；并由市县地方政府组织实施了大黄鱼养殖标准化；组织企业注册了“三都港”“夏”“海名威”“岳海”“官井洋”“九洋”“登月”“东富”“威尔斯”“三都”“钦龙”等一批大黄鱼产品商标，其中的宁德市金盛水产有限公司“三都港”牌、宁德市夏威食品有限公司“夏”牌、宁德市海洋技术开发有限公司“海名威”牌、福建岳海水产食品有限公司“岳海”牌、福建福鼎海鸥水产食品有限公司“九洋”、宁德市三都澳食品有限公司“威尔斯”、宁德市官井洋大黄鱼养殖有限公司“二都”、福建钦龙食品有限公司的“钦龙”品牌先后获得了中国驰名商标。同时，越来越多的企业获得了大黄鱼的“无公害农产品”“绿色食品”和“有机食品”等质量安全认证；宁德市政府于2005年组织该市渔业协会向国家质量监督检验检疫总局注册了“宁德大黄鱼”地理标志，同时，“宁德大黄鱼”品牌也于2016年获得“中国驰名商标”。目前宁德市渔业协会还在不同时期多次组织大黄鱼企业开展诚信经营和产品质量安全行业自律活动并向会员企业免费开设了大黄鱼药物残留检测。浙江省的舟山市、宁波市象山县、台州市淑江区先后分别注册了“舟山大黄鱼”“象山大黄鱼”与“大陈黄鱼”等地理标志；同时，象山县水产技术推广站和象山元虎水产有限公司还先后注册了“象山港牌”和“元虎牌”等大黄鱼品牌。这些，都有效地提高了我国养殖大黄鱼的品质与质量安全水平。

3. 原良种繁育工程　1986年成立了以大黄鱼增殖放流为主要职能的宁德地区官

井洋大黄鱼增殖站；从1998年起在福建省宁德市濒临官井洋大黄鱼产卵场的蕉城区三都镇秋竹村里渔坛岸边，开始立项建设福建省国家级官井洋大黄鱼原种场，创建了一线实验室，构建了海上网箱活体种质库，保活、驯养、储存野生大黄鱼作为原种亲鱼。原种场一方面扩繁原种子一代，进行海区增殖放流，扩大大黄鱼的自然种群；另一方面提供给养殖户养殖，以改善养殖群体的遗传多样性。与此同时，在原福建省海洋与渔业局于2001年挂牌的“海水水产良种繁育基地”（宁德）利用原种亲鱼和选优的养殖大黄鱼亲鱼，开展了优良品系选育；项目区的地方科技机构同高等院校、科研院所联合承担“大黄鱼染色体组操作培育全雌良种及应用技术研究”和“大黄鱼品种选育及养殖示范”等福建省重大科技项目和科技部“863”项目，以传统的选择育种技术为主，并辅以现代生物技术，初步构建了大黄鱼的野生选育系、养殖选育系和全雌选育系的原、良种选育工艺，有的子代初步显现了生长优势，其成果居国际先进或领先水平；农业部水产种质监督检验测试部门对大黄鱼原种场的原种大黄鱼进行了种质检测，建立了大黄鱼精子冷冻保存与人工授精工艺。宁波大学与浙江省宁波市海洋与渔业研究院分别于2002年与2010年先后利用从岱衢洋采捕、驯养的野生大黄鱼所培育的亲鱼进行了人工繁殖。前者的苗种大部分用于增殖放流；后者的苗种主要用于养殖。

2012年10月，受农业部渔业局委托，全国水产原种和良种审定委员会秘书处组织专家，对宁德市富发水产有限公司申报的福建省官井洋大黄鱼原种场完成了国家级资格验收，成为我国唯一一家国家级大黄鱼原种场。

2015年9月，在各界有关部门的支持下，由福建福鼎海鸥水产食品有限公司、宁德市富发水产有限公司和厦门大学等高校科研院所承担的“大黄鱼育种国家重点实验室”由科技部批准建设。

2016年3月，集美大学与宁德市官井洋大黄鱼养殖有限公司联合共建的国家级大黄鱼遗传育种中心获批建设。

这些，均为我国大黄鱼原良种繁育工程建设打下了基础。

4. 鱼病防控工程　随着大黄鱼网箱养殖规模的不断扩大，集约化程度的不断提高，尤其是受大黄鱼养殖效益的驱动，养殖网箱的无序、无度发展与过密布局使得养殖区水流不畅、水质富营养化、养殖病虫害问题也愈加突出，成为制约大黄鱼养殖产业发展的重要因素之一。为推进大黄鱼产业化进程和产业的健康发展，从1997年起，依托原福建省宁德地区水产技术推广站及其试验场，先后筹建了微生物实验室、鱼病病理实验室，引进了一批水产大专院校毕业生充实病防队伍；1999年，聘请水产养殖病防专家，先后开办了分别为期1个月和2个月的鱼病防治网络骨干技术培训班，为福建省的宁德、福州两地区及其重点养殖县、乡培训了一支水产养殖病害防治技术骨干队伍，并于当年年底在大黄鱼主要养殖区成立了以大黄鱼养殖业为主要服务对象的“宁德地区水产养殖病害防治站”。2000年开始，在霞浦等县成立县级站，培训大黄鱼病害测报员，先后启动了关于大黄鱼在内的宁德市水产养殖病害测报与预报，以及全国与福建省水产技术推广总站的大黄鱼养殖病害月测报工作。福建省水产技术推广总站于2010年依托宁德市大黄鱼产业技术委员会，成立了以病害防治为主要任务的大黄鱼养殖技术服务队。在福建省基本建成了省—市—县3级水产病害防治网络。在上述基础上，福建省通过不定期组织各县（市、区）水产技术人员和养殖业者开展大黄鱼病害防控技术培训和鱼病测报员培训，充实鱼病防控队伍，提高其人员的业务水平；通过建设各县市及重点养殖区病害防治监测点，为大黄鱼等水产养殖病害开展测报和预报，并定期在有关信息平台上发布相关信息；还通过接诊、坐诊、巡诊和技术咨询等方式开展服务；有的还同有关高等院校与科研院所合作，利用其病理实验室开展鱼病病理实验，积极开展大黄鱼主要养殖病害防控项目研究，努力提高大黄鱼病害防控技术水平。

2012年起，随着室内工厂化循环水养殖的兴起，福建省闽东水产研究所、宁德市富发水产有限公司等科研院所开始尝试大黄鱼室内循环水养殖技术，但目前效果不佳，还是无法控制病虫害的发生。而2014年随着大黄鱼低盐养殖的研究进展，证实大黄鱼在低盐条件下可有效防治刺激隐核虫病等，为今后的室内循环水养殖提供了技术支撑。

5. **环境监测与产品检测工程** 为给大黄鱼病害防控、养殖区环境保护、大黄鱼产品质量安全保障提供科学依据，1997年依托宁德地区水产技术推广站试验场，创建了一线水质化验室，培养监测与检测人才，购置监测船只，于1999年开始对三都湾大黄鱼主要养殖区开展了每月两个航次的定点、定期水质监测。监测指标包括水温、盐度、溶解氧、化学耗氧量、透明度、亚硝酸氮、硝酸氮、氨氮、活性磷酸盐、微生物、粪大肠菌群、赤潮生物种类与密度、生态学指标、沉积物、重金属等。这些监测数据每月均在刊物和网站的固定版块上发布，为省内外大黄鱼养殖业者与相关科技部门提供了海洋与渔业环境参考资料。

6. **产品加工工程** 随着大黄鱼养殖业者的资本积累和品牌意识的提高、高速公路的开通、市场的开拓，以及消费者对产品品质和质量安全要求的日益提高，近年来，愈来愈多的企业建起了大黄鱼的冷冻、加工工厂，有的还同高等院校与科研院所合作研发大黄鱼的保鲜和加工产品；有的企业开发的去鳞、去鳃、去内脏的“三去”大黄鱼条冻产品，不但大大提高了大黄鱼产品的品质与质量安全，走进了超市与其他高端市场，并为大黄鱼加工废弃物的深度加工化工产品、药品和高档营养食品等提供了原料。

7. 技术培训工程　1997年起，大黄鱼主产区的地（市）和县（市、区）水产科技部门都设立了技术培训专门机构，获得了社会力量办学、继续教育和农科教结合等培训资格，常年举办有关大黄鱼产业的技术培训班。主要针对大黄鱼的育苗与养殖、病害防控、产品加工等技术，以及其他水产养殖前沿技术、海淡水品种等，培训班对大黄鱼主养区的各县、市基层水产技术人员和从事大黄鱼产业的业者进行技术培训。这些技术培训有效地提高了大黄鱼业者素质，推动了大黄鱼主养区的人工育苗与养殖技术的推广。目前，每年都要举办多期各种不同类型、不同层次的与大黄鱼产业相关的技术培训班，培养了一大批大黄鱼繁育、养殖与加工等工种的初级工、中级工、高级工、技师与高级技师。技术培训工程成为大黄鱼产业技术体系的重要组成部分。

8. 产业信息工程　信息服务工程是大黄鱼产业技术支撑体系的重要组成部分，是为广大大黄鱼产业相关从业者、科技人员和部门领导提供快速的相关信息服务和技术交流平台。大黄鱼产业信息服务工程于2000年建成，由图书期刊资料室、《闽东海洋与渔业科技信息》《海洋与渔业信息摘编》和“官井洋海洋与渔业网”等组成，至今仍正常有序运行，不断地为大黄鱼业界提供产业与技术信息服务。随着现代信息科技发展，宁德市渔业协会于2015年还创建了“掌上大黄鱼网”（手机APP），许多企业应用“大黄鱼+互联网”加快了大黄鱼信息交流和产品的销售。

9. 行业服务工程　2003年，“宁德市大黄鱼协会”（2004年扩展为“宁德市渔业协会”）在我国大黄鱼主养区成立，2011年成立了福建省大黄鱼产业技术创新战略联盟（经福建省科学技术厅批准为省重点战略联盟），2013年以大黄鱼为主的宁德国家农业（海洋渔业）科技园区获批建设，2014年成立了“中国国渔业协会大黄鱼分会”，2016年国家大黄鱼产业技术创新联盟成立，这些组织在作为沟通大黄鱼产业相关从业者与政府之间的桥梁、协调大黄鱼行业关系、规范行业行为、进行市场调研、开展行业服务和促进大黄鱼产业健康发展等方面做了大量工作。协会还组织福建省闽东水产研究所、宁德市海洋与渔业环境监测站、水产技术推广站等科技单位会员搭建了“宁德市出口大黄鱼行业公共技术服务平台”和组织会员企业成立了“宁德市大黄鱼加工出口分会”，加强对大黄鱼产业的服务；大黄鱼的重点养殖县（市、区）及乡（镇）也相应成立了地方大黄鱼养殖协会。

通过上述30多年的艰苦努力，2014年起大黄鱼年产量均位列养殖海水鱼类产量之首。

第一章

大黄鱼生物学特性

大黄鱼为中国、朝鲜、韩国和日本等海域重要的经济鱼类，主要分布在我国从黄海南部，经东海、台湾海峡到南海雷州半岛以东的约60 m等深线以内的狭长沿岸海域。主要产卵场、越冬场和渔场自北而南有：黄海南部的江苏吕泗洋产卵场；东海北部的长江口—舟山外越冬场、浙江的岱衢洋产卵场；东海中部的浙江猫头洋产卵场、瓯江—闽江口外越冬场；东海南部的福建官井洋内湾性产卵场；南海北部广东珠江口以东的南澳岛—汕尾外海渔场和广东西部硇洲岛一带海域产卵场等10多处。

第一节 生物学形态特征

一、大黄鱼的外部形态特征

1. 体形 大黄鱼体延长，侧扁。背缘、腹缘均为广弧形。尾柄细长，尾柄长约为尾柄高的3倍或3倍以上；体长为体高的3.7～4.0倍，为头长的3.6～4.0倍。

2. 头部形态与构造 头侧扁，大而尖钝；具发达的黏液腔。头长为吻长的4.0～4.8倍，为眼径的4.0～6.0倍。吻钝尖，吻长大于眼径，吻褶完整，不分叶，吻上孔细小，3个或消失；吻缘孔5个，中吻缘孔圆形，侧吻缘孔呈裂缝状。眼中等大，上侧位，位于头的前半部；眼间隔圆凸，大于眼径。鼻孔每侧2个，前鼻孔小，圆形；后鼻孔大，长圆形，紧接眼的前缘。口大，前位，斜裂。下颌稍突出，缝合处有一瘤状突起。上颌骨后端几乎伸达眼后缘下方。牙细小而尖锐。颏孔6个，不明显，中央颏孔及内侧颏孔呈方形排列，外侧颏孔存在；无颏须。鳃孔大，鳃盖膜不与峡部相连。前鳃盖骨边缘具细锯齿，鳃盖骨后上方具2枚扁棘。鳃盖条7枚。鳃耙细长，长度约为眼径的2/3（图1–1）。

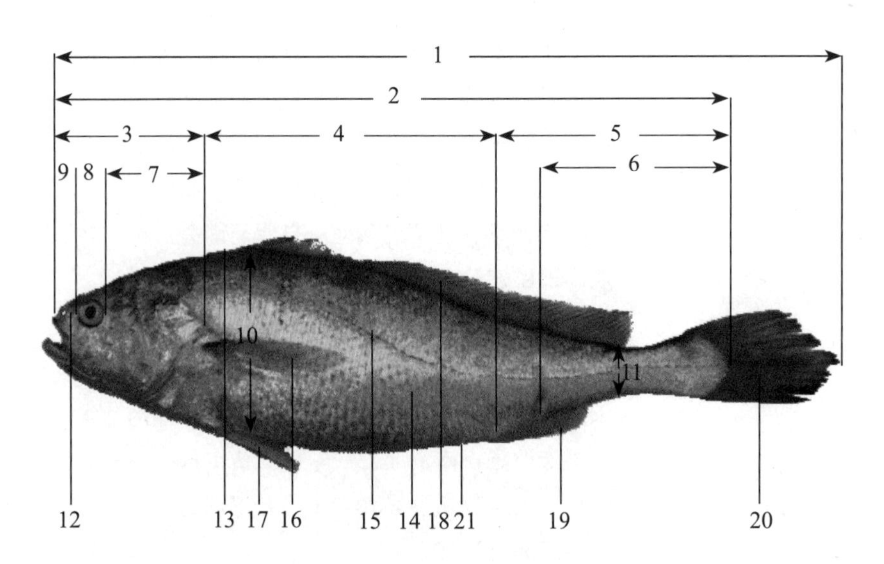

1. 全长；2. 体长；3. 头长；4. 躯干长；5. 尾长；6. 尾柄长；7. 眼后头长；8. 眼长；9. 吻长；10. 体高；11. 尾柄高；12. 鼻孔；13. 侧线上鳞；14. 侧线下鳞；15. 侧线；16. 胸鳍；17. 腹鳍；18. 背鳍；19. 臀鳍；20. 尾鳍；21. 肛门。

图1–1 大黄鱼外部形态图

3. **鳞被与侧线**　大黄鱼的头部及体的前部被圆鳞，体的后部被栉鳞（图1–2）。背鳍鳍条部及臀鳍鳍膜的2/3以上均被小圆鳞，尾鳍被鳞。体侧下部各鳞下均具一金黄色腺体。侧线鳞56～57枚，侧线上鳞8～9枚，侧线下鳞8枚（图1–3）。侧线完全，前部稍弯曲，后部平值，伸达尾鳍末端。

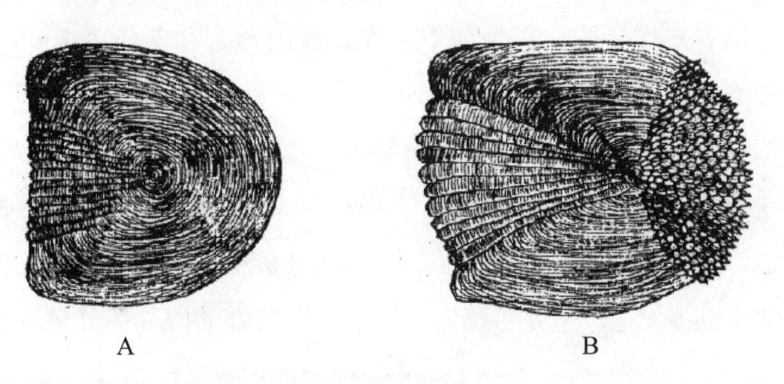

A. 头后方鳞片（圆鳞）　B. 尾柄部鳞片（栉鳞）

图1–2　大黄鱼鳞片

（资料来源：孟庆闻等，1987）

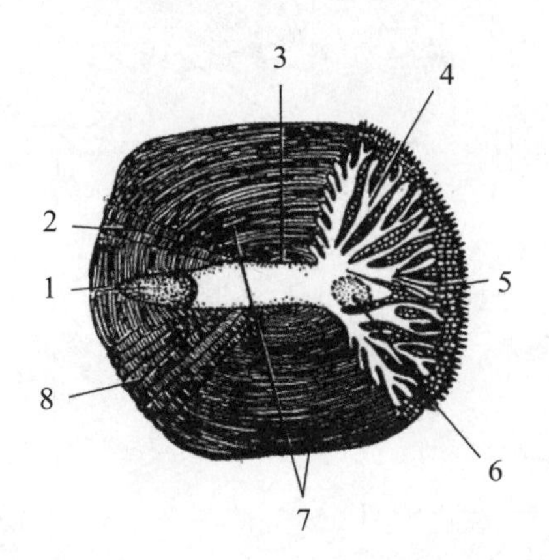

1. 侧线管开孔；2. 基区；3. 鳞焦；4. 侧线管分支；5. 顶区；6. 侧线管内表面开孔；7. 侧区；8. 辐射沟。

图1–3　大黄鱼的侧线鳞

（资料来源：孟庆闻等，1987）

4. **鳍式**　大黄鱼背鳍Ⅷ～Ⅸ，Ⅰ–31～34；臀鳍Ⅱ–8；胸鳍15～17；腹鳍Ⅰ–5。背鳍连续，鳍棘部与鳍条部之间有一深凹，起点在胸鳍基部上方，第一鳍棘短弱，第三鳍棘最长。臀鳍起点约与背鳍鳍条部中间相对，第二鳍棘长等于或稍大于眼径。胸鳍尖长，长于腹鳍。腹鳍较小，起点稍后于胸鳍起点。尾鳍尖长，稍呈楔形。

5. **体色**　大黄鱼背面和上侧面黄褐色，下侧面和腹面金黄色。背鳍及尾鳍灰黄色，胸鳍和腹鳍黄色，唇橘红色。

二、大黄鱼的内部构造

大黄鱼的内部构造由骨骼、肌肉、消化、神经、循环、呼吸、排泄、生殖、感觉和内分泌腺等器官系统组成。

（一）骨骼系统

鱼的骨骼有支撑鱼体、保持体型、保护体内器官和支持肌肉开展运动等功能。大黄鱼的骨骼系统包括中轴骨和附肢骨。

1. 中轴骨 由脑颅、咽颅、脊椎与肋骨组成。

（1）脑颅 分嗅区、眼区、耳区和枕区4区共计16种骨骼构成（图1-4、图1-5）。大黄鱼的额骨背面有发达的骨桥和容纳黏液的凹洼区，形成发达的黏液腔；前耳骨和枕骨也很发达，呈弧形隆起。脑颅腹面后部的内耳部分呈球形突起。

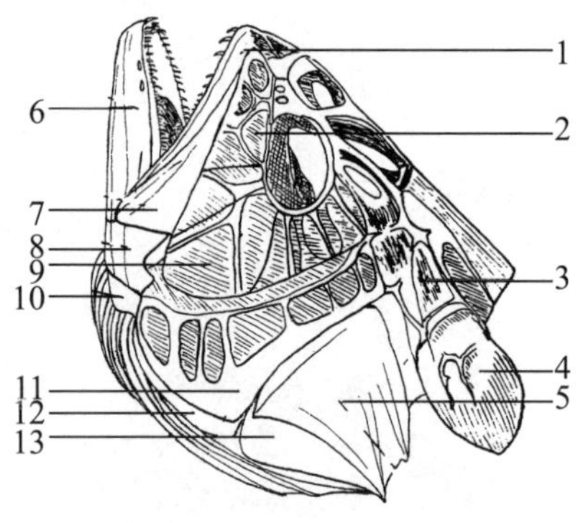

1. 前上颌骨；2. 前眶骨；3. 上颞骨；4. 后颞骨；5. 鳃盖骨；6. 齿骨；7. 上颌骨；8. 关节骨；9. 第四块眶后骨；10. 隅骨；11. 前鳃盖骨；12. 间鳃盖骨；13. 下鳃盖骨。

图1-4 大黄鱼的颅骨及其外面的骨骼

（资料来源：丘书院，1957）

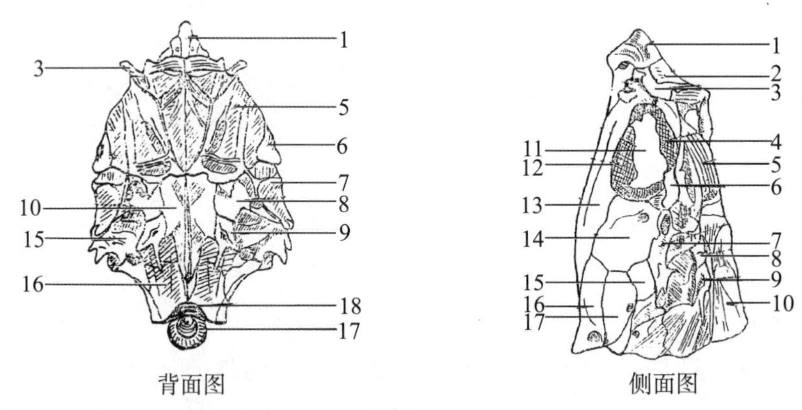

1. 犁骨；2. 中节骨；3. 前额骨的突起；4. 翼蝶骨；5. 额骨；6. 蝶耳骨；7. 翼耳骨；8. 颅顶骨；9. 上耳骨；10. 上枕骨；11. 眼眶；12. 基蝶骨；13. 副蝶骨；14. 前耳骨；15. 后耳骨；16. 外枕骨；17. 基枕骨；18. 枕骨大孔 。

图1-5 大黄鱼颅骨图

（资料来源：丘书院，1957）

（2）咽颅 在头骨的下方，由颌弓、舌弓、鳃弓和鳃盖骨等组成（图1–6、图1–7）。颌弓可分为上颌和下颌，上颌由上颌骨等7对不同骨骼组成，前颌骨构成口腔的上缘，有多列锥形牙；下颌由齿骨、关节骨和隅骨3对骨骼组成。齿骨构成口腔的下缘，有2～3列牙。在齿骨前端有3个小黏液孔，在关节骨的下侧有一条凹沟与前鳃骨的黏液腔相通。舌弓位于口腔底部，由基舌骨等8种骨片将咽颅连接于颅骨。鳃盖骨系由鳃盖骨和鳃盖条组成，鳃盖骨包括前鳃盖骨、鳃盖骨、下鳃盖骨和间鳃盖骨4对。前鳃盖骨上有隆起的骨条将其分隔成7个黏液腔，7对鳃盖条附在角舌骨和上舌骨下缘。4对鳃弓围绕口咽腔的后部，第五对鳃弓变异为咽喉骨。每对鳃弓均由咽鳃骨等7对骨骼组成。在鳃弓上均有鳃耙和鳃丝。

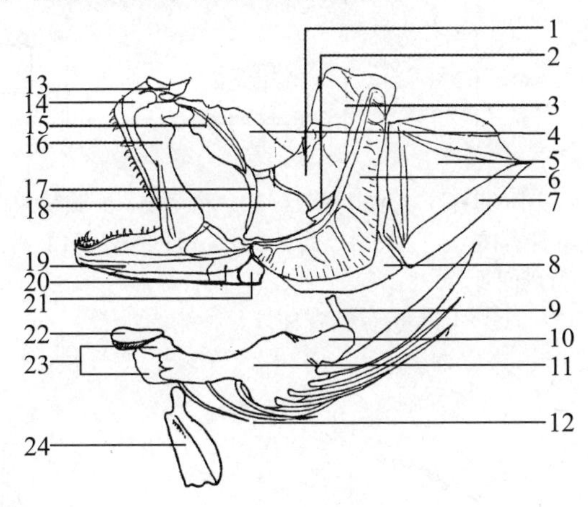

1. 后翼骨；2. 缝合骨；3. 舌颌骨；4. 中翼骨；5. 鳃盖骨；6. 前鳃盖骨；7. 下鳃盖骨；8. 间鳃盖骨；9. 间舌骨；10. 下舌骨；11. 角舌骨；12. 鳃盖条；13. 鼻骨；14. 前上颌骨；15. 腭骨；16. 上颌骨；17. 翼骨；18. 方骨；19. 齿骨；20. 关节骨；21. 隅骨；22. 基舌骨；23. 下舌骨；24. 尾舌骨。

图1–6 颅骨外面的骨骼及颚弧、舌弧（舌弓）

（资料来源：丘书院，1957）

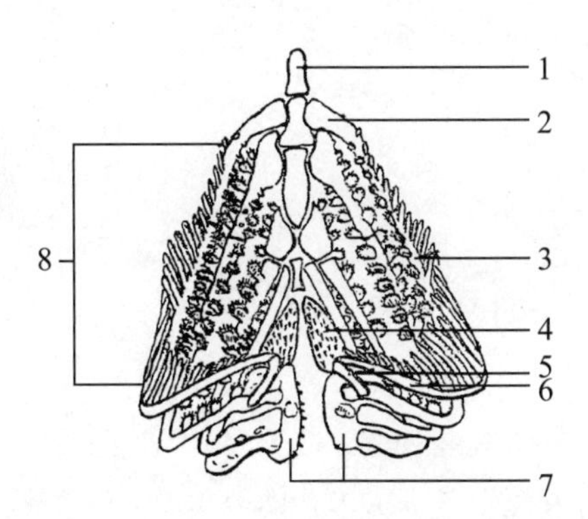

1. 基鳃骨；2. 下鳃骨；3. 角鳃骨；4. 下咽骨；5. 间鳃骨；6. 上鳃骨；7. 上咽骨；8. 鳃耙。

图1–7 大黄鱼的鳃弧（鳃弓）

（资料来源：丘书院，1957）

（3）脊椎与肋骨　大黄鱼的脊椎由26块双凹型的脊椎骨构成，其中11个为腹椎，15个为尾椎（图1–8、图1–9）。肋骨附着在腹椎上，有腹肋11对，其第一、二对分别连接在腹椎髓弓的基部，第三对连接在椎体侧面中部，第四对连接在椎体侧面下方，第五对连接在椎体腹面，第六至第十一对均连接在腹椎横突的末端；背肋9对，分别位于第三至第十一对腹肋的上方。肋骨起着支持腹部肌肉和保护内脏的作用。大黄鱼没有肌间骨。

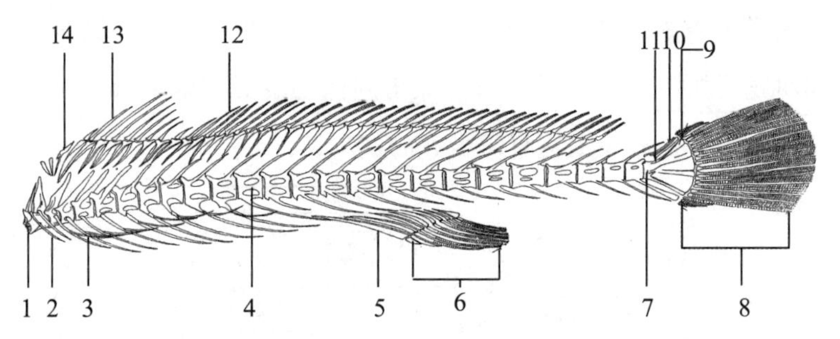

1. 第一个腹椎；2. 第一个腹椎的肋骨；3. 肋上骨；4. 第一个尾椎；5. 腹棘间骨；6. 臀鳍；7. 最后一个尾椎；8. 尾鳍；9. 第六块尾下骨；10. 尾上骨；11. 最后一个尾椎的髓弧；12. 背鳍的第一根鳍条；13. 背鳍的第二根硬棘；14. 第三块背棘间骨。

图1–8　大黄鱼的脊柱及几种鳍的骨骼

（资料来源：丘书院，1957）

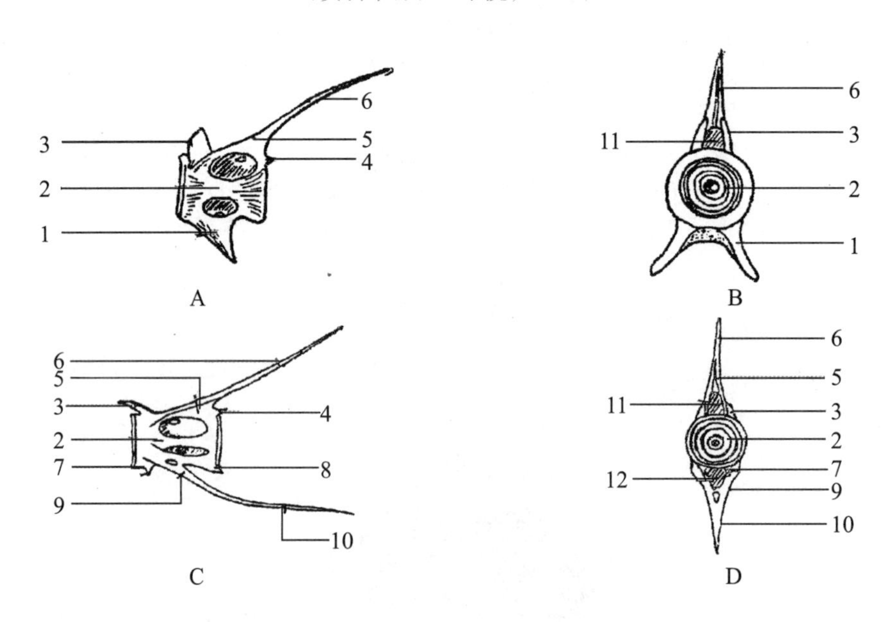

A. 第九个腹椎的侧面图；B. 第九个腹椎的前面图；C. 第四个尾椎的侧面图；D. 第四个尾椎的前面图

1. 椎体横突；2. 椎体；3. 前背关节突；4. 后背关节突；5. 髓弧；6. 背棘；7. 前腹关节突；8. 后腹关节突；9. 脉弧；10. 腹棘；11. 髓管；12. 脉管。

图1–9　大黄鱼的腹椎和尾椎

（资料来源：丘书院，1957）

2. 附肢骨　由肩带骨和腰带骨，以及支持各鳍的鳍骨及其鳍基部骨骼组成（图1–10、图1–11）。

（1）肩带骨　为支持胸鳍支鳍骨的附肢骨，由后颞骨、上颞骨、上锁骨、锁骨、后锁骨、上乌喙骨和下乌喙骨等组成。左右肩带骨在腹面相遇。

（2）腰带骨　为支持腹鳍支鳍骨的附肢骨，仅由1对呈长条形的骨骼组成，该骨前端略尖，插在锁骨下端的内侧，有韧带与锁骨相连。

（3）鳍骨　各鳍的鳍骨包括背鳍骨、臀鳍骨、腹鳍骨、胸鳍骨和尾鳍骨。前3种鳍骨由不分节的硬棘和分节的鳍条组成，后2种鳍骨仅由分节的鳍条组成。各鳍的鳍基部骨骼包括背棘间骨、腹棘间骨和胸鳍基骨等。

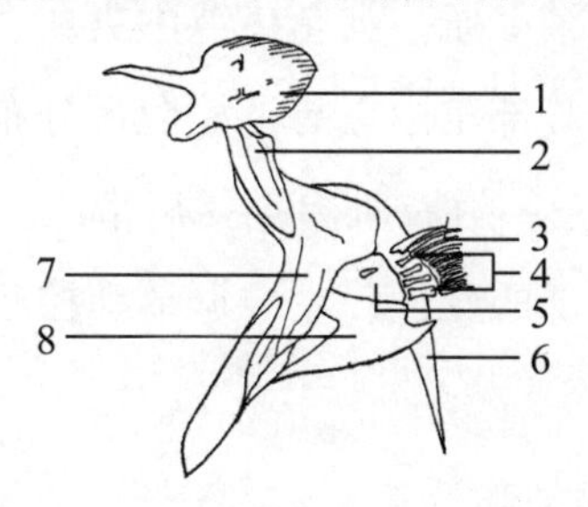

1. 后颞骨；2. 上匙骨；3. 胸鳍；4. 胸鳍支鳍骨；5. 上乌喙骨；6. 后匙骨；7. 锁骨；8. 下乌喙骨。

图1–10　大黄鱼的肩带骨及胸鳍

（资料来源：丘书院，1957）

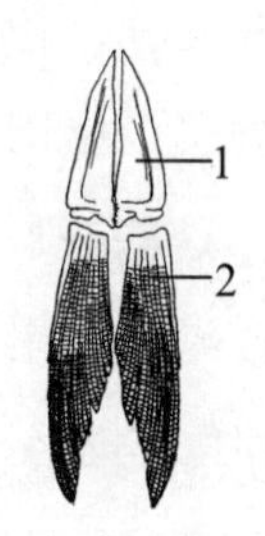

1. 腰带骨；2. 腹鳍。

图1–11　大黄鱼的腰带和腹鳍

（资料来源：丘书院，1957）

（二）肌肉系统

大黄鱼的肌肉系统按其分布部位、组织结构、分布特点和生理功能，可分为平滑肌、横纹肌和心脏肌3大类（图1–12）。

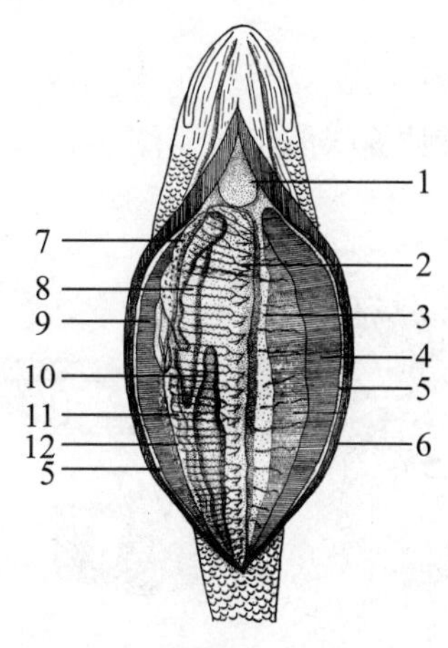

1. 心脏；2. 鳔的腹分支；3. 中腱；4. 左侧鼓肌；5. 腹筋膜；6. 大侧肌；7. 肝；8. 胃；9. 右侧鼓肌；10. 精巢；11. 肠；12. 腹膜。

图1–12　大黄鱼的内脏及鼓肌

（资料来源：朱元鼎等，1963）

1. 平滑肌　呈细长纺锤形，构成鱼体的血管、消化管及泌尿生殖器官的管壁。

2. 横纹肌　多附着在骨骼上，细胞呈细长柱形，构成鱼体体壁、附肢、食管、咽部及眼球等器官的肌肉。为大黄鱼肉的主要组成部分。大黄鱼的横纹肌可分为体节肌与鳃节肌。

（1）体节肌　又分为头部肌肉、躯干肌肉及附肢肌肉三大部分。① 头部肌肉分布在头的两侧，由浅层肌肉、深层肌肉、眼肌、鳃肌和舌肌等组成。② 躯干部和尾部的肌肉由头后至尾柄末端的大侧肌组成。大侧肌在体两侧，由一系列肌节组成，每侧具37～40肌节，肌节间由肌隔相隔。在近侧线处形成一水平隔膜，将大侧肌分成背、腹两部分，背部的称轴上肌，腹部的称轴下肌。在鱼体背中央左、右大侧肌间嵌有上棱肌，位于背鳍的前、后方。在鱼体腹部正中嵌有下棱肌，分布于腹鳍及臀鳍后方。这些棱肌收缩可使鳍伸展或后缩。③ 附肢肌肉包括肩带肌、腰带肌、背鳍肌、臀鳍肌和尾鳍肌等，是躯干肌肉在肢部的延伸，主要调节和控制各鳍的位置、状态和鱼体的运动。

（2）鳃节肌　包括颌弓、舌弓和鳃弓上的肌肉。

1. 心脏肌　心脏肌的细胞形状较宽短，彼此以分支联结在一起，肌肉丝上也有横纹，构成包括心脏的壁。

2. 鼓肌　在体腔内的鳔两侧、紧贴腹壁的地方，有1对。大黄鱼在集群摄食或繁殖时，鼓肌收缩以压迫内脏，使鳔壁振动而发出“咕、咕”或“咕咕咕、咕咕咕”响声，作为鱼群间的联络信号。

（三）消化系统

大黄鱼的消化系统由口、牙、舌、咽、食道、胃、幽门盲囊、肠和肛门等器官，以及胃腺、肝脏、胆囊和胰脏等腺体组成（图1–13）。

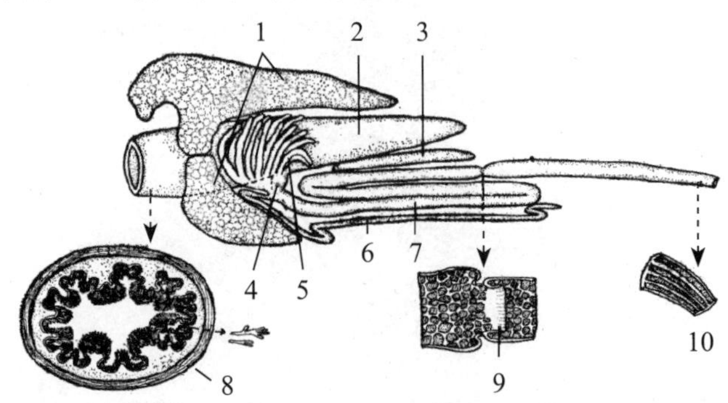

1.肝脏；2.胃盲囊；3.脾脏；4.幽门胃；5.幽门盲囊；6.胆囊；7.小肠；8.食道横切面；9.瓣膜；10.直肠。

图1–13　大黄鱼消化系统

（资料来源：孟庆闻等，1987）

1. 口 口裂大而斜。

2. 牙 牙细小而尖锐；上颌牙多行，外行牙扩大，前侧数牙最大；下颌牙2行，内行牙较大；下颌缝合处瘤状突起的后面两枚牙较大，其尖端向内；犁骨、腭骨均无牙。

3. 舌 舌大，游离，前端圆形，舌上无牙。大黄鱼的鳃耙细长，（8~9）+（16~18），最长鳃耙与鳃丝约等长，长度约为眼径的2/3。4对鳃弓内侧均有两排鳃耙，鳃耙粗短而排列稀疏，每对鳃弓内外两侧的鳃耙数不等，第1鳃弓的外鳃耙数为28个，内鳃耙数为21个。鳃耙顶端和鳃弓前缘分布有味蕾，有味觉作用。

4. 咽 咽腔较大，咽喉骨上生有许多小牙，牙尖斜向后方。

5. 食道 食道稍长而宽。

6. 胃 胃连在食道的后方，呈Y型，在胃体向后有一延长的盲囊。

7. 幽门盲囊 幽门盲囊在胃与小肠的连接处，共计14条，呈指状。

8. 肠 肠管有两道弯曲，小肠与直肠交界处内部有瓣膜状突起，肠管稍收缩，可防止食物残渣倒流。

9. 肛门 肛门在消化道的末端，与外界相通。肛门开口位于生殖导管及泌尿导管开孔的前方，有肛门括约肌控制肛门启闭。

10. 消化腺 大黄鱼的消化腺由胃腺、肝脏、胆囊、胰脏等组成。胃腺分布于胃的黏膜层和浆膜层；肝脏两叶，稍宽长；胆囊狭长，呈管状；胰脏以弥散状分布在消化道附近。大黄鱼的消化与其他硬骨鱼类一样，要经过口咽腔内的牙齿和消化管的管壁肌肉等物理性消化、胃等消化酶的化学性消化，以及肠等后端消化管的微生物性消化和吸收3个过程。食物中的糖、脂肪和蛋白质需经各种酶的作用，分解成小分子后，才能透过肠膜毛细毛管进入循环中的血液，以被鱼体的组织器官吸收、利用。研究结果表明，大黄鱼在发育进程中对蛋白质的整体消化能力始终较强，4种消化酶活力变化为：胃蛋白酶和类胰蛋白酶活力逐渐降低，而淀粉酶和脂肪酶活力呈上升趋势。

（四）呼吸系统

大黄鱼的呼吸系统主要由鳃及其辅助器官——鳔组成。

1. 鳃 鳃使血液中的二氧化碳与海水中的氧分子不断地进行交换。鳃由鳃弓、鳃片、鳃耙等组成。每个鳃弓上有前、后两个鳃片，鳃片是鳃的主要组成部分。鳃片上由许多呈平行排列的鳃丝组成。鳃丝的一端固着在

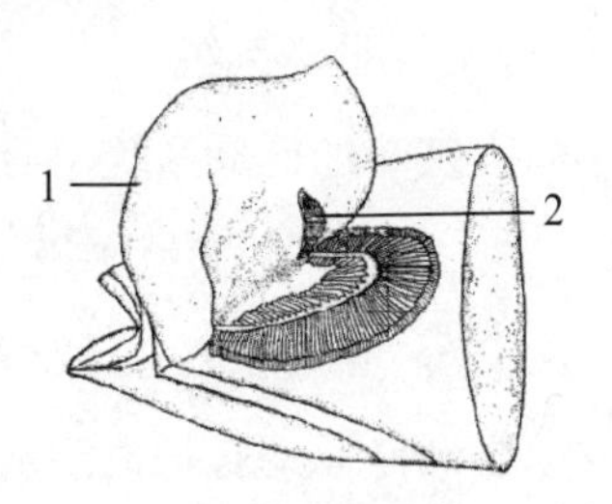

1. 鳃盖；2. 假鳃。

图1–14 大黄鱼的鳃盖及假鳃

（资料来源：孟庆闻等，1987）

鳃弓上，另一端游离，使鳃片呈梳状。每一鳃丝的两侧又有许多薄片状的鳃小片，鳃小片是与水进行气体交换的器官组织。大黄鱼具有短小的假鳃，位于鳃盖的内侧。假鳃没有呼吸功能，但会分泌一种酶，促使鳃排出二氧化碳（图1–14）。

2. 鳔　鳔不但是大黄鱼调节其栖息水层和发声的重要器官，同时也是呼吸的辅助器官。大黄鱼的鳔为封闭型，鳔管退化，不与消化道相通。鳔很发达，不分室。前部呈圆筒状，后部渐细尖。鳔的两侧具有31～33对侧枝；每一侧枝具背分枝及腹分枝，腹分枝分为上、下两小枝，下枝又分为长度相等的前、后两小枝，沿腹膜下延，伸达腹面（图1–15）。鳔壁内具有7～8枚由毛细血管聚集成的花朵状“赤腺”，“赤腺”能分泌气体并充满整个鳔腔。当鱼下潜、周围压力增大时，大量的血进入毛细血管内，“赤腺”细胞从中不断地分解出大量的氧充入鳔腔中使其压力增大而与周围压力平衡，并通过鳔后背方的“卵圆窗”渗入周边的血管中。“赤腺”也可以吸收气体而使鳔收缩，但速度较慢。鱼若被外力快速地从水的中下层拖上表层时，因周围压力骤减，就会使内脏从口中压出体外或引起鳔的膨胀破裂而引起鱼的死亡。

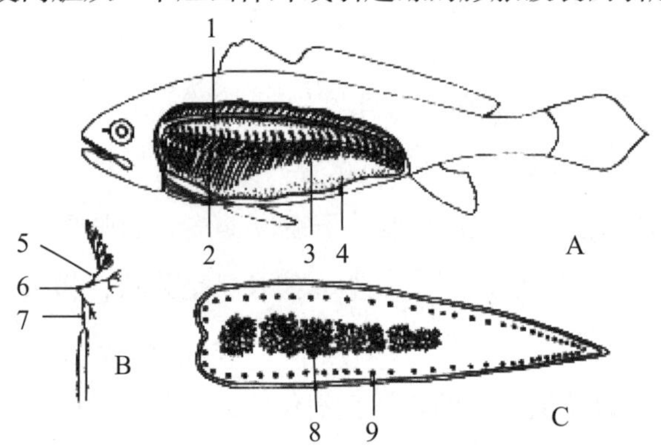

A. 体侧去体壁，示鳔及鳔分枝　B. 鳔的侧枝　C. 鳔的内壁

1. 鳔；2. 鳔侧枝；3. 腹膜；4. 卵巢；5. 背分枝；6. 侧枝；7. 腹分枝；8. 红腺；9. 鳔分枝通孔。

图1–15　大黄鱼的鳔

（资料来源：孟庆闻等，1987）

（五）循环系统

大黄鱼的循环系统由心脏、动脉、静脉和毛细血管等组成。

1. 心脏　心脏是血液循环的中枢，位于喉部的围心腔内，分静脉窦、心房和心室3部分。心室前方有动脉球。

2. 动脉　动脉把血液从心脏输送至身体各部分，动脉管壁厚而富弹性。

3. 静脉　静脉将身体各部分经过代谢后的血液带回心脏，多与相应的动脉平行分布，其管壁薄而少弹性，管径较动脉粗。

4. 毛细血管　数量众多，广泛分布于各器官组织中，连通着动脉与静脉。大黄鱼的血液循环方式属于单路循环。静脉血从心脏泵出，经过动脉球、腹主动脉和入鳃动脉后进入鳃弓，在鳃弓内血液经过入鳃丝动脉和入鳃小片动脉进入鳃小片进行气体交换，使浑浊的静脉血变成新鲜的动脉血。鳃部的动脉血通过鳃动脉和鳃上动脉进入位于体腔背部的背主动脉，背主动脉在躯干部分布许多分支血管，将富含氧及营养物质的动脉血输送到鱼的各器官组织。同时带着各器官组织新陈代谢所产生的二氧化碳等废物的血液，经从小到大的各种静脉汇回心脏，进行新的下一轮的循环。

（六）神经系统

大黄鱼的神经系统由脑、脊髓、脑神经和脊髓神经等组成。其中，由脑和脊髓构成中枢神经系统，由脑神经和脊髓神经构成外周神经系统。

1. 脑　脑可分为端脑、间脑、中脑、小脑和延脑。

（1）端脑　端脑由嗅叶和大脑半球组成。嗅叶长椭圆形，位于大脑的前方，前端连着嗅神经。大脑半球呈椭球形，腹面有纹状体。

（2）间脑　间脑的背面被中脑视叶所覆盖，仅见一细长的松果体，其末端呈圆盘状，向前伸达嗅叶中央，间脑腹面中央有长椭球形漏斗体，其前端附有脑垂体，后端有红色血管囊。脑垂体是重要的内分泌器官。

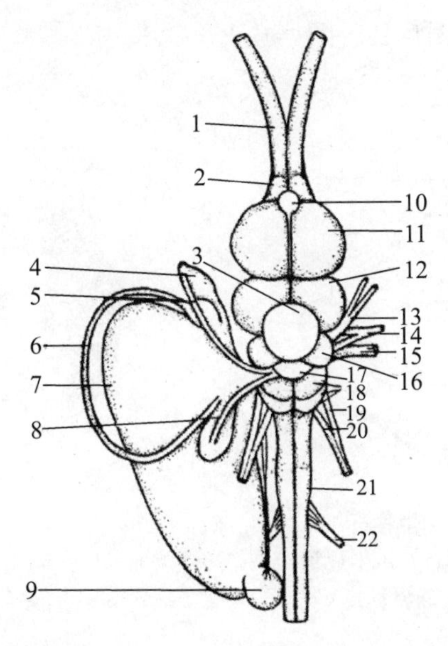

1. 嗅神经；2. 嗅叶；3. 小脑；4. 壶腹；5. 前半规管；6. 侧半规管；7. 球囊；8. 后半规管；9. 瓶状囊；10. 脑上腺（松果体）；11. 大脑；12. 中脑视叶；13. 三叉神经；14. 面神经；15. 听神经；16. 小脑侧叶；17. 面叶；18. 延脑；19. 舌咽神经；20. 迷走神经；21. 脊髓；22. 脊神经。

图1–16　大黄鱼的脑和内耳

（资料来源：孟庆闻等，1987）

（3）中脑　中脑为一对球状视叶，位于大脑后背方。

（4）小脑　小脑为位于中脑后背方的球状体，两侧具有发达的小脑侧叶。

（5）延脑　延脑是脑的最后部分，位于脊髓前端，以头骨的枕骨大孔为界。延脑的前部分为4叶和前面中央的1面叶（图1–16）。

2. 脊髓　鱼类的脊髓为1条扁椭圆长柱的管子，前面连接脑部，后面伸达尾椎末端，包藏在脊椎骨的髓弓内。脊髓的背、腹两面正中各有个背中沟和腹中沟，将脊髓分为左、右两半。脊髓为神经传导路径和简单反射中枢。

3. 脑神经　大黄鱼的脑神经共有10对，担负嗅觉、视觉、听觉、味觉、触觉、平衡和运动等功能。其中的听觉器官——内耳分为椭圆囊和球囊。椭圆囊狭小，具1个侧扁的小耳石和3个半规管；球囊宽大，具1个大型的耳石，后端具1个细小的听壶；耳石可分为背面、腹面和前缘、后缘、内缘、外缘，其不同的形态和印迹可作为分类依据。大黄鱼的耳石略呈盾形或梨形，前端宽圆，后端狭尖，里缘及外缘弧形；背面近外侧有一群颗粒突起；腹面具一蝌蚪形印迹，“头”区昂起，圆形，伸达前缘，“尾”区为一T字形浅沟，“尾”端扩大，中央有一圆形突起。边缘沟显著而宽短，位于腹面里侧缘。耳石表面随年龄增长而增加的同心环纹，还可用于鉴定年龄。当鱼体外来声波时，浸有耳石的内耳中的淋巴液便发生震荡，并经听神经传递而被脑感受（图1–17、图1–18、图1–19）。

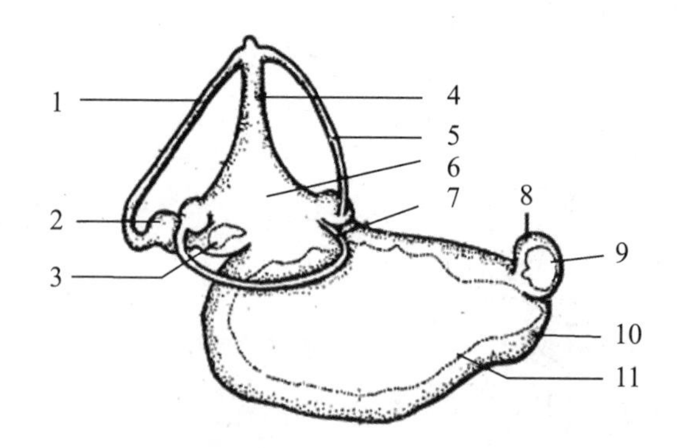

1. 前半规管；2. 壶腹；3. 微耳石；4. 总脚；5. 后半规管；6. 椭圆囊；7. 侧半规管；8. 瓶状囊；9. 星耳石；10. 球囊；11. 矢耳石。

图1–17　大黄鱼的内耳（左耳外侧面）

（资料来源：孟庆闻等，1987）

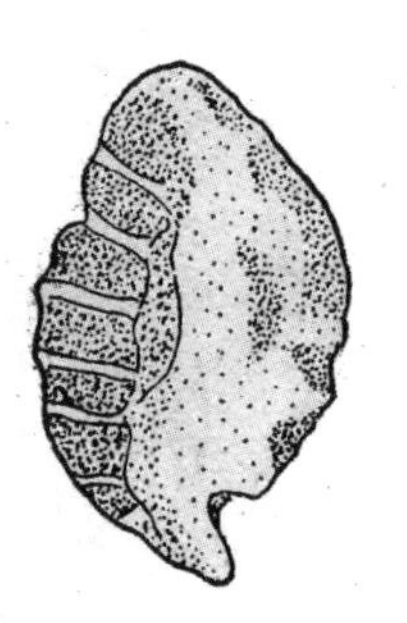
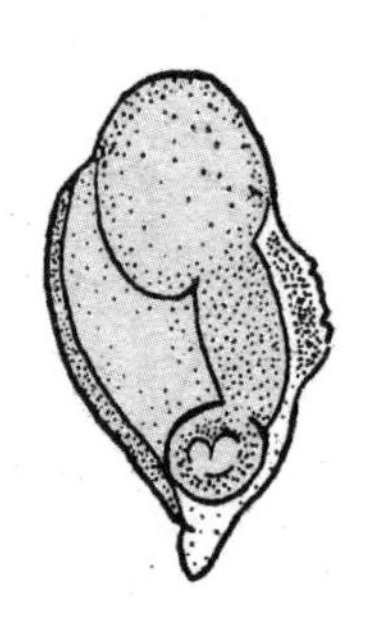

A. 背视图；B. 腹视图。

图1–18　大黄鱼右侧耳石

（长23.5 mm）

（资料来源：朱元鼎等，1963）

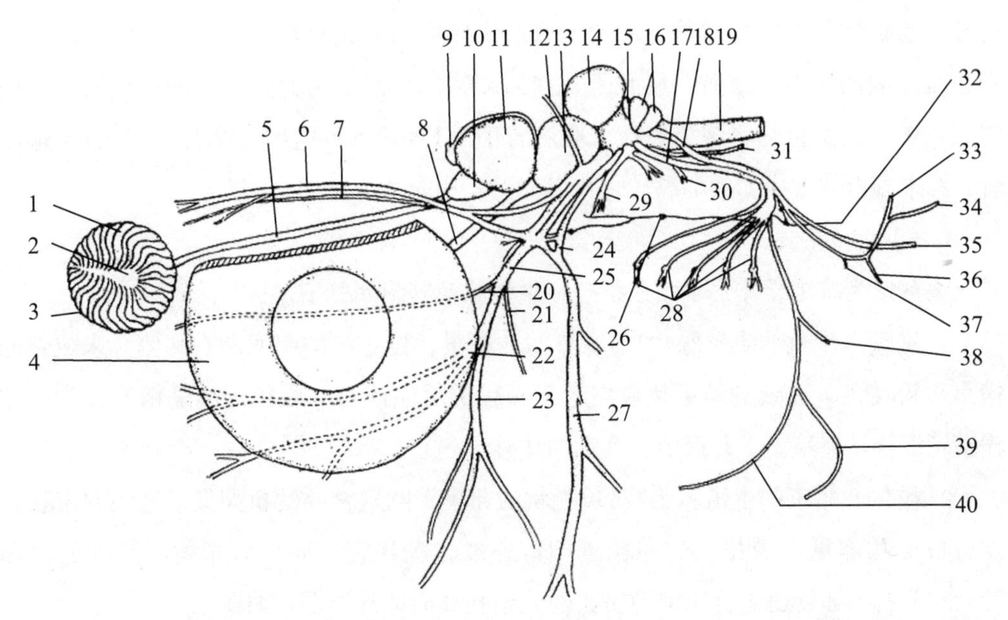

1. 初级嗅板；2. 嗅轴；3. 嗅囊；4. 眼；5. 嗅神经；6. 浅眼支；7. 口支部；8. 视神经；9. 脑上腺；10. 嗅叶；11. 大脑；12. 头部皮肤；13. 中脑；14. 小脑；15. 面叶；16. 延脑；17. 舌咽神经；18. 迷走神经；19. 脊髓；20. 深眼支；21. 浅颜面支；22. 上颌支；23. 下颌支；24. 面神经；25. 三叉神经；26. 交感神经；27. 舌颌支；28. 鳃支；29. Ⅷ至球囊内侧；30. 至球囊；31. Ⅷ至内耳瓶状囊；32. 交感神经干；33. 至轴上肌；34. 至皮肤；35. 侧线支；36. 至肩带；37. 至肌肉；38. 内脏支；39. 心脏支；40. 围心腔支。

图1–19 大黄鱼的脑及脑神经侧视图

（资料来源：孟庆闻等，1987）

4. 脊神经 脊神经在结构上呈分节排列，每对脊神经包括1个背支和1个腹支。大黄鱼的脊神经有26~28对（图1–20）。

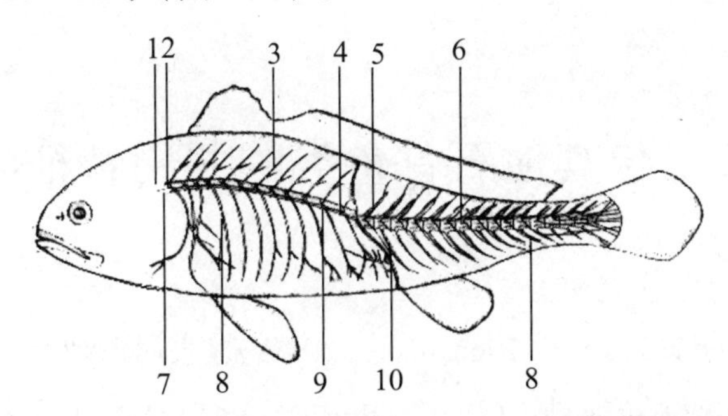

1. 脊髓；2. 脊神经节；3. 背支；4. 交通支；5. 髓弓；6. 椎体；7. 交感神经干；8. 腹支；9. 交感神经节；10. 脉弓。

图1–20 大黄鱼神经图

（资料来源：孟庆闻等，1987）

（七）排泄系统

鱼类的排泄系统由肾脏和鳃等器官组成。除了鳃主要排泄二氧化碳、水、无机盐和易扩散的含氮物质外，主要由肾脏来完成水、无机盐以及氮化合物分解产物中较难扩散的尿酸、肌酸、肌酸酐等代谢废物的排泄。为此，鱼类的排泄系统也称泌尿系统。大黄鱼的肾脏为紧贴于腹腔背面的1对长条形组织。两肾各引出1条输尿管，在末端合并形成膨大的膀胱，再以泄殖孔通向体外（图1–21）。

（八）生殖系统

大黄鱼为雌雄异体，生殖系统包括生殖腺及其附属管道。

1. **雄鱼** 雄鱼的生殖腺为1对长带状的精巢，位于鳔的腹面左右两侧。未成熟的精巢呈粉红色，成熟的精巢呈乳白色。精巢的后端连着一段很短的输精管，左、右输精管汇合于泄殖窦，并经泄殖孔通向体外。

2. **雌鱼** 雌鱼的生殖腺为1对长囊状的卵巢，刚发育的幼鱼卵巢呈透明的带状，发育成熟的卵巢充满黄色的卵粒。卵巢外被有囊状膜。卵巢后端缩小为细的输卵管，左、右输卵管也汇合于泄殖窦，经泄殖孔通向体外（图1–21）。

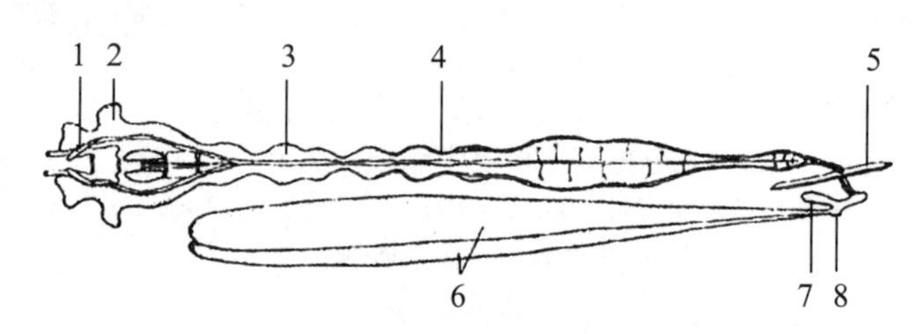

1. 腱；2. 头肾；3. 中肾；4. 输尿管；5. 鼓肌肌腱；6. 卵巢；7. 膀胱；8. 泄殖孔

图1–21 大黄鱼的排泄与生殖系统

（资料来源：孟庆闻等，1987）

第二节 与其他石首鱼类的共同特征与鉴别

大黄鱼*Larimichthys crocea*（Richardson，1846），隶属于鲈形目（Perciformes）石首鱼科（Sciaenidae）黄鱼亚科（Larimichthysinae）黄鱼属（*Larimichthys*）。俗称黄瓜鱼、黄花鱼、黄金龙和大黄花鱼等。

大黄鱼为中国、朝鲜、韩国和日本等海域重要的经济鱼类。

一、共同特征

我国的石首鱼科鱼类已记录7亚科15属31种，另外还有一外引种眼斑拟石首鱼

（俗称“美国红鱼”）。这些鱼类在形态上的共同特征主要表现在以下方面：体延长，侧扁。头中等大，圆钝或尖突。头部具发达的黏液腔。吻中等长。吻褶完整或浅分为2～4叶，具吻上孔和吻缘孔。眼位于头的前半部。鼻孔每侧2个；前鼻孔小，圆形；后鼻孔大，椭圆形。口下位或前位，口裂平或斜。牙一般细小，排列成狭的牙带；上颌外行牙及下颌内行牙常较扩大，有时形成犬牙。颏部常具小孔2～6个，明显或陷入。前鳃盖骨边缘常具细齿。体被圆鳞或栉鳞。侧线常延伸至尾鳍末端。背鳍、臀鳍的鳍条鳍膜上常被小圆鳞。背鳍鳍棘部和鳍条部之间常具一深凹，或连续、无缺刻。臀鳍具1～2枚硬棘。胸鳍尖或圆形。腹鳍胸位。尾鳍后缘楔形、截形或双凹形或尖。鳔很发达，圆筒形，后部细尖，有时前端两侧突出，形成侧囊，或管状延长，形成侧管；鳔侧常有多对侧枝，构造复杂。耳石较大，背面常有颗粒突起或嵴状隆起，腹面有一蝌蚪形印迹。

二、大黄鱼和其他石首鱼类的鉴别

为了便于鉴别和大黄鱼以及与大黄鱼接近的小黄鱼、棘头梅童鱼、黑鳃梅童鱼、黄唇鱼等在外部形态特征上容易混淆的石首鱼科鱼类，其主要区别见图1–22和表1–1。

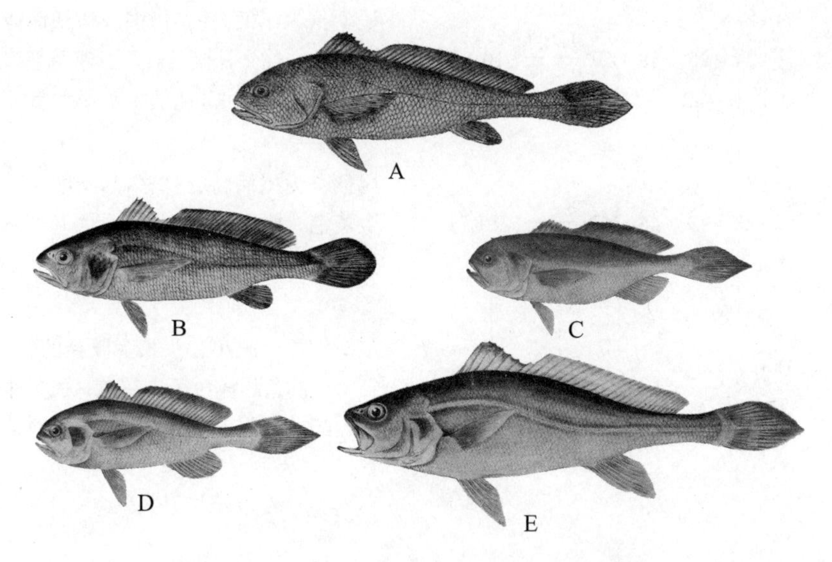

A. 大黄鱼　B. 小黄鱼　C. 棘头梅童鱼　D. 黑鳃梅童鱼　E. 黄唇鱼

图1–22　大黄鱼及与其易混淆的几种石首科鱼类外形图

（资料来源：朱元鼎等，1963）

表1-1　容易与大黄鱼混淆的石首科鱼类的鉴别

种　名	背鳍D 臀鳍A	鳞　式	鳃　耙	主要鉴别特征
大黄鱼 *Larimichthys crocea*	D Ⅷ ~ Ⅸ， Ⅰ-31 ~ 32 A Ⅱ-8	$56\sim57\frac{8\sim9}{8}$	9+16 ~ 17	臀鳍鳍条7 ~ 9；臀鳍第2鳍棘长等于或稍大于眼径。尾柄长为尾柄高的3倍多。鳞较细而多。体金黄色。枕骨棘棱不显著。背鳍基部终点在臀鳍基部终点的后上方。鳔前端无侧管，两侧有30余对侧枝，腹分枝的下小枝的前、后小枝等长。椎骨26个
小黄鱼 *Larimichthys polyactis*	D Ⅸ， Ⅰ-31 ~ 32 A Ⅱ-9	$54\sim56\frac{5\sim6}{8}$	10+18	臀鳍鳍条7 ~ 9；臀鳍第2鳍棘长小于眼径。尾柄长为尾柄高的2倍多。鳞较粗而少。体金黄色。枕骨棘棱不显著。背鳍基部终点在臀鳍基部终点的后上方。鳔前端无管，两侧有30余对侧枝，腹分枝的下小枝的前小枝延长，后小枝短小。椎骨29个
棘头梅童鱼 *Collichthys lucidus*	D Ⅷ， Ⅰ-24 ~ 25 A Ⅱ-11 ~ 12	$58\sim59\frac{9\sim11}{9\sim10}$	10+17	尾柄长为尾柄高的3倍多。鳞细而薄。体金黄色。枕骨棘棱显著。背鳍基部终点在臀鳍基部终点的正上方。为小型鱼类
黑鳃梅童鱼 *Collichthys niveatus*	D Ⅷ， Ⅰ-23 ~ 25 A Ⅱ-11 ~ 12	$46\sim47\frac{8\sim9}{9\sim11}$	9+15	尾柄长为尾柄高的3倍多。鳞细而薄。体金黄色。枕骨棘棱显著。背鳍基部终点在臀鳍基部终点的正上方。为小型鱼类
黄唇鱼 *Bahaba flavolabiata*	D Ⅶ， Ⅰ-22 ~ 24 A Ⅱ-7	$58\sim59\frac{9\sim10}{11\sim12}$	5+13	尾柄细长。眼小，头长为眼径的6倍。鳞细密。幼鱼的体色呈黑灰色，成鱼体腹侧及腹鳍呈黄色。鳔两侧无侧枝，前端具侧管1对。为中大型鱼类

第三节　生态习性及生活环境

一、大黄鱼的生态习性

（一）栖息水层

大黄鱼属于中下层鱼类，一般栖息于水深30～60 m海域的中下层，只有在摄食和繁殖季节追逐交配时才升至中上层。人工培育的大黄鱼苗种放流到自然海域一般在几天内就会适应环境潜至海域的中下层。

（二）洄游习性

大黄鱼为典型的洄游性鱼类，具有集群洄游的习性。在我国沿海60 m等深线以内均有分布，以长江、钱塘江、瓯江、闽江、珠江等江河注入的河口附近海域相对密集。大黄鱼具有明显的生殖洄游、索饵洄游与越冬洄游3大洄游的习性。洄游周期如图1–23所示。

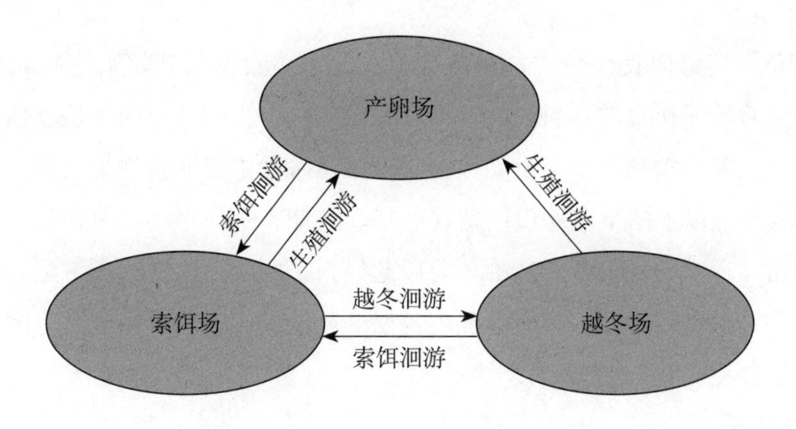

图1–23　鱼类洄游周期

1. 生殖洄游　又称产卵洄游，当鱼类生殖腺发育成熟后，脑下垂体和性腺分泌的性激素会促使鱼类集合成群而向产卵场所迁移，称为生殖洄游。春季，随着台湾暖流与南海暖流等外海高温高盐水势力的增强，大黄鱼越冬鱼群开始离开越冬场，集群向北、向河口近岸海域或港湾洄游，并在那里集群产卵。在长江口外和浙江外侧海域越冬的大黄鱼先后在浙江的猫头洋、岱衢洋和江苏的吕泗洋等产卵场产卵，在闽江口及其南北临近外侧海域越冬的大黄鱼主要在官井洋及东引等闽江口附近海域的产卵场产卵，在珠江口外越冬的大黄鱼主要在南澳岛近岸海域的产卵场产卵。

2. 索饵洄游　是指鱼从产卵场或越冬场游向摄食区的洄游活动。大黄鱼产卵后的生殖群体及其稚、幼鱼均分散在产卵场附近的湾内外和河口的广阔浅海索饵育肥。注入这些海域的淡水往往径流量大，营养盐丰富，海、淡水交汇，轮虫、桡足类、磷虾、莹虾、糠虾及其幼体和小杂鱼等繁生，为仔、稚、幼鱼和产卵后的亲鱼的索饵育肥提供了充足的天然饵料。大黄鱼的分散索饵习性是其在长期的进化过程中，为保证其种群的饵料供应与种的延续的一种适应。

3. 越冬洄游　又称为季节洄游，主要见于暖温性鱼类。当冬季来临，水温逐渐下降时，环境温度的变化成为影响暖温性鱼类生存的主要因素。它们必须离开原来索饵肥育的水域，集群游向水温适宜的栖息场所过冬，这就产生了越冬洄游。大黄鱼在秋后随着台湾暖流与南海暖流的逐渐消退，以及闽浙沿岸流的增强与水温的下降，原先分散在河口、内湾各索饵场索饵的不同年龄、不同大小的个体，逐渐集群向南、向外洄游进行越冬，并汇集越来越多的鱼群。

（三）食性

大黄鱼为广谱肉食性鱼类，其各个生长阶段摄食的天然饵料生物累计达上百种，各个发育阶段摄食的饵料生物种类存在较大差异。刚开口的仔鱼以捕食轮虫和桡足类、多毛类、瓣鳃类等浮游幼体为主，稚鱼阶段主要捕食桡足类和其他小型甲壳类幼体，50 g以下的早期幼鱼以捕食糠虾、磷虾、莹虾等小型甲壳类为主。大黄鱼人工育苗（养殖的大黄鱼）从稚鱼阶段起经人工驯化均可摄食人工配合饲料。大黄鱼具有集群摄食的习性，其摄食强度与温度高低密切相关，在适温范围内水温愈高，摄食量愈大，生长也愈快。

（四）生长

大黄鱼按生长阶段可分仔鱼期、稚鱼期、幼鱼期和成鱼期。其体长在1龄前生长较快，从2龄开始生长速度就明显变慢；体重的增加在6龄前均较明显，以1 ~ 3龄增长相对较快。据报道，目前野生大黄鱼的最大个体体长为750 mm、体重为3 800 g。大黄鱼的生长速度与水温、饵料丰富与质量及群体大小等有关。同年龄雌鱼的生长速度明显快于雄鱼，尤其是性腺发育时更加明显。

不同的养殖方式、养殖环境、饵料的种类以及不同群体间的大黄鱼生长模式均不同，以Keys氏公式 $y=ax^b$，拟合大黄鱼体长（cm）与体质量（g）的关系，$b\approx3$时其生长表现为等速生长类型，但不同群体间体长与体质量的关系有所差异。据徐恭昭等（1984）报道了865尾官井洋野生大黄鱼春季繁殖群体体长在19～52 cm时体质量（W）与体长（L）的关系式为W=0.024 $L^{2.848}$。陈慧等（2007）调查了786尾三都湾青山养殖区网箱养殖大黄鱼，体长在20～359 mm时体质量（W）与体长（L）的关系符合W=0.019 5 $L^{2.977\ 5}$（R^2=0.995 9），体长（y）与月龄（x）的关系符合二次式 y=0.025 9x^2+1.712 5x+4.153 4（R^2=0.989）。陈成进（2011）调查了宁德市海水网箱养殖大黄鱼体长40.2～309.6 mm、体质量0.95～555.9 g时体质量（W）与体长（L）的关系符合W=0.015 1 $L^{3.066}$（R^2=0.999 2）。黄伟卿等（2013）经过长期测量10月龄海捕野生大黄鱼子代（HB–F1）和养殖大黄鱼选育子二代（XY–F2）的相关数据得出：HB–F1体长（x）与体量（y）的关系满足公式 y=0.016 5$x^{3.036\ 5}$（R^2=0.998 4）（图1–24–B），XY–F2体长（x）与体质量（y）的关系满足公式y=0.016 9$x^{3.049\ 6}$（R^2=0.998 9）（图1–24–A）。

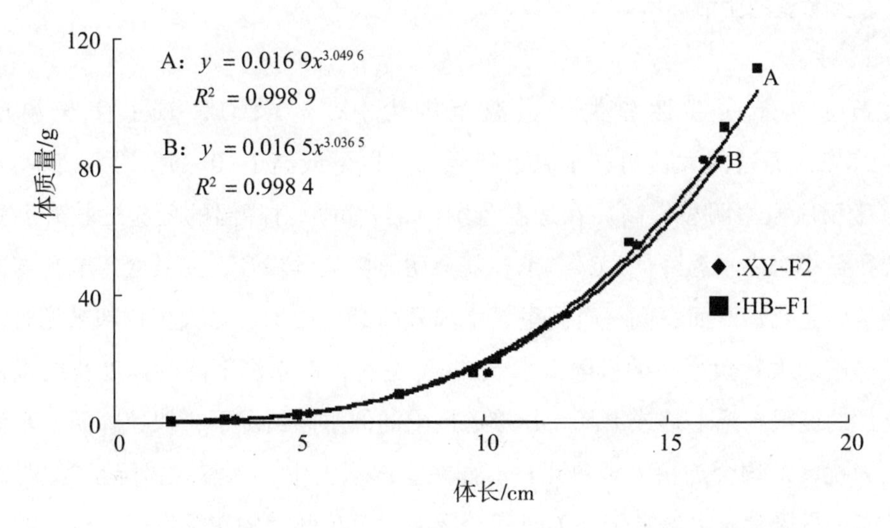

图1–24 XY–F2（A）和HB-F1（B）体长与体质量的关系

（资料来源：黄伟卿等，2013）

黄伟卿等（2014）采用多元回归分析法建立了海捕野生和养殖2个大黄鱼群体以体质量（y）为因变量，自变量为全长（x_1）、体长（x_2）和体高（x_3）的生长关系回归方程。野生群体亲本，雌性的回归方程：y=–1 480.485+38.43x_2+82.108x_3，决定系数等于0.943；雄性的回归方程：y=–1 068.517+22.071x_2+102.65x_3，决定系数等于0.950。养殖群体亲本，雌性的回归方程：y=–1 188.337+35.494x_2+64.572x_3，决定系数等于0.867；雄性的回归方程：y=–422.411+28.557x_1，决定系数等于0.401；方程偏回归系数及回归常数均达到了极其显著水平（$P<0.01$），回归模型满足正态性假设。

（五）繁殖习性

大黄鱼生殖细胞的形态发生和性腺发育，虽与一般硬骨鱼类一样，都要经过增殖期、生长期和成熟期等阶段。但要达到性成熟，需达到一定的年龄。岱衢族的大黄鱼2龄时开始性成熟，大量性成熟时为3～4龄；硇洲族的大黄鱼1龄时便开始成熟，大量性成熟时为2～3龄；闽—粤东族大黄鱼于2龄时开始性成熟，大量性成熟时为2～3龄。雄鱼性成熟的年龄比雌鱼小。大黄鱼性成熟除与年龄有关外，还与生长有着密切的关系，如生长快、个体大的其性成熟相对也较早；除了与生长有关外，还与越冬条件、水温、光照、饵料、体内脂肪含量等综合因子有关。在人工养殖条件下，大黄鱼的性成熟要比自然海域野生大黄鱼早，一般大量性成熟的雄鱼为1龄，雌鱼为2龄，这与其丰富的人工饲料营养条件有着直接的关系。大黄鱼的产卵类型为多次产卵类型。

二、大黄鱼的生活环境

（一）水温

大黄鱼属于暖温性鱼类，适温范围为8℃～32℃，较适生长温度为20℃～28℃。养殖的大黄鱼在水温下降至13℃以下或高于30℃时，摄食量明显降低，应激反应概率明显提高。在适温范围内，大黄鱼对降温的反应远较升温的敏感。若在数小时内水温降低2℃～3℃，就会明显影响其摄食，尤其会影响鱼苗的活力，甚至引起死亡；而在同一时间里，水温升高2℃～3℃，对大黄鱼却未见有明显的不良影响。大黄鱼死亡的极限低水温在6℃左右，但水温下降的速度快或慢依次可使死亡的极限水温上移或下降。在接近极限的低水温情况下，快速降温、水流湍急或人为扰动，均会加快大黄鱼死亡。而在室内水池中，水温缓慢降至7℃时，大黄鱼尚能少量摄食。水温高于26℃时就会影响大黄鱼胚胎的正常发育，孵出的仔鱼畸形率明显升高。

（二）盐度

大黄鱼属于广盐性的河口鱼类，适应盐度为6.5～34，较适宜盐度24.5～30。室内人工育苗较适宜盐度为22～31，当盐度低于22时大黄鱼的受精卵便会下沉水底、因缺氧而窒息死亡。在盐度高于34的海域，大黄鱼便较难适应。黄伟卿（2015）、陈佳等（2013）、刘爽等（2013）、李兵等（2012）、沈盎绿等（2007）对大黄鱼的耐盐性进行了研究，证实通过缓慢淡化，大黄鱼可在低盐（盐度0～10）的环境中存活。黄伟卿（2015）和黄伟卿等（2017）研究了大黄鱼在低盐环境中的养殖成活率和生长速度，结果显示，在盐度0～1的低盐至全淡水环境中，大黄鱼的养殖成活率显著高于正常海水养殖组，生长速度高于正常海水养殖组。郭进杰等（2016）对大黄鱼在盐度5的海水环境中性腺发育同正常海水组进行对比，结果发现，卵巢可以发育成熟，但性腺指数低，成熟卵细胞占所占比例明显低于正常海水组。对于是否能进行大黄鱼低盐工厂化养殖模式推广，有待进一步深入研究。

（三）酸碱度

海水的酸碱度一般为7.85～8.35，适合大黄鱼生活。而酸碱度的微小变化是水质由于某些有害物质积累对其仔、稚鱼产生影响的体现。为此，生产时，应定期跟踪养殖水体的酸碱度变化。

（四）溶解氧

大黄鱼对溶解氧量的要求一般在5 mg/L以上，其溶解氧的临界值为3 mg/L，而稚鱼的溶解氧临界值为2 mg/L。在酸碱度低于6.5时，由于鱼体血液载氧能力下降，即使水中含氧量较高，鱼也会因缺氧而“浮头”。当水中溶解氧不足时，轻微时影响养殖大黄鱼的饵料转化率和生长、亲鱼的性腺发育，严重时引起窒息死亡。

（五）光照强度

大黄鱼对光的反应十分敏感，尤其是仔、稚鱼阶段。总体上，大黄鱼喜弱光，厌强光，适宜的光照强度约在1 000 lx。在自然海区中，大黄鱼多于黎明与黄昏时上浮觅食，白天则下沉于中下层。在室内培育的大黄鱼亲鱼及其仔、稚鱼，在光线突变时，特别是开关灯瞬间，容易引起大黄鱼的上下窜动，甚至跳出水面。同时，光照强度还影响大黄鱼的体表颜色，主要是其体表的金黄色素极易被日光中的紫外线破坏而褪色，故生产上为保持大黄鱼金黄色体色选择在夜间捕捞。

（六）声音

大黄鱼对声音的反应敏感，当听到撞击声时，不同规格、不同养殖模式的大黄鱼，都会出现惊吓而跳跃水面的状况。大黄鱼在摄食和交配时，也会因声响干扰而终止。大黄鱼觅食及产卵时的发声信号的频谱特性一致，约在800 Hz频率处有一个明显的谱峰，但发生信号的脉冲间隔有所不同。在养殖过程中，可通过驯化使大黄鱼适应一定强度的声音刺激，并形成条件反射而进行饲料的集中投喂。

（七）水流

大黄鱼喜逐流，常于大潮汛潮流湍急时上浮，小潮汛时则下沉。在产卵季节的天然产卵场自然条件下，潮流最大时，就是大黄鱼的产卵高峰时段。据研究，大黄鱼产卵高峰时潮流的流速约为2 m/s。室内水泥池人工催产条件下，在大黄鱼亲鱼临近效应期时，进行人工冲水以营造水流环境，可大大提高自然产卵的效果。但在网箱养殖条件下，由于大黄鱼鳞片结构疏松、易脱落而忌急流，尤其是在饱食与越冬期间，流速一般要控制在0.2 m/s以内。而为了及时疏散网箱内的大黄鱼残饵与排泄物等有害物质，而网箱外的流速却要求在1～2 m/s。

（八）透明度与水色

大黄鱼对水的透明度与水色的要求都不高，相对喜欢浊流。这与它喜逐流的特性分不开，因潮流湍急时会搅动底泥而使海水混浊。对于网箱养殖而言，随着海区周而复始的大潮与小潮、退潮与涨潮、流急与流缓的不断变化，透明度在0.2～3.0 m、水色在4～16号的变化都是大黄鱼可以适应的。大黄鱼最适的透明度在1.0 m左右。如果透明度太高了，养殖的大黄鱼长时间置于清澈见底的海水中，处于紧张状态而易被惊动，影响摄食，或易产生应激反应。同时，网衣也容易生长污损生物而堵塞网眼、影响水的交换。若水色太低、透明度太大的网箱养殖区养出来的大黄鱼体色呈黑灰色而少有黄色。反之，海水太浑浊、透明度太低，不但不利于大黄鱼鳃的呼吸，同时也影响鱼的索饵视觉与摄食。

第四节　地理分布及其种群

在我国，大黄鱼主要分布于从黄海南部，经东海、台湾海峡到南海雷州半岛以东约60 m等深线以内的狭长沿岸海域。主要产卵场、越冬场和渔场自北而南有：黄海南部的江苏吕泗洋产卵场；东海北部的长江口—舟山外越冬场、浙江的岱衢洋产卵场；东海中部的浙江猫头洋产卵场、瓯江—闽江口外越冬场；东海南部的福建官井洋内湾性产卵场；南海北部广东珠江口以东的南澳岛—汕尾外海渔场和广东西部硇洲岛一带海域产卵场等10多处。

由于地理分布不同，大黄鱼在形态、性成熟年龄和寿命上表现出一系列地理性的变异，形成不同的种群和群体。目前，学术界对大黄鱼地理种群及其产卵群体的划分上的看法不一致。

徐恭昭等与田明诚等（1962）将我国上述几个产卵场和渔场的大黄鱼，自北而南划分为岱衢族、闽—粤东族和硇洲族3个地理种群（即地方族），这一理论被渔业科技界一直沿用至今（表1–2）。

表1–2　大黄鱼3个地理种群的主要形态和生态特征

主要特征			岱衢族	闽—粤东族	硇洲族
形态特征	鳃耙数（枚）		28.52 ± 0.03	28.02 ± 0.03	27.39 ± 0.05
	鳔侧枝数（枚）	左侧	29.81 ± 0.05	30.57 ± 0.08	31.74 ± 0.15
		右侧	29.65 ± 0.05	30.46 ± 0.07	31.42 ± 0.15
	脊椎骨数（枚）		26.00（有脊椎骨数27枚的个体）	25.99（无脊椎骨数27枚的个体）	25.98（无脊椎骨数27枚的个体）
	眼径/头长		20.20 ± 0.06	19.19 ± 0.06	19.40 ± 0.08
	尾柄高/尾柄长		27.80 ± 0.13	28.49 ± 0.13	28.97 ± 0.14
	体高/体长		25.29 ± 0.07	25.58 ± 0.10	25.96 ± 0.15
生态学特征	主要生殖鱼群		吕泗洋、岱衢洋、猫头洋	官井洋、南澳岛、汕尾	硇洲岛
	主要生殖期		春季	北部春季，南部秋季	秋季
	生殖鱼群年龄组数目		17 ~ 24	8 ~ 16	7 ~ 8
	世代性成熟速度	性成熟最小年龄（龄）	2	2	1
		大量性成熟年龄（龄）	3 ~ 4	2 ~ 3	2
	寿命	生殖鱼群平均年龄（龄）	9.49	4.23	3.00
		最高年龄（龄）	29	17	9

资料来源：徐恭昭等，1962。

岱衢族　含江苏的吕泗洋，浙江的岱衢洋、猫头洋和洞头洋4股鱼群，以岱衢洋鱼群为代表。其主要分布在黄海南部到福建嵛山（东经120° 20′，北纬27° 20′）以北的东海中部。该地理种群的环境条件特点，主要是受长江等流域径流直接影响。该地理种群的大黄鱼形态特点为鳃耙数较多、鳔侧枝数较少，有脊椎骨为27枚的个体，眼径较大，鱼体与尾柄较高。其生理特点是寿命较长、性成熟较迟。

闽—粤东族　含福建的官井洋、闽江口外和厦门，广东的南澳岛、汕尾等外侧海域的4股鱼群，以官井洋鱼群为代表。其主要分布在福建嵛山以南的东海南部与珠江口以东的南海北部之间海域。该地理种群的环境条件特点是，直接或间接地受台湾海峡的暖流与沿岸流相互消长的影响。在形态上其鳃耙数、鳔侧枝数，眼径、体高、尾柄高，以及生理上的寿命长短、性成熟迟早等均介于岱衢族与硇洲族之间；无脊椎骨为27枚的个体。

硇洲族　主要为广东硇洲岛近海鱼群。其主要分布在珠江口以西到琼州海峡以东海域。该地理种群的特征与这一海区在海洋条件上具有内湾性特点有关。其形态特点为鳃耙数较少、鳔侧枝数较多，无脊椎骨为27枚的个体，眼径较小，鱼体与尾柄较高。其生理特点为寿命较短、性成熟较早。

在同一海区的鱼群有春季生殖的“春宗”和秋季生殖的“秋宗”。徐恭昭等（1962）对海捕野生大黄鱼研究得出，由于大黄鱼存在着不同性腺发育特征、体长等形态特征，同一种群大黄鱼的生殖季节有春、秋两季，具有不同生殖期的“春宗”与“秋宗”之别的群体。刘家富（2004）对人工繁殖培育的大黄鱼的跟踪观察结果显示，本应属于闽—粤东族“春宗”的同一批养殖的官井洋大黄鱼，春季产卵后的当年秋季又可再次正常成熟、产卵，并育出批量鱼苗。这说明在网箱养殖条件下大黄鱼无“春宗”与“秋宗”之分。为此，在海区自然条件下的闽—粤东族官井洋野生大黄鱼是否存在“春宗”与“秋宗”，还需探讨。但可确认，同一尾大黄鱼具有每年春、秋两季性成熟的生物学特征。刘家富（2015）还认为，在满足性腺发育需要的营养，同时具备适宜的水温、水流，充足的溶解氧，以及鱼体自身分泌的激素刺激等条件下，养殖大黄鱼能实现一年“两熟”。但天然产卵场里的秋季产卵群体比春季产卵群体要小得多。在人工培育与催产条件下，大黄鱼在秋季的成熟率、获产率，卵的受精率、孵化率，以及仔、稚鱼的成活率均与春季无明显差异。这说明人工提供的外界条件满足了大黄鱼秋季性腺发育和繁殖的生理、生态要求。实践证明，大黄鱼不但可以一年“两熟”，且养殖规模扩大，群体个体间性成熟时间存在差异，使春、秋两季可获得受精卵的时间大大延长，这对大黄鱼的人为生殖调控与多季育苗提供了繁殖生物学的理论依据。

张其永等（2011）按照鱼类种群概念、自然海区分布和海洋地理隔离因素来命名大黄鱼的地理种群。他们按大黄鱼形态学、生态学和分子生物学等方面有关大黄鱼地理种群和产卵群体的研究，提出了大黄鱼地理种群及其产卵群体划分的新观点。并依据大黄鱼的自然海区分布范围、洄游路线和亲缘关系，将大黄鱼划分为如下3个地理种群（图1–25）。

南黄海—东海地理种群（第1地理种群）　含朝鲜西南部、吕泗洋、岱衢洋、大目洋、猫头洋、洞头洋、官井洋和东引列岛产卵场的8个产卵群体，产卵群体数量最多。该地理种群的春季生殖的群体大于秋季生殖的群体。

图1-25　大黄鱼地理种群及其产卵群体划分示意图
（资料来源：张其永等，2011）

台湾海峡—粤东地理种群（第2地理种群）　含牛山岛、九龙江外诸岛屿、南澳岛和汕尾外海产卵场的4个产卵群体，产卵群体数量较少。该地理种群的春季生殖的群体向南逐渐减少，而秋季生殖的群体向南逐渐增加。

粤西地理种群（第3地理种群）　划分为硇洲岛附近海区和徐闻海区产卵场的2个产卵群体，群体数量最少。该地理种群以秋季生殖的群体为主，春季生殖的群体为辅。

陈佳杰、徐兆礼等（2012）的研究指出，徐恭昭等和田明诚等仅仅依据体形测量的结果将大黄鱼种群划分为岱衢族、闽—粤东族、硇洲族3个种群。其中浙江省岱衢洋大黄鱼和福建省官井洋大黄鱼分属于两个不同的种群。但这种划分法尚未得到大黄鱼空间分布格局等方面的验证，有进一步研究的必要。同时，根据我国大陆沿海10多个主要渔业公司1971～1982年的大黄鱼捕捞统计资料，并参考地理隔离、数量动态和海洋水文方面的资料，重新对东海、黄海大黄鱼种群划分和大黄鱼资源兴衰进行了研究。其研究认为，东海北部外侧海域和东海南部近海是大黄鱼主要的两个越冬场，其中闽东、温台水域的大黄鱼产量在东海南部近海产量占主导地位。东海南部近海大黄鱼地理分布表明，从温台渔场到闽东渔场大黄鱼的越冬场在空间分布上具有连续性，而官井洋大黄鱼正是闽东渔场大黄鱼的主体部分。由此认为：官井洋所在的闽东渔场的大黄鱼和东—黄海大黄鱼同属于东—黄海大黄鱼种群。并以3个旁证予以印证：① 大黄鱼标志放流结果显示，1959年4月21日在连江县北茭洋东水深32 m的海区（26° 21′ 5″ N、119° 50′ E）重捕到浙江水产实验所于1958年5月20日在岱衢洋寨子山东偏北的大黄鱼产卵场放流的1尾雄性大黄鱼，因此认为，闽东渔场的大黄鱼和岱衢洋的大黄鱼是相互混栖的同一群体；② 东海沿岸流和台湾暖流终年影响着闽浙近海，难以形成大黄鱼种群隔离、种群分化所需要的海洋学条件；③ 官井洋大黄鱼春夏之交产卵，与岱衢洋和猫头洋的大黄鱼相似，而与粤东和粤西的大黄鱼在9～12月产卵完全不同。

李明云等（2013）依据种群生态学概念，对我国沿海分布的大黄鱼地理种群划分进行了论述。他们以是否有地理隔离作为划分必要条件，其他作为辅助参考，经分析论证认为：原来徐恭昭等与田明诚等所划分的岱衢族和闽—粤东族大黄鱼分布区域的天然屏障的地理隔离并不存在，因为黄海与东海的环流是由台湾暖流和沿岸流而形成的；然而，台湾海峡与南海的环流是由季风形成的。这在我国沿海形成了完全分隔的海流体系。海流形成的区域性的地理屏障，将南北大黄鱼隔离形成了南黄海—东海和台湾海峡—南海两个地理种群。

南黄海—东海地理种群　由朝鲜西南部及中国的吕泗洋、岱衢洋、大目洋、猫头洋、洞头洋、官井洋和东引列岛8个产卵群体组成。

台湾海峡—南海地理种群　由牛山岛、九龙江外诸岛屿、南澳岛、汕尾外海、硇州岛附近海区和徐闻海区6个产卵群体组成。

综上所述，尽管陈佳杰等（2012）和李明云等（2013）对我国大黄鱼地理种群的划分法与张其永等（2011）的划分法也存在不同之处，但他们都把官井洋和闽江口外的东引海域的大黄鱼和岱衢洋等大黄鱼，划归东—黄海种群。

第二章

大黄鱼营养需求及饵料

大黄鱼和其他鱼类一样，在其生存、生长与繁衍后代的过程中，都需要消耗营养物质。能为鱼类提供营养物质的物质统称为鱼类食物。其中，直接来自自然界也就是在原来栖息的水域中就可获得的鱼类食物一般称为饵料，如活、鲜、冰、冻的鱼、虾、蟹、贝等；人工利用天然的动物性与植物性食物原料，经过调配与加工而成的鱼类食物一般称为饲料，如粉状饲料、颗粒饲料、软颗粒饲料、硬颗粒饲料、团状饲料、沉性颗粒饲料、浮性颗粒饲料等。鱼类从食物中获得包括蛋白质、脂肪、糖类、维生素、矿物质等营养物质，以及生存、生长与繁殖等生命活动所需的能量。缺少了这些物质和能量，就会影响鱼类的生存、生长与繁衍；过量了，对这些生命活动也会造成不利影响。

第一节　营养成分及营养需求

迄今为止，我国有关大黄鱼的营养需求研究已经开展了一些工作，但尚不够系统，不够深入，再加上大黄鱼生态习性与营养生理方面的特殊性，造成了目前养殖大黄鱼饲料配方技术滞后的局面，研发出的大黄鱼配合饲料尚未达到全价、高效、安全的目标。随着大黄鱼营养学和饲料加工工艺得到深入系统研究，全价、系列、高效、安全、环境友好型的配合饲料在不久的将来终究会取代天然饵料，有力地支撑大黄鱼养殖产业的发展。

一、大黄鱼的营养成分组成

大黄鱼同其他鱼类一致，其营养与饲料成分研究，均是从鱼体本身营养成分组成的研究开始的，以各营养成分对大黄鱼各生长阶段的影响确定其在饲料中的适宜添加量（表2-1）。

表2-1　野生大黄鱼营养成分表（%）

能量与营养成分	能量（kJ）	364	矿物质含量	钾	366
	蛋白质	17.4		钠	71.0
	粗脂肪	2.2		钙	49
	粗灰分	1.5		镁	30
	水分	79.4		铁	1.4
维生素含量	维生素A（μg）	17		锰	–
	维生素当量（μg）	17		锌	0.70
	硫胺素（mg）	0.03		磷	190
	核黄素（mg）	0.11		硒	25.78
	烟酸（mg）	0.18			
	维生素E（mg）	0.67			

续表

氨基酸组成	精氨酸	1.13	脂肪酸含量	14：0	2.3
	组氨酸	0.38		15：0	0.3
	赖氨酸	1.44		16：0	29.6
	亮氨酸	1.38		16：1	15.3
	异亮氨酸	0.79		17：1	0.6
	甲硫蛋氨酸	0.55		18：0	4.9
	苯丙氨酸	0.57		18：1	26.9
	苏氨酸	0.74		18：2	1.0
	色氨酸	–		18：3	1.0
	缬草氨酸	0.62		20：0	0.1
	丙氨酸	1.01		20：4	1.5
	丝氨酸	0.65		20：5	4.3
	谷氨酸	1.96		22：0	0.4
	甘氨酸	0.96		22：5	1.7
	胱氨酸	0.14		22：6	9.1
	酪氨酸	0.48		其他	1.0
	天门冬氨酸	1.49			
	脯氨酸	0.76			
	氨基酸总量	15.05			
	其中必需氨基酸含量①	7.60			
	其中呈味氨基酸含量②	5.42			

资料来源：中国预防医学科学院营养与食品卫生研究所，1991。

注：① 必需氨基酸为精氨酸、组氨酸、赖氨酸、亮氨酸、异亮氨酸、甲硫蛋氨酸、苯丙氨酸、苏氨酸、色氨酸和缬草氨酸的含量之和。② 呈味氨基酸为天门冬氨酸、谷氨酸、甘氨酸、丙氨酸的含量之和。

二、营养需求

（一）对蛋白质及氨基酸的营养需求

1. 对蛋白质的营养需求　蛋白质是维持鱼类正常生长、繁殖及其他生命活动所必需的营养物质，在鱼类营养需求中具有非常重要的作用和特殊地位，是其他营养物质所无法替代的，在人工养殖中，须由饲料供给。蛋白质由20多种氨基酸通过肽键连接而成，是构成生命的物质基础。生命的基本特征就是蛋白质的自我更新，通过蛋白质的积累才能实现鱼体的生长。蛋白质还参与组成酶与激素，参与调节体内的代谢过程，体内一切消化、分解和合成反应都需要各种酶的参与、催化才能完成。如果缺乏某一种酶或酶的活性降低就可能会引起疾病，甚至死亡。激素具有调节鱼体新陈代谢、生长和繁殖等主要生理活动的功能。蛋白质又可构成各种免疫性的抗体，以抵抗病原和有毒物质；蛋白质又是鱼体的重要能量来源，通过脱氢作用可很快氧化产生能量，供鱼体生命活动所需。与畜禽相比，鱼类更容易首先动用蛋白质作为能量消耗。所以，满足鱼类的蛋白质需要是鱼类生长发育的基础。

目前，国内外在海水鱼类对蛋白质需求方面的主要研究内容包括：① 配合饲料中的蛋白质最适含量；② 鱼类在不同生长阶段的适宜蛋白质需求量；③ 外界环境因素变化对鱼体利用蛋白质的影响；④ 饲料中蛋白质含量和饲料利用效率与鱼体抗病能力的关系。

关于蛋白质和脂肪在配合饲料配方中的成分和比例，主要依据每一种鱼的详细的试验数据来最后确定。当然，在开始设计配方组成时，首先要依据鱼体蛋白质组成和一般的生态原则，比如肉食性的鱼类在粗蛋白质含量较高基础上，养殖水体温度越高，蛋白质含量宜略为调高；养殖水体盐度越高，蛋白质含量也要略微调高。杂食性鱼类的蛋白质含量可相对降低；根据鱼类品种不同，有的蛋白质需要量可低于30%，其中30%～40%的蛋白质可利用植物性蛋白源来代替，养殖效果也很好。

蛋白质是饲料成本中所占比例最大的成分。人们在鱼类饲料研究中发现，脂肪可以提供能量而节约蛋白质的消耗，降低饲料成本。所以适宜的蛋白质与脂肪之比在饲料配方中显得十分重要。Duan等（2001）设计的双因素实验结果表明，大黄鱼饲料中适宜的蛋白质和脂肪之比为47.5：10.5。这与其他鱼类最佳生长速度的蛋白质需求基本一致（40%～50%），也符合大黄鱼作为肉食性鱼类的习性。

迄今为止，尚未见到有关大黄鱼鱼苗、鱼种与养成各阶段对蛋白质需求量的完整研究资料。众所周知，大黄鱼蛋白质营养需求研究是开发其优质配合饲料需要解决的首要问题。研究表明，大黄鱼对饲料蛋白质的需求量较高，其适宜需求量主要由蛋白质品质决定，同时也受到大黄鱼生长阶段、生理状况、养殖密度、养殖模式、环境因子（水温、盐度、溶解氧等）、水体中天然食物的多少、日投饲量、饲料中非蛋白质能量的数量等因素的影响（表2–2）。

表2–2 主要品牌大黄鱼饲料的蛋白质含量（%）

鱼的种类	鱼苗阶段	鱼种阶段	养成阶段
福建天马饲料	47	45	40
福建海马饲料	47～53	45	41
福州大昌盛饲料	47	45	40
广东海大饲料	47	42～45	40

2. 对不同蛋白源的适应性 在自然海区，大黄鱼从开口仔鱼起到稚鱼、幼鱼、成鱼的生长过程中，其适口的饵料依次为轮虫、甲壳类无节幼体、桡足类、磷虾、糠虾、莹虾、毛虾和其他上百种小杂鱼、虾、蟹等。在养殖条件下，除了投喂上述饵料外，还可以利用多种蛋白源加工成配合饲料，这就涉及大黄鱼对多种蛋白源的适应性问题。鱼粉因其适口性好、消化率高、氨基酸组成平衡和不饱和脂肪酸丰富而成为水产饲料业中最重要的蛋白质来源。但由于鱼粉供应量有限而需求量不断增加，鱼粉的价格不断攀升。目前水产饲料业已经采取使用多种植物蛋白源以减少或代替鱼粉的用量来应对。

张璐（2006）的实验结果表明，分别以豆粕、肉骨粉和家禽副产品粉替代配合饲料中30%的鱼粉时，大黄鱼的成活率、体增重和特定生长率均未受到显著影响。当以花生粕替代百分含量为30%的鱼粉时，大黄鱼生长受到显著的抑制，体增重和特定生长率均显著低于对照组及其他组（$P<0.01$）。用豆粕、肉骨粉和家禽副产品粉替代配合饲料中百分含量为30%的鱼粉对大黄鱼鱼体粗蛋白、粗脂肪、水分和灰分含量无显著影响，而用花生粕替代配合饲料中百分含量为30%的鱼粉时，鱼体粗蛋白和粗脂肪含量显著低于对照组及其他各组（$P<0.05$）。对鱼体氨基酸分析表明：用豆粕、肉骨粉和家禽副产品粉替代大黄鱼配合饲料中30%的鱼粉时，大黄鱼鱼体必需氨基酸含量与对照组相比差异不显著（$P>0.05$）；而用花生粕替代配合饲料中30%的鱼粉时，鱼体赖氨酸含量显著低于对照组及其他组（$P<0.05$）。该实验表明，大黄鱼配合饲料中以豆粕、肉骨粉或家禽副产品粉替代百分含量为30%的鱼粉是可行的，但是当以花生粕替代30%的鱼粉时会显著抑制大黄鱼的生长，并显著影响大黄鱼鱼体粗蛋白、粗脂肪含量以及氨基酸组成。这便提示在实际生产配方中如选择花生粕作为蛋白源应注意多种蛋白源搭配使用，并关注赖氨酸的含量水平。

Ai等（2006）研究指出，大黄鱼饲料中合适的肉骨粉替代鱼粉比例为45%，替代水平过高则会因为消化率低和氨基酸不平衡而降低大黄鱼生长速度。张璐又将豆粕、肉骨粉、花生粕和菜籽粕按重量4∶3∶2∶1的比例并添加0.77%晶体蛋氨酸、0.95%晶体赖氨酸和0.44%晶体异亮氨酸混合均匀，配制成实验所用的复合蛋白，其特点是复合蛋白的必需氨基酸含量均达到或超过鱼粉的必需氨基酸含量。用此复合蛋白分别替代大黄鱼配合饲料中百分含量为0、13%、26%、39%、52%和65%的鱼粉（饲料中复合蛋白的对应百分含量为0、9%、18%、36%、45%和54%）配制成6种等氮（蛋白质的百分含量为43%）、等能（总能20 kJ/g）的实验饲料。实验结果表明，饲料中不同复合蛋白替代鱼粉水平对大黄鱼的成活率没有显著影响。当复合蛋白替代鱼粉的水平为0、13%和26%时，大黄鱼的特定生长率和饲料转化率没有受到显著影响；但是当复合蛋白替代水平达到39%、52%和65%时，大黄鱼的生长受到显著的抑制，特定生长率和饲料转化率均显著低于前3组（$P<0.05$）。复合蛋白替代水平显著影响了大黄鱼鱼体粗蛋白含量，随着饲料中复合蛋白替代水平的升高，大黄鱼鱼体的粗蛋白含量呈现显著下降的趋势（$P<0.05$），但是脂肪、灰分、水分含量和鱼体总能变化不显著。对鱼体必需氨基酸的分析表明，饲料中不同复合蛋白的替代水平显著影响了鱼体蛋氨酸、赖氨酸和胱氨酸的含量（$P<0.05$），而对其他必需氨基酸的影响不显著。大黄鱼配合饲料中复合蛋白替代鱼粉的适宜含量为26%。

3. 对不同蛋白源的消化率　在研究鱼类对不同蛋白源的消化率时，常使用蛋白质表观消化率（ADC）的概念。

$$蛋白质（N）表观消化率（ADC）（\%）=（I-F）/I\times 100$$

式中，I代表摄入氮的量，F代表粪氮的量。

饲料原料的营养价值不仅取决于它的化学成分，而且还取决于鱼类对这些养分的吸收利用率。蔡立胜等（2006）在研究大黄鱼对配合饲料的消化率中发现，虽然在基础饲料中添加的植物性蛋白源占总蛋白源40%的比率，但试验结果显示，大黄鱼对试验饲料的主要营养成分粗蛋白和粗脂肪都有较高的表观消化率，这说明大黄鱼对饲料蛋白源没有严格的要求，可以通过降低日粮中动物性蛋白源的比例来降低饲料成本。测定鱼类对常用饲料原料的消化率是评价其营养成分可利用性的常用手段，也是编制营养全面、成本合理的鱼用饲料配方的必不可少的重要步骤。李会涛等（2007）测定了大黄鱼对7种动植物蛋白源的表观消化率，结果表明，大黄鱼消化动物性蛋白要好于植物性蛋白，并且大黄鱼对鱼粉磷的消化率显著高于其他蛋白源，提示实际配方中使用不同蛋白源替代鱼粉时特别需要注意使用外源性植酸酶来提高大黄鱼对磷的消化利用率。申屠基康（2010）以0.04%的Y203为指示物，按照“70%基础饲料+30%试验原料”的饲料配制方法，测定了大黄鱼对白鱼粉、血粉、虾壳粉、鱿鱼内脏膏、羽毛粉、鸡肉粉、膨化大豆、发酵大豆粕、双低菜籽粕、高筋面粉、小麦次粉、米糠、玉米粉、饲料酵母、啤酒酵母、小麦面筋、玉米蛋白、木薯淀粉、α-淀粉、酪蛋白、明胶等21种饲料原料干物质、蛋白质、磷、能量和氨基酸表观消化率。结果表明，大黄鱼对白鱼粉的干物质、蛋白质、磷和能量的表观消化率（ADC）均为最高，分别为70.17%、93.22%、61.98%和88.30%；小麦面筋、酪蛋白、鱿鱼内脏膏、虾壳粉、发酵大豆粕和高筋面粉的干物质和蛋白质的表观消化率略低于白鱼粉，均在65%和85%左右。各原料干物质表观消化率为47.72%~70.17%，玉米蛋白显著低于其他原料（$P<0.05$）；蛋白质的表观消化率为70.98%~93.22%，米糠显著低于其他原料（$P<0.05$）。能量的表观消化率为59.22%~88.3%，最低为膨化大豆；磷的表观消化率为18.45%~61.98%，最低为玉米蛋白，显著低于其他原料（$P<0.05$）。

4. 对氨基酸的营养需求　海水鱼类对蛋白质的需求实质上就是对氨基酸的需求，特别是对精氨酸、组氨酸、赖氨酸、亮氨酸、异亮氨酸、蛋氨酸、苯丙氨酸、苏氨酸、色氨酸和缬氨酸10种必需氨基酸的需求。科技工作者已经开展了海水养殖鱼类对必需氨基酸的种类、营养需求量、比例及消化吸收率等研究。饲料中必须提供足够的、占比合理的多种必需氨基酸，以保证鱼类的快速生长和避免必需氨基酸的浪费。这些必需氨基酸需要量数据的获得，对于大黄鱼饲料实际生产中配方的氨基酸指标确定，提供了重要的参考标准和指导作用。刘镜恪（1996）的研究结果表明，各种养殖鱼类饲料中赖氨酸、精氨酸、蛋氨酸和苯丙氨酸等必需氨基酸的适宜含量与食性密切相关。另外，不同鱼类所需的限制性氨基酸种类也有所不同。例如，黑鲷的第一限制性氨基酸为赖氨酸，占必需氨基酸的18.131%；第二限制性氨基酸为蛋氨酸，占必需氨基酸的6.351%。郑斌等（2003）分析了大黄鱼肌肉中氨基酸组成，研究了大黄鱼肌肉中必需氨基酸的组成比例（表2-3）。研究发现养殖大黄鱼和野生大黄鱼必需氨基酸的比值相对稳定，从而得出了大黄鱼必需氨基酸的组成模式为赖氨酸：亮氨酸：精氨酸：苯丙氨酸：苏氨酸：异亮氨酸：缬氨酸：蛋氨酸：组氨酸：色氨酸=6.2：4.8：4.4：3.0：2.7：2.1：2.1：1.9：1.2：1.0。

表2-3　养殖大黄鱼、野生大黄鱼和配合饲料中氨基酸的组成比例

	赖氨酸	亮氨酸	精氨酸	苯丙氨酸	苏氨酸	异亮氨酸	缬氨酸	蛋氨酸	组氨酸	色氨酸
传统网箱养殖大黄鱼	6.2	4.7	4.4	3.0	2.8	2.2	2.0	2.0	1.2	1.0
野生大黄鱼	6.3	4.9	4.0	3.3	2.7	2.0	2.2	1.9	1.2	1.0
大黄鱼配合饲料之一	4.3	4.8	4.5	2.9	2.5	2.1	2.5	1.8	1.4	1.0

万军利（2005）的研究表明，大黄鱼对赖氨酸的需要量以占饲料的质量分数计为2.56%（占饲料蛋白的5.95%），对精氨酸的需要量以占饲料的质量分数计为2.15%（占饲料蛋白的5.00%）。Mai（2006）的研究指出，大黄鱼对总巯基氨基酸（蛋氨酸+半胱氨酸）的最低需要量以占饲料的质量分数计为1.73%（占饲料蛋白的4.02%）

和1.68%（占饲料蛋白的3.91%）。何志刚（2008）报道显示，大黄鱼对苏氨酸和苯丙氨酸的最适需要量以占饲料的质量分数计为2.06%（占饲料蛋白的4.58%）和1.56%（占饲料蛋白的3.55%）。

申屠基康（2010）对氨基酸表观消化率的研究结果表明，大黄鱼对不同饲料原料和对同一种原料的不同氨基酸消化率都有较大的差异；差异的规律性较差，主要的规律性表现在对原料蛋白质消化率高，对氨基酸的总体消化率也高。饲料中色氨酸的缺乏会显著影响大黄鱼的成活率和生长率。饲料中未添加色氨酸组（0.23%Trp）大黄鱼的增重率、特定生长率均显著低于其他组（$P<0.05$）。随着饲料中色氨酸含量的升高，大黄鱼的成活率显著升高（$P<0.05$）；增重率和特定生长率在色氨酸含量为0.80%时达到最大，之后随饲料中色氨酸含量（$P<0.05$）继续升高，各项生长指标均显著降低（$P<0.05$）。上述结果表明，色氨酸是大黄鱼体内的必需氨基酸，且大黄鱼能有效利用晶体色氨酸，但色氨酸缺乏或过高，均对大黄鱼的生长有抑制作用。以特定生长率为评价指标时，得到色氨酸的最适需要量为0.82%饲料（1.73%蛋白）；饲料中色氨酸含量对大黄鱼体组成成分无显著影响。使用色氨酸对体外原代培养的大黄鱼头肾巨噬细胞进行免疫刺激，色氨酸刺激浓度分别为0.00、0.03、0.06、0.12、0.24和0.48 mmol/L，刺激6 h后取样测定呼吸爆发、溶菌酶、超氧化物歧化酶和过氧化氢酶活性。实验结果显示，随着色氨酸浓度的升高，头肾细胞呼吸爆发活性呈现先上升后下降的趋势，且0.12 mmol/L处理组的头肾巨噬细胞活性爆发活性显著高于对照组（$P<0.05$）。随着色氨酸浓度的上升，大黄鱼头肾巨噬细胞悬液超氧化物歧化酶活性呈现先上升后下降的趋势，且当色氨酸浓度为0.06～0.48 mmol/L时，细胞培养液的超氧化物歧化酶活性显著高于对照组（$P<0.05$）。过氧化氢酶活性与溶菌酶活性在各处理组间差异不显著（$P<0.05$）。本实验结果表明，在离体条件下，适量的色氨酸能促进大黄鱼头肾巨噬细胞的非特异性免疫功能。

李燕（2010）以大黄鱼身体氨基酸组成的需要量为参考，探讨饲料中添加亮氨酸、异亮氨酸、缬氨酸和组氨酸对大黄鱼生长和体成分的影响，确立其在饲料中的适宜添加量。研究结果表明：① 大黄鱼的特定生长率随着饲料中亮氨酸含量的升高有先升高后降低的趋势（$P<0.05$），当饲料中亮氨酸的含量为3.30%时，其特定生长率达到最大值，而后随着饲料中亮氨酸含量的升高，大黄鱼的特定生长率下降，当饲料中亮氨酸含量为4.80%时，大黄鱼的特定生长率显著低于亮氨酸含量为3.30%的处理组，但与其他处理组间差异不显著。以上结果表明，亮氨酸是大黄鱼生长的必需氨基酸。亮氨酸缺乏时抵制大黄鱼的生长，补充晶体亮氨酸能显著改善亮氨酸

缺乏引起的大黄鱼生长抑制状况，证实大黄鱼能有效利用晶体亮氨酸。但饲料中亮氨酸过高亦对大黄鱼的生长有抑制作用。以特定生长率为评价指标，大黄鱼对饲料亮氨酸的需求量为2.92%饲料干物质（6.78%蛋白质）。② 饲料中不同含量的异亮氨酸会不同程度地影响大黄鱼的生长（$P<0.05$）。随着饲料中异亮氨酸含量的升高，大黄鱼的终末体重和特定生长率都出现先上升后下降的变化趋势，当饲料中异亮氨酸的含量为1.76%时，大黄鱼的终末体重和特定生长率达到最大值，分别是20.2 g和2.38%/天，异亮氨酸含量为1.76%的处理组与异亮氨酸含量为2.41%的处理组之间无显著差异性；当饲料中异亮氨酸含量不足或过高时，则显著抑制大黄鱼的生长，其终末体重和特定生长率最低。饲料转化率（PE）的变化趋势与特定生长率及终末体重的变化相似，当饲料中异亮氨酸的含量为1.76%时，其饲料转化率达到最大值。大黄鱼的成活率不受饲料中异亮氨酸含量的显著影响。以上结果表明，异亮氨酸是大黄鱼生长的必需氨基酸之一，且大黄鱼能有效利用晶体异亮氨酸。以特定生长率和FE为评价指标，大黄鱼对饲料异亮氨酸的需求量分别为1.71%饲料（3.98%蛋白质）和1.59%饮料（3.70%蛋白质）。③ 饲料中缬氨酸的含量显著影响大黄鱼的生长（$P<0.05$）。随着饲料中缬氨酸含量的升高，大黄鱼的终末体重、特定生长率和饲料转化率都显著升高，但在缬氨酸含量为1.47%、1.86%、2.34%和2.68%各处理组之间无显著差异性，而后随着饲料中缬氨酸含量的升高而显著下降。在缬氨酸含量为1.86%的处理组，终末体重、特定生长率和饲料转化率达到最大值，分别是18.2 g、2.18%/天和0.88。该结果表明：缬氨酸是大黄鱼体内的必需氨基酸，且大黄鱼能有效利用晶体缬氨酸，饲料中氨基酸含量过高或过低都会显著抑制大黄鱼的生长。以大黄鱼特定生长率和饲料转化率为评价指标时，得出大黄鱼对缬氨酸的需求量为2.08%饲料干物质（4.84%蛋白质）。④ 饲料中组氨酸的含量变化显著影响大黄鱼的生长（$P<0.05$）。当饲料中组氨酸含量过高时，大黄鱼的终末体重和特定生长率显著低于其他处理组，而组氨酸含量分别为0.45%、0.66%、0.78%、0.98%和1.24%的各处理组之间差异不显著。终末体重、特定生长率和饲料转化率在组氨酸含量为0.78%的处理组达到最大值，分别是13.5 g、1.59%/天、0.45。以上结果表明，组氨酸是大黄鱼生长的必需氨基酸之一，且大黄鱼能有效利用晶体组氨酸。根据饲料中组氨酸的含量与大黄鱼特定生长率的关系，经计算求得大黄鱼对饲料中组氨酸的需求量为0.87%饲料干物质（1.98%蛋白质）。

水产饲料中的氨基酸类添加剂主要指水产动物机体不能合成的限制性氨基酸，即赖氨酸、蛋氨酸等。水产饲料缺乏限制性氨基酸的情况，往往是在使用大量植物性蛋白饲料时多见。因大多数植物性蛋白饲料中缺乏赖氨酸和蛋氨酸。如果在缺乏赖氨酸、蛋氨酸的配合饲料中，用合成赖氨酸、蛋氨酸补充到水产动物需要量的水平，就能强化饲料蛋白质的营养价值，大大提高养殖效果。同时采用添加限制性氨基酸的办法提高某些植物性饲料的营养价值，也是提高经济效益、合理利用饲料资源的有效途径。

（二）对脂肪及必需脂肪酸的营养需求

1. **对脂肪的营养需求** 脂肪是鱼类所必需的营养物质，在鱼类生命代谢过程中既是能源也是必需脂肪酸的供给源，可以作为某些激素和维生素的合成材料，还是鱼类细胞的组成成分之一，并起到脂溶性维生素载体的作用。因此，脂肪是维持大黄鱼生长、繁殖等生命活动所必需的营养物质。大黄鱼像其他海水鱼类一样对脂肪利用率较高，对碳水化合物利用率较低，因此，脂肪是大黄鱼的重要能量来源之一。饲料中的脂肪含量适宜，大黄鱼就能充分利用；饲料中脂肪含量不足或缺乏，大黄鱼摄取的饲料中的蛋白质就会有一部分作为能量被消耗掉，饲料中的蛋白质利用率便下降，同时还可能发生脂溶性维生素和必需脂肪酸的缺乏症，从而影响大黄鱼生长，造成饲料中蛋白质的浪费和饲料系数升高；然而饲料中脂肪含量过高时，短时间内可以促进大黄鱼的生长，降低饲料系数，但长期摄食高脂肪饲料会使大黄鱼产生代谢系统紊乱，增加体内脂肪含量，导致鱼体脂肪沉积过多，内脏尤其是肝脏脂肪过度聚集，造成脂肪肝，进而影响蛋白质的消化吸收并导致机体抗病力下降。此外，饲料的脂肪含量过高也不利于饲料的贮藏和成型加工。因此，只有使用脂肪和蛋白质含量均适宜的饲料才能实现大黄鱼养殖的最佳效果。研究表明，影响大黄鱼饲料中脂肪营养需求的主要因素有鱼体大小、鱼的生理状态、脂肪源、饲料组成（特别是蛋白质、脂肪、碳水化合物的含量之比）、水温和水体中饵料生物的种类与含量、摄食时间等。大黄鱼对脂肪有较高的消化率，尤其是低熔点脂肪，其消化率一般在90%以上。饲料所含的脂肪不能直接被鱼类吸收，必须经过消化酶分解为甘油和脂肪酸后，才能被吸收。脂肪不仅是鱼类的能源物质，而且可作为脂溶性维生素A、D、E、K的载体，促进其输送与吸收。添加适量脂肪可节约蛋白质，增进食欲，提高饲料转化率，在生产上有更重要的意义。研究人员已经开展了有关大黄鱼饲料中脂肪的营养方面的一些探讨。Duan等（2001）的研究表明，大黄鱼幼鱼生长速度最快时的脂肪含量为10.5%，这一结果与其他海水鱼类黑鲷（8%~12%）、尖吻鲈（10%~15%）、鲈鱼（11%）较为相近。赵金柱等（2006）的试验结果表明，大黄鱼稚鱼存活率随着饲料中脂类水平的升高呈现先升高后下降的趋势，以存活率为评价指标，得出大黄鱼对饲料中脂类的需求量为17.5%的结果。大黄鱼稚鱼的体增重和特定生长率均随着饲料脂类水平的升高（8.3%～16.4%）而显著升高，当饲料中脂类水平高于16.4%时，则显著下降。以大黄鱼幼鱼特定生长率为评价指标，得出大黄鱼幼鱼配合饲料中脂类的需求量为17.4%，饲料中脂类水平对大黄鱼鱼体常规成分和脂肪酸组成均产生了显著影响。

脂肪易被氧化产生醛、酮等对大黄鱼有毒的物质，摄食脂肪氧化的配合饲料，大黄鱼会产生厌食现象，降低饲料转化率，长期使用油脂已氧化变质的饲料，则会使大黄鱼体色变淡，并产生“瘦背病”，增加死亡率。因此，在使用大黄鱼配合饲料时，应注意饲料保存的条件，尽量贮存在避光、通风、干燥、阴凉处。平时应严格把关，不使用氧化变质的脂肪或含变质脂肪的大黄鱼配合饲料。

2. 对必需脂肪酸的营养需求　不饱和脂肪酸（UFA）是鱼类生长所必需的营养物质，对鱼类机体具有重要的生理调控功能，对其免疫系统也有一定的调节作用。必需脂肪酸是指鱼类机体内不能合成或合成的量不能满足其营养需求但又为鱼体所必需的高度不饱和脂肪酸，必需脂肪酸是合成多种生物活性分子的前体，例如前列腺素、白细胞三烯、凝血噁烷类等，EFA缺乏会影响繁殖期间亲鱼的产卵数量、质量以及胚胎的早期发育。EFA只有通过摄食获得才能满足机体的营养需求。一般认为，海水鱼类转化18碳不饱和脂肪酸为n-3 HUFA的能力有限，不足以满足鱼体正常生长发育的营养需求，必须通过摄取补充适量的n-3 HUFA（必需脂肪酸二十碳五烯酸和二十二碳六烯酸）的饲料才能保证鱼类生长发育。有关大黄鱼脂肪酸的营养需求研究较少，目前主要的研究是分析大黄鱼各组织器官中脂肪酸的种类组成和比例以及通过部分饲养试验来探讨大黄鱼的脂肪酸营养需求。

王丹丽等（2006）研究了大黄鱼早期主要发育阶段（前仔鱼期、后仔鱼期、稚鱼、幼鱼）体内脂肪酸的组成及含量的变化规律，并重点比较了发病稚鱼与正常稚鱼的脂肪酸组成。用GC/MS法共检测到24种脂肪酸，且种类数随发育而递增，其中饱和脂肪酸（SFA）12种，单不饱和脂肪酸（MUFA）6种，多不饱和脂肪酸（PUFA）6种。分析结果表明，大黄鱼鱼苗内源性营养阶段以饱和脂肪酸C14：0、C16：0及单不饱和脂肪酸C16：1、C18：1作为能量代谢的主要来源；必需脂肪酸C20：4（n-6）（AA）在鱼苗开口前就已存在，而DHA和EPA却是在摄食后才被检测到，其含量受饵料种类的影响，DHA含量变化范围为7.26%～25.36%，EPA为3.41%～8.40%。与同期正常鱼苗相比，病鱼苗的主要脂肪酸DHA、EPA含量显著降低，DHA不足前者的1/3，而AA、C18：1、C18：2、C18：3含量和DHA/EPA的比值显著增加，分别是前者的1.5～3倍。导致稚鱼阶段“胀鳔病”发生的内在原因可能是DHA和EPA的缺乏以及AA偏高。因此，EPA和DHA等n–3系列高度不饱和脂肪酸（HUFA）是海水鱼类的必需脂肪酸，饲料中添加富含这两种脂肪酸的鱼油或用这两种脂肪酸强化的轮虫或卤虫等活饵料的方法来补充饵（饲）料中必需脂肪酸（EFA）的不足是必要的，且是可行的。试验发现，大多数海水养殖鱼类仔、稚鱼对n–3系列必需脂肪酸在每千克饲料中的需求量为10～30 g。这些研究结果为预防“胀鳔”鱼苗的发生提供了理论依据。

缪伏荣（2008）的研究结果表明，不同养殖模式下的大黄鱼肌肉脂肪酸种类相同（表2–4），相对含量最高的3种脂肪酸为C22：6、C16：0、C18：1，各处理组大黄鱼肌肉中的C18：3含量差异不显著（$P>0.05$）。野生大黄鱼肌肉中的脂肪酸与大围网养殖大黄鱼的相比，除C20：1、C22：6含量差异显著外（$P>0.05$），其余差异均不显著（$P>0.05$）；野生大黄鱼与传统网箱养殖的大黄鱼相比，各种脂肪酸均有显著差异（$P>0.05$）。大围网养殖大黄鱼与传统网箱养殖大黄鱼相比，除C18：4、C20：1、C20：5含量差异不显著外，其余差异均显著（$P>0.05$）。传统网箱养殖大黄鱼肌肉的饱和脂肪酸（SFA）总量及单不饱和脂肪酸（MUFA）总量均显著高于野生大黄鱼和大围网养殖大黄鱼（$P>0.05$），其在大围网养殖的大黄鱼肌肉中的总量均略高于野生大黄鱼（$P>0.05$）。野生大黄鱼及大围网大黄鱼肌肉中的高不饱和脂肪酸（HUFA）总量均极显著高于传统网箱养殖大黄鱼的（$P<0.01$），野生大黄鱼的比大围网养殖大黄鱼的略高，但差异不显著（$P>0.05$）。大黄鱼肌肉中饱和脂肪酸（SFA）以C16：0、C18：0为主，两项合计占总量的89.4%；单不饱和脂肪酸（MUFA）以C18：1、C16：1为主，两者合计平均占总量的94.4%；多不饱和脂肪酸（PUFA）以C22：6、C20：5为主，两种合计平均占总量的93.1%。张薇等（2009）分析大黄鱼体内脂肪及其脂肪酸的数据得出，7～10月，大黄鱼肌肉中的脂肪不断积累，而肝脏中的则保持相对恒定，且是肌肉中的1.7～3倍；大黄鱼肌肉和肝脏中均以C16：0（棕榈酸）含量最高，其次为C18：1（油酸）；肝脏中脂肪酸以饱和脂肪酸（SFA）为主，SFA的平均含量是多不饱和脂肪酸（PUFA）的4倍，而肌肉中的SFA平均含量则与PUFA基本相当；花生4烯酸（AA）、20碳5烯酸（EPA）、22碳6烯酸（DHA）及亚油酸（C18：2）等n–3和n–6系列的PUFA在肌肉中含量更高；大黄鱼鱼种首先利用肌肉组织中以C16：0为主的18碳以下的SFA作为能量来源，而不轻易动用肝脏贮藏的能量。通过与幼鱼和成鱼比较可知，随着鱼体的成长，其脂肪酸种类不断丰富，组成也更趋合理。李会涛（2004）采用EPA和DHA的含量在20%左右的鱼粉、乌贼膏和鱼油作为大黄鱼幼鱼配合饲料脂肪酸来源，得出大黄鱼幼鱼对配合饲料中*n*–3 HUFA的需求量为1.1%～1.3%。赵金柱（2006）的研究显示，随着饲料中磷脂水平的升高，大黄鱼稚鱼对低盐和低溶氧的耐受能力显著增强。以实验鱼特定生长率为评价指标，饲料中适宜的磷脂含量为5.72%左右。在16%脂肪水平，*n*–3 HUFA的含量对实验鱼鱼体粗蛋白和总脂含量均未产生显著影响，同时，饲料中脂肪及*n*–3 HUFA的含量显著影响大黄鱼稚鱼的鱼体脂肪酸组成，脂肪及*n*–3 HUFA提高了大黄鱼稚鱼耐受低温、盐度、低溶氧和离水应激的能力。

表2–4　大黄鱼肌肉脂肪酸相对含量（干物质，*n*=9，%）

脂肪酸	结构	野生组	大围网组	传统网箱组
豆蔻酸（M）	C14：0	$2.67^{b}\pm0.31$	$2.83^{b}\pm0.02$	$3.84^{a}\pm0.22$
棕榈酸（P）	C16：0	$20.37^{b}\pm0.67$	$23.03^{b}\pm1.48$	$27.52^{a}\pm1.56$
棕榈油酸（Po）	C16：1	$8.03^{b}\pm0.03$	$9.29^{b}\pm0.25$	$11.27^{a}\pm0.92$
硬脂酸（St）	C18：0	$8.18^{a}\pm0.01$	$7.39^{a}\pm0.27$	$5.69^{b}\pm0.29$
油酸（O）	C18：1	$13.13^{b}\pm0.37$	$15.71^{b}\pm0.75$	$21.44^{a}\pm0.66$
亚油酸（L）	C18：2	$1.15^{a}\pm0.07$	$1.05^{a}\pm0.07$	$0.56^{b}\pm0.06$
亚麻酸（Ln）	C18：3	0.56 ± 0.05	0.59 ± 0.02	0.52 ± 0.07
18碳4烯酸	C18：4	$0.26^{b}\pm0.02$	$0.35^{ab}\pm0.06$	$0.43^{a}\pm0.09$
花生酸（Ad）	C20：0	$0.67^{a}\pm0.05$	$0.58^{a}\pm0.06$	$0.34^{b}\pm0.09$
20碳烯酸	C20：1	$1.15^{a}\pm0.07$	$0.86^{b}\pm0.07$	$0.65^{b}\pm0.01$
20碳5烯酸（EPA）	C20：5	$6.12^{a}\pm0.07$	$5.84^{ab}\pm0.38$	$4.68^{b}\pm0.02$
芥酸（E）	C22：1	$0.72^{a}\pm0.04$	$0.62^{a}\pm0.04$	$0.39^{b}\pm0.06$
22碳6烯酸（DHA）	C22：6	$25.06^{a}\pm1.25$	$20.28^{b}\pm1.03$	$13.45^{c}\pm2.12$
其他		11.93 ± 1.10	11.58 ± 1.05	9.22 ± 1.21
饱和脂肪酸（SFA）总量		$31.89^{b}\pm0.63$	$33.83^{b}\pm1.31$	$37.39^{a}\pm0.97$
单不饱和脂肪酸（MUFA）总量		$23.03^{b}\pm1.02$	$26.48^{b}\pm1.34$	$33.75^{a}\pm0.59$
多不饱和脂肪酸（FUFA）总量		$33.15^{a}\pm1.28$	$28.11^{a}\pm1.24$	$19.64^{c}\pm1.35$
（P+St）/SFA		89.53	89.92	88.82
（Po+O）/MUFA		91.88	94.41	96.92
（EPA+DHA）/PUFA		94.06	92.92	92.31

资料来源：缪伏荣，2008。

（三）对碳水化合物的营养需求

碳水化合物（Carbohydrates）也称糖类（Saccharides），是生物界三大基础物质之一，也是自然界含量最丰富、分布极广的有机物，它是一类重要的营养素，在鱼类机体中具有重要的生理功能，是鱼类的脑、鳃组织和红细胞等必需的代谢供能底物之一，与鱼体维持正常的生理功能和存活能力密切相关（Nakano等，1998）。另外，DNA和RNA中也含有大量的核糖，在遗传中起着重要的作用。糖类还是抗体、某些酶和激素的组成成分，参加机体代谢，维持正常的生命活动。鱼类主要以蛋白质和脂肪作为能量来源，对糖的利用能力较低，饲料中糖水平超过一定限度会引发鱼类抗病力低、生长缓慢、死亡率高等现象（Dixon和Hilton，1981），鱼类被认为具有先天性的"糖尿病体质"（Wilson，1994）。鱼类营养学研究领域的一个重要课题便是如何提高鱼类对饲料碳水化合物的利用（Kirchner等，2003）。鱼类配合饲料中添加一定量的碳水化合物，充分发挥其供能功能，降低蛋白质作为能量消耗，增加脂肪的积累，不但可以缓解目前水产配合饲料行业对鱼粉的过分依赖，减轻氮排泄对养殖水体的污染，还可以降低饲料成本，且有助于配合饲料的制粒。鱼类对不同来源和种类的碳水化合物利用率各异。鱼类对单糖、双糖的消化率较高，淀粉次之，纤维素最差，有不少鱼类不能利用纤维素。饲料中碳水化合物含量过高，对鱼类的生长和健康不利。碳水化合物按其营养特点可分为无氮浸出物和粗纤维。无氮浸出物包括单糖、双糖和多糖类。对鱼类营养而言，重要的单糖有葡萄糖、果糖、半乳糖、甘露糖和核糖；双糖有蔗糖、麦芽糖和乳糖；多糖主要是淀粉类，它既可作为饲料的黏结剂，又能在鱼体酶系统的参与下被消化，使其以单糖的形式被吸收供给鱼体生命活动的能量，同时为鱼体新陈代谢形成体脂和合成非必需氨基酸提供原料，节约蛋白质，提高蛋白质的有效利用率。

有关大黄鱼饲料适宜碳水化合物营养需求的研究较少。饲料中糖含量对鱼体粗蛋白质、水分和灰分影响不显著（$P>0.05$），却显著提高了大黄鱼的粗脂肪含量及肝糖原、肌糖原和血糖含量（$P>0.05$）。饲料中糖含量对大黄鱼的蛋白酶活性影响不显著（$P>0.05$），却显著提高了肠道淀粉酶活性（$P>0.05$）。随着饲料中糖含量的增加，大黄鱼对饲料的消化率显著降低（$P>0.05$），以大黄鱼幼鱼的特定生长率为评价指标，用二次曲线模型分析得出大黄鱼饲料中糖的适宜添加量约占22%（程镇燕，2010）。

饲料中的多糖对大黄鱼的非特异性免疫力影响显著。配合饲料中添加0.09%的β-1，3葡聚糖能够显著提高大黄鱼的生长速度和非特异性免疫能力（Ai等，

2006）。饲料中添加β-1，3-葡聚糖可以迅速提高大黄鱼血清蛋白含量、血清和肝脏中PO以及血细胞中超氧化物歧化酶（SOD）的活性水平，但持续时间较短；羧甲基葡聚糖对大黄鱼的免疫增强活性并非随取代度的升高而增加，取代度为0.732的羧甲基葡聚糖能持续、显著地提高大黄鱼血清及血细胞中的酚氧化酶（PO）和超氧化物歧化酶（SOD）的活性（杨文鸽等，2006）。饲料中添加适宜含量的肽聚糖可显著提高大黄鱼的生长率和非特异性免疫力，肽聚糖可以作为一种安全高效的口服免疫增强剂应用于大黄鱼的养殖生产（张春晓等，2008）。大黄鱼幼鱼配合饲料中添加一定量的壳寡糖（0.3%～0.6%）显著提高了大黄鱼幼鱼血清溶菌酶的活性（$P>0.05$），而对大黄鱼血清替代途径补体活力、超氧化物歧化酶（SOD）活力及过氧化氢酶（CAT）活性影响不显著（徐后国等，2011）。

（四）对维生素的营养需求

维生素（Vitamin，V）　是有机化合物，虽然不构成动物体的主要成分，也不提供能量，但它对维持动物体的代谢过程和生理机能有着极重要作用，是鱼类机体营养素代谢的重要调节和控制因子，是一类含量微小而作用极大的微量营养素，对维持鱼类的正常生长、健康和繁殖是必需的。维生素缺乏时，除导致鱼的厌食、新陈代谢受阻、鱼体增重减慢、鱼的抗病力下降外，还会出现一系列缺乏症。鱼类体内几乎不能合成任何维生素，所需的维生素都必须从食物中摄取。

大黄鱼所需的维生素主要是维生素A（Vitamin A，V_A）、维生素D（Vitamin D，V_D）、维生素E（Vitamin E，V_E）和维生素K（Vitamin K，V_K）等脂溶性维生素及B族维生素和维生素C（Vitamin C，V_C）等水溶性维生素等。大黄鱼对维生素需求量受发育阶段、生理状态、饲料组成和品质、饵料生物、养殖模式、环境因素以及营养素间的相互关系等影响，较难准确地测定。有关大黄鱼维生素的需求，中国海洋大学水产动物营养与饲料学研究室开展了较系统的研究，取得了一系列科研成果。

1. 维生素A（Vitamin A，V_A）　是脂溶性醇类物质，有多种分子形式。维生素A在动物体内参与多种生理反应，包括促进黏多糖合成，维持细胞膜和上皮组织的完整性及通透性。参与构成视觉细胞内感光物质——视紫红质，对维持视网膜的感光性有重要作用。除此之外，维生素A与动物的繁殖性能、骨骼生长发育和脑脊髓液压等都有密切的关系。张璐（2006）研究了大黄鱼对饲料中维生素A的需求。结果表明：① 饲喂不添加维生素A的饲料的大黄鱼在养殖后期表现出较高的死亡率，同时出现生长减缓、鳍基充血等维生素A缺乏症。而投喂添加维生素A饲料后就没有类似症状。② 投喂不同含量的维生素A的饲料后，对大黄鱼的成活率、增重率、特定生长率、饲料转化率和蛋白质效率均有显著影响（$P<0.05$）。随着饲料中维生素A含量的升高，大黄鱼的成活率呈现显著升高的趋势（$P<0.05$），大黄鱼摄食不添加维生素A的饲料（237 U/kg）后成活率与维生素A含量为993和1 815 U/kg组差异不显著，但却显著低于维生素A较高的组（3 772、7 569和15 260 U/kg）。当饲料中维生素A的含量在237～1 815 U/kg时，大黄鱼的增重率随着饲料中维生素A的含量的上升而显著上升（$P<0.05$），但是当饲料中维生素A的含量高于1 815 U/kg时，大黄鱼的增重率变化不显著并且出现平台期。同样，大黄鱼的特定生长率、饲料转化率和蛋白质效率均表现出与增重率相同的变化趋势。当以增重率为评价指标时，饲料中的维生素A含量与增重率的关系用折线模型计算，得出大黄鱼对饲料中维生素A的需求量为1 865.7 U/kg。③ 饲料中不同含量的维生素A显著影响大黄鱼鱼体中粗蛋白和粗脂肪含量（$P<0.05$），但是对水分和灰分含量影响不显著。随着饲料中维生素A含量的升高，大黄鱼鱼体中的粗蛋白和粗脂肪含量显著增加，并在维生素A含量最高时（15 260 U/kg）达到最大值，大黄鱼鱼体的水分和灰分含量虽然也出现最低值，但是和其他组之间并未表现出显著差异。④ 饲料中维生素A的含量对大黄鱼肝指数、肝脂肪和肝维生素A含量有明显的影响。随着饲料中维生素A含量的增加，大黄鱼的肝指数出现先下降后上升的趋势，这和肝脂肪的变化趋势是一致的，随着饲料中维生素A含量的升高，肝脂肪含量逐渐下降并在维生素A含量为1 815 U/kg组达到最低（11.2%），显著低于不添加维生素A（15.02%）和维生素A添加量最高组（14.5%）（$P<0.05$）。肝维生素A含量与饲料中维生素A含量呈显著正相关。饲料中维生素A含量较高时（3 772、7 569和15 260 U/kg），肝维生素A的含量显著高于饲料中维生素A含量较低组（237.993和1 815 U/kg）（$P<0.05$）。当以肝维生素A含量为评价指标时，饲料维生素A含量与肝维生素A含量的关系用折线模型计算，得出大黄鱼对饲料中维生素A的需求量为3 433.0 U/kg。⑤ 饲料中维生素A的含量对大黄鱼血清碱性磷酸酶、丙氨酸氨基转移酶、天冬氨酸氨基转移酶、甘油三酯和胆固醇含量都有显著影响（$P<0.05$）。饲料中维生素A含量最高时的大黄鱼血清碱性磷酸酶含量（0.62金氏单位/100毫升）显著高于其他组（0.17～0.29金氏单位/100毫升）（$P<0.05$），随着饲料中维生素A含量的上升，大黄鱼血清丙氨酸氨基转移酶和天冬氨酸氨基转移酶均出现先降低后升高的趋势，且差异显著（$P<0.05$）。当饲料中维生素A含量分别为237.993、1 815、3 772和7 569 U/kg时，大黄鱼血清丙氨酸氨基转移酶和天冬氨酸氨基转移酶含量均显著下降（7.05～13.32和6.47～14.0卡门式单位/毫升），当饲料中维生素A的含量升高到15 260 U/kg时，又表现出上升的趋势（9.80和8.61卡门式单

位/毫升）。大黄鱼血清甘油三酯和胆固醇含量与两种转氨酶的变化趋势相反，呈现明显的先上升后下降的趋势。在饲料中维生素A含量达到最高剂量（15 273 U/kg）之前，甘油三酯和胆固醇含量均显著升高（761.3～1 944.8和142.6～573.6 mg/L），达到最高剂量后又有所下降（1 620.9和479.1 mg/L）。以上说明维生素A是大黄鱼生长和发育所必需的一类维生素，饲料中必须添加足够的维生素A来满足大黄鱼的需求。通过对肝指数、肝脂肪含量和血清相关指标的检测发现，在适宜添加量范围内，机体的健康情况会随着维生素A的添加得到改善，但是过量添加维生素A会对机体造成一定的毒害作用。

2. 维生素D（Vitamin D，V_D）　维生素D的主要功能是参与骨骼的形成、钙化，调节并促进肠对食物中钙和磷的吸收，维持血中钙和磷的正常浓度（含量），促进骨和齿的钙化作用。张璐（2006）研究了大黄鱼对饲料中维生素D的需求，并在此基础上研究了饲料中维生素D含量对大黄鱼鱼体常规组成、肝维生素D含量、血清生理、生化指标、骨骼矿化和钙、磷代谢的影响。结果表明：① 投喂维生素D含量不同的饲料后对大黄鱼的成活率没有显著影响，却显著影响了大黄鱼的增重率、特定生长率、饲料转化率和蛋白质效率（$P<0.05$）。饲料中不添加维生素D的大黄鱼成活率最低（77.8%），但是与其他组（84.4%～93.3%）差异不显著。当饲料中维生素D的含量在32.7～392.5 U/kg时，大黄鱼的增重率随着饲料中维生素D的含量的提高而显著上升（$P<0.05$），但是当饲料中维生素D的含量高于392.5 U/kg时，大黄鱼的增重率变化不显著并且出现平台期。同样，大黄鱼的特定生长率、饲料转化率和蛋白质效率均表现出与增重率相似的变化趋势。当以增重率为评价指标时，采用折线模型计算可得出，大黄鱼对饲料中维生素D的需求量为426.5 U/kg。② 饲料中维生素D含量显著影响了大黄鱼鱼体灰分、钙和磷的含量（$P<0.05$），但是对蛋白质、脂肪和水分的含量没有显著影响。随着饲料中维生素D含量的升高，大黄鱼鱼体灰分的含量显著增加，并在维生素D含量最高组（3 071.6 U/kg）达到最大值。同样，大黄鱼鱼体钙和磷的含量与灰分的变化趋势基本一致，而鱼体钙的含量虽然在维生素D含量最高组（3 071.6 U/kg）略低于次高组（1 524.5 U/kg），但是并无显著差异。③ 随着饲料中维生素D含量的上升，大黄鱼血清碱性磷酸酶、血清钙离子和无机磷的料中维生素D的含量显著上升（$P<0.05$）。血清羟脯氨酸的含量在不添加维生素D组出现最高值，显著高于其他维生素D添加组（$P<0.05$），而其他组之间均未表现出显著差异。④ 饲料中维生素D含量在32.7～1 524.5 U/kg时，大黄鱼脊椎骨、鳃盖骨、鳞片灰分以及脊椎骨钙含量表现出显著的上升趋势（$P<0.05$），在维生

素D的含量为3 071.6 U/kg时略有下降，但是下降趋势并不显著。脊椎骨中磷含量与饲料中维生素D含量呈正相关，随着饲料中维生素D含量的升高表现出显著的上升趋势。⑤ 饲料中维生素D的含量显著影响了大黄鱼肝指数、肝脂肪和肝维生素D含量。随着饲料中维生素D含量的升高，肝指数和肝脂肪含量呈现显著的下降趋势（$P<0.05$），而肝维生素D含量却随着饲料中维生素D含量的升高而显著升高，并在饲料中维生素D含量达到1 524.5 U/kg时变化趋于平稳。当以肝维生素D含量为评价指标时，采用二次曲线模型计算，得出大黄鱼对饲料中维生素D的需求量为2 388.9 U/kg。该研究还表明，在适宜添加量范围内，维生素D会促进骨骼的矿化和钙、磷沉积。缺乏维生素D会对机体造成一定的不良影响，而长期摄入含量较高（生理需求4～10倍）的脂溶性维生素D会对养殖动物造成一定的毒害作用。

3. 维生素 E（Vitamin E，V_E）　又称生育酚（Tocopherol），包括生育酚类、三烯生育酚类，是一组脂溶性维生素。其生理功能广泛，除有抗不育功能外，主要是作为抗氧化剂，使细胞膜上的不饱和脂肪酸免受氧化，从而保持细胞膜的完整性和正常功能；保护红细胞，使之增加对溶血性物质的抵抗力；同时还能保护巯基不被氧化而保护许多酶活性。此外，维生素E还参与调解组织呼吸和氧化磷酸化过程，并促进甲状腺激素、促肾上腺皮质激素和促性腺激素的产生。张璐（2006）探讨了不同含量的维生素E对大黄鱼生长、体组成、血清抗氧化性能和肌肉脂肪酸组成的影响。结果表明：① 投喂维生素E含量不同的饲料后，大黄鱼的成活率、增重率、特定生长率、饲料转化率和蛋白质效率均有显著影响（$P<0.05$）。随着饲料中维生素E含量的升高，大黄鱼的成活率呈现显著升高的趋势（$P<0.05$）。当饲料中维生素E的含量在12.7～83.4 U/kg时，大黄鱼的增重率随着饲料中维生素E的含量显著上升（$P<0.05$），但是当饲料中维生素E的含量高于83.4 U/kg时，大黄鱼的增重率变化不显著并且出现平台期。同样，大黄鱼的特定生长率、饲料转化率和蛋白质效率均表现出与增重率相同的变化趋势。当以增重率为评价指标时，饲料中维生素E含量与增重率的关系用折线模型计算，得出大黄鱼对饲料中维生素E的需求量为54.4 U/kg。② 大黄鱼鱼体粗蛋白含量随着饲料中维生素E含量的升高表现出一定的上升趋势，但是变化不显著，同样，大黄鱼鱼体粗脂肪、水分和灰分含量均没有受到饲料中不同含量的维生素E的显著影响。③ 饲料中不同含量的维生素E显著影响大黄鱼肝指数和肝脂肪含量。随着饲料中维生素E含量的升高，大黄鱼肝指数和肝脂肪含量呈现明显的上升趋势，投喂不添加维生素E饲料组的大黄鱼肝指数显著低于投喂维生素E含量为83.4 U/kg组，但是和其他组之间差异不显著（$P<0.05$）。投喂不添加维生素E饲料

组的大黄鱼的肝脏脂肪含量显著低于添加维生素E各组（$P<0.05$）。肝脏维生素E含量受到饲料中维生素E含量的显著影响，并与之呈明显正相关关系，饲料中维生素E含量为161.8和315.7 U/kg组肝脏维生素E的含量显著高于饲料中维生素E含量为12.7、31.5、48.3和83.4 U/kg各组（$P<0.05$）。当以肝脏维生素E含量为评价指标时，采用二次曲线模型计算，得出大黄鱼对饲料中维生素E的需求量为232.4 U/kg。④ 饲料中不同含量的维生素E对大黄鱼血清过氧化氢酶、超氧化物歧化酶、谷胱甘肽过氧化物酶和总抗氧化力活力都有显著影响（$P<0.01$）。随着饲料中维生素E含量的升高，大黄鱼血清过氧化氢酶、超氧化物歧化酶、谷胱甘肽过氧化物酶和总抗氧化力活力均显著升高，尤以总抗氧化力升高最为显著。⑤ 饲料中不同含量的维生素E显著影响大黄鱼肌肉饱和脂肪酸中硬脂酸（18：0）、多不饱和脂肪酸中亚油酸（18：2n–6）和二十二碳六烯酸（22：6n–3）在总脂肪酸中所占的比例，总饱和脂肪酸和总不饱和脂肪酸在总脂肪酸中所占的比例以及多不饱和脂肪酸和饱和脂肪酸含量的比值（$P<0.05$），但是对其他脂肪酸的含量没有显著影响。饲料中不添加维生素E组大黄鱼肌肉中的硬脂酸（18：0）的含量显著高于添加各组（$P<0.01$），而其他各组的饱和脂肪酸之间并无明显差异。同时，饲料中不添加维生素E组大黄鱼肌肉中的亚油酸（18：2n–6）的含量显著低于添加各组（$P<0.01$），而饲料中不添加维生素E组大黄鱼肌肉中的二十二碳六烯酸（22：6n–3）含量显著低于饲料中维生素E含量为161.8和315.7 U/kg两组，两者中以亚油酸（18：2n–6）含量的变化最为显著。

4. **维生素H（Vitamin H，V_H）**　也称生物素（Biotin）、维生素B_7。它是体内许多羧化酶的辅酶，参与物质代谢过程中的羧化反应，参与二氧化碳的固定反应，是糖、脂肪、蛋白质代谢的一个重要辅酶。其在体内合成脂肪酸的反应中起着重要作用，在氨基酸分解代谢中起转羧基作用，促进天冬氨酸（Asp）的合成，在嘌呤、嘧啶的合成中作为二氧化碳的载体。张璐（2006）研究了大黄鱼对饲料中维生素H的定量需求，在此基础上还研究了饲料中维生素H含量对大黄鱼鱼体常规组成、肝脏维生素H含量的影响，以及大黄鱼非特异性免疫指标的变化情况，并探讨了大黄鱼肠道微生物合成维生素H的可能性。结果表明：① 饲料中维生素H的含量对大黄鱼成活率、增重率、特定生长率、饲料转化率和蛋白质效率都有显著影响（$P<0.05$）。饲料中不添加维生素H的大黄鱼成活率最低（75.6%和82.2%），而添加维生素H各组表现出较高的成活率（88.9%和95.6%），且随着饲料中维生素H含量的升高表现出逐渐上升的趋势。当饲料中维生素H含量在0 ~ 0.049 7 mg/kg时，大黄鱼的增重率（WG）、特定生长率（SGR）、饲料转化率（FER）和蛋白质效率（PER）随着饲料中维生素

H含量的增加呈现显著上升的趋势（$P<0.05$）；随着饲料中维生素H含量的进一步升高（0.246 2 ~ 6.221 6 mg/kg），大黄鱼的增重率、特定生长率、饲料转化率和蛋白质效率均显著低于维生素H含量为0.049 7 mg/kg组（$P<0.05$），但各组之间差异不显著。当以增重率为评价指标时，利用折线模型可以得出大黄鱼对饲料中维生素H的需求量为0.039 mg。② 饲料中维生素H含量显著影响大黄鱼鱼体蛋白质含量（$P<0.05$），而对脂肪、水分和灰分含量没有显著影响。随着饲料中维生素H含量的升高，大黄鱼鱼体粗蛋白和粗脂肪含量表现出一定的上升趋势，而水分含量则表现出下降的趋势。③ 饲料中维生素H含量显著影响大黄鱼肝脏脂肪和肝脏维生素H含量，但是对肝脏指数没有显著影响。随着饲料中维生素H含量的升高，大黄鱼的肝脏脂肪含量表现出显著的上升趋势。饲料中不添加维生素H的大黄鱼肝脏脂肪含量显著低于添加维生素H各组（$P<0.01$），但是此两组之间差异不显著。投喂不含维生素H饲料的大黄鱼肝脏中检测不到维生素H，投喂含维生素H饲料的大黄鱼肝脏维生素H含量与饲料中维生素H含量显著正相关（$P<0.01$），饲料中维生素H含量最高组（6.222 1 mg/kg）的肝脏维生素H含量也达到最大值（6.1 μg/g），显著高于其他组，同时，维生素H含量不同的各组的大黄鱼肝脏维生素H含量之间均有显著差异。④ 饲料中不同含量的维生素H对大黄鱼血清非特异性免疫指标具有一定规律的影响。随着饲料中维生素H含量的上升，大黄鱼血清溶菌酶活性（Lysozyme Activity，LA）和替代途径补体活力（Alternative Complement Pathway Activity，ACH50）表现出显著的上升趋势（$P<0.05$）。血清溶菌酶活性的最高值出现在维生素H正常添加组（171.0 U/mL），正常添加组血清溶菌酶活性显著高于零添加组（130.7 U/mL）（$P<0.05$），但是与高剂量添加组（165.3 U/mL）差异不显著，同时，高剂量添加组与零添加组之间也未表现出显著差异。维生素H正常添加组（146.5 U/mL）和高剂量添加组（153.5 U/mL）替代途径补体活力均显著高于零添加组（95.3 U/mL）（$P<0.05$），但是这两者之间差异不显著。⑤ 研究还表明，大黄鱼摄食高含量维生素H（6.221 mg/kg，需求量的100倍以上）的饲料后未表现出明显的中毒迹象。这与维生素H的吸收代谢机制有关，即维生素H是一种水溶性维生素，不会像脂溶性维生素那样在肝脏大量积累。

5. 维生素B_1（Vitamin B_1，VB_1）　又称硫胺素（Thiamine），是具有辅酶功能的水溶性维生素，在水产动物体内主要以活性型的焦磷酸硫胺素（Thiamine Pyrophosphate，TPP）存在，参与机体的生理生化反应，发挥代谢调节作用，从而维护组织、器官、细胞结构和功能的完整，保证各项生命活动的正常进行。一旦缺乏，焦磷酸硫胺素不能合成，糖类物质代谢的中间产物α–酮酸不能氧化脱羧而堆积，刺激神经末梢而引起炎症；另外，还会引起代谢受阻。维生素B_1缺乏还会导致消化液分泌减少、食欲不振和消化不良等症状。目前，尚未见到有关大黄鱼的维生素B_1缺乏症的报道。但据笔者实践，在大黄鱼苗种阶段长期投喂冰鲜小杂鱼时常发生批量死亡现象，摄食越好、生长越快、死亡越严重，许多养殖户只好采取长时间停饵的办法来应对。我们采取投喂维生素B_1或干酵母片的办法，大黄鱼的死亡数量就会明显减少或无死亡现象，收到了良好效果。普通医药店出售的干酵母片含有多种B族维生素。每片干酵母片含干酵母0.2 g、维生素B_1 0.019 mg、维生素B_2 0.007 6 mg、烟酸0.057 mg。医学上可用于防治维生素B缺乏症。

6. 维生素B_2（Vitamin B_2，VB_2）　又称核黄素，是大黄鱼所需的必需维生素。张春晓（2006）研究了大黄鱼对饲料中核黄素的营养需求，其结果表明：① 投喂未添加核黄素饲料的大黄鱼的成活率显著低于添加不同浓度核黄素饲料的大黄鱼的成活率。但成活率在添加核黄素的各组间并未出现显著差异（$P>0.05$）。未添加核黄素的饲料组的特定生长率最低（1.66%/d），这表明饲料中缺乏核黄素对大黄鱼的生长有抑制作用。随着饲料中核黄素添加量的增加，大黄鱼的生长状况明显得到改善：当饲料中核黄素含量达到3.50 mg/kg时，大黄鱼的特定生长率显著提高至2.21%/d；当饲料中核黄素含量达到6.60 mg/kg时，特定生长率进一步增加到2.68%/d（$P>0.05$）；而当饲料中核黄素含量继续增加时，各组之间的特定生长率没有出现显著差异（2.75%/d、2.83%/d和2.77%/d）。未添加核黄素饲料组的饲料转化率（0.43）和蛋白质效率（0.99%）与添加3.50 mg核黄素/kg饲料的差异不显著（$P>0.05$），但显著低于其他添加组（$P>0.05$）。添加核黄素的各组的饲料转化率和蛋白质效率并未出现显著差异（$P>0.05$），这表明饲料中核黄素过量对大黄鱼的生长没有产生不良影响。未添加核黄素组除死亡率高和生长受到抑制外，还发现其他缺乏症，包括晶状体混浊（lens opacity）、体色苍白、尾鳍分叉和畏光。而饲料中添加核黄素组则没有发现上述缺乏症状。当以特定生长率特定生长率为评价指标时，利用折线模型计算得出大黄鱼对饲料核黄素的需求量为6.23 mg/kg。② 基础饲料组中核黄素对组织D–AAO活力的影响大黄鱼肝脏D–AAO活力为3.27 U/g蛋白，显著低于其他组（$P>0.05$）。随着饲料中核黄素含量的增加，D–AAO活力显著增加，且核黄素含量增加到6.60 mg/kg时达到最大（5.70 U/g蛋白质）。而当核黄素含量超过6.60 mg/kg时，D–AAO活力没有显著增加（$P>0.05$）。根据饲料中核黄素含量与大黄鱼肝脏D–AAO活力的关系，以肝脏D–AAO活力为评价指标，经折线模型拟合后计算，大黄鱼对饲料中核黄素的需求量为6.92 mg/kg。③ 大黄鱼肝脏核黄素含量随着饲料中核黄素含量的增加（0.80、3.50和6.60 mg/kg）而显著升高（5.69、9.03和11.74 μg/g）（P>0.05）。而当饲料中核黄素含量高于6.60 mg/kg时，大黄鱼肝脏核黄素含量没有显著变化（P>0.05）。当以肝脏核黄素含量为评价指标，经折线模型拟合后计算，大黄鱼对饲料中核黄素的需求量为6.83 mg/kg。④ 大黄鱼核黄素缺乏会导致饲料转化率下降和死亡率升高，维持大黄鱼生理平衡需要的核黄素含量高于维持最佳生长所需的核黄素含量。核黄素是大黄鱼正常生长所必需的维生素，其缺乏会造成一系列缺乏症，而饲料中高含量的核黄素（23.95 mg/kg）对大黄鱼生长和生理状态没有负面影响。

7. 泛酸（Pantothenic Acid，Vitamin B_3，VB_3）　泛酸是两种重要的辅酶——辅酶A和酰基载体蛋白的组成成分（Peterson和Peterson，1945）。辅酶A存在于所有组织中，并在组织代谢中是最重要的辅酶之一。泛酸以辅酶A的形式在碳水化合物、脂肪和蛋白质代谢的酰基转移过程中起着重要的作用（Shiau和Hsu，1999）。辅酶A在鱼类代谢过程中起释放能量的作用，因此泛酸缺乏时含大量粒腺体的细胞会快速进行有丝分裂及高能量的消耗，而造成肝脏、鳃、肾小管、胰腺细胞等需要高能量参与的器官产生病变，其中最典型的就是棒状鳃（Wilson等，1983；Butthep等，1985）。张春晓（2006）的研究表明：① 饲料中泛酸对大黄鱼生长状态指标有明显的影响。当饲料中缺乏泛酸时对大黄鱼的生长有抑制作用；随着饲料中泛酸添加量的增加，大黄鱼的生长状况明显得到改善；当饲料中泛酸含量达到4.96 mg/kg时，大黄鱼的特定生长率显著提高至2.35%/d；当饲料中泛酸含量达到9.89 mg/kg时，特定生长率进一步增加并达到2.79%/d。且饲料中泛酸含量继续增加时，各组之间特定生长率没有出现显著差异（2.78、2.76和2.78%/d）。不添加泛酸组的饲料转化率（0.38）和蛋白质效率（1.04）显著低于添加泛酸各组（P<0.05），而饲料转化率和蛋白质效率在添加泛酸各组之间没有出现显著差异（P<0.05）。在实验条件下饲料中泛酸过量时对大黄鱼的生长没有不良影响。未添加泛酸组除死亡率高和生长受到抑制外，还发现其他缺乏症，包括鳃丝肿大、鳃色苍白、体色灰白、体表损伤和无活力。而饲料中添加泛酸组没有发现上述缺乏症状。以特定生长率为评价指标，经折线模型拟合后计算，大黄鱼对饲料泛酸的需求量为9.78 mg/kg。② 未添加泛酸饲料组大黄鱼血红蛋白（Hb）含量为48.0 g/L，与含泛酸4.96 mg/kg的饲料组（66.3 g/L）差异不显著（P<0.05），但显著低于其他添加泛酸组（P<0.05）。而添加泛酸组的大黄鱼的血红蛋白含量没有出现显著差异（分别为66.3、78.3、74.7、73.3和75.3 g/L）

（P<0.05）。③ 未添加泛酸组的大黄鱼肝脏含量为12.70%（肝脏湿重），显著高于添加泛酸组（P<0.05），而添加泛酸组的肝脏含量没有出现显著差异（P<0.05）。④ 大黄鱼肝脏总泛酸含量在不添加泛酸组为16.0 μg/mg，随着饲料泛酸含量的升高（4.96、9.89 mg/kg）而显著升高（26.6、39.8 μg/mg），但在饲料泛酸高于9.89 mg/kg的各组间差异不显著（P<0.05）。随着饲料中泛酸含量的升高，大黄鱼肝脏游离泛酸显著升高（P<0.05），当饲料泛酸含量高于18.82 mg/kg时，游离泛酸含量维持稳定（P<0.05）。以肝脏总泛酸含量为评价指标时，经折线模型拟合后计算得出，大黄鱼对饲料泛酸的需求量为11.20 mg/kg。

8. **吡哆醇**（Vitamin B_6，VB_6）　又称维生素B_6，主要以5–磷酸吡哆醛（PLP）形式参与蛋白质、脂肪和碳水化合物的多种代谢反应。其生理功能还包括参与血红蛋白的生成、烟酸的生成、免疫活性、神经系统以及其他反应，如去胺作用、脱硫作用、转硫作用、转甲基作用及消旋作用等（Marks，1975）。维生素B_6是大多数养殖鱼类所必需的，其缺乏会导致一系列症状，包括生长不良、厌食、死亡率高、贫血、游泳不正常和神经紊乱（Halver，2002）。张春晓（2006）探讨了饲料中不同含量的吡哆醇对大黄鱼生长和生理状态的影响，并研究了大黄鱼对饲料中吡哆醇的需要量。研究表明：① 饲料中缺乏吡哆醇对大黄鱼的生长有抑制作用。随着饲料中吡哆醇添加量的增加，大黄鱼的生长状况明显得到改善：当饲料中吡哆醇含量达到1.89 mg/kg时，大黄鱼的特定生长率显著提高至2.51%/d；当饲料中吡哆醇含量达到4.10 mg/kg时，特定生长率进一步增加并达到最大（2.80%/d）；且吡哆醇含量继续增加时特定生长率不再变化（2.73%/d、2.77%/d和2.76%/d）。研究还表明饲料中吡哆醇过量时大黄鱼的生长没有受到不良影响。未添加吡哆醇的饲料组除死亡率高和生长受到抑制外，还发现其他缺乏症，包括体色苍白、鳞片松散、嘴部腐烂、下颌断裂、游泳不正常和易受惊。而饲料中添加吡哆醇组没有发现上述缺乏症状。以特定生长率为评价指标时，经折线模型拟合后计算得出，大黄鱼对饲料吡哆醇的需求量为2.40 mg/kg。② 未添加吡哆醇的饲料组大黄鱼肝脏谷草转氨酶（AST）和谷丙转氨酶（ALT）活力分别为7.95和0.68 U/mg，显著低于其他添加吡哆醇的饲料各组（P<0.05）。随着饲料中吡哆醇含量的增加，谷草转氨酶和谷丙转氨酶活力显著增加，且吡哆醇含量增加到4.10 mg/kg时达到最大（10.76和1.13 U/mg蛋白）。而吡哆醇继续增加对谷草转氨酶和谷丙转氨酶活力没有显著影响（P<0.05）。以肝脏谷草转氨酶和谷丙转氨酶活力为评价指标，经折线模型拟合后计算得出，大黄鱼对饲料吡哆醇的需求量分别为3.24和3.40 mg/kg。③ 大黄鱼肝脏吡哆醇和5–磷酸吡哆醛含量随着饲料中吡哆醇含量的增

加而显著升高（$P<0.05$）。而饲料中吡哆醇含量高于4.10 mg/kg时，大黄鱼肝脏吡哆醇和5–磷酸吡哆醛含量没有显著变化（$P>0.05$）。当以肝脏吡哆醇和5–磷酸吡哆醛为评价指标时，经折线模型拟合后计算得，大黄鱼对饲料吡哆醇的需求量分别为4.49和4.61 mg/kg。研究认为，维生素B_6是大黄鱼必需的维生素，其缺乏会造成一系列缺乏症。而饲料中高含量的吡哆醇不会影响大黄鱼正常的生长或生理代谢。以肝脏谷草转氨酶和谷丙转氨酶为评价指标所得的需要量（3.26～3.40 mg/kg）既能够维持最大生长和最佳生理状态又能达到最大肝脏吡哆醇和5–磷酸吡哆醛累积，应当作为大黄鱼对吡哆醇的最适需要量。以肝脏吡哆醇和5–磷酸吡哆醛含量为评价指标计算的需要量虽然远高于其他评价指标的结果，但这种相对高的需要量也可能在机体抗应激或提高抗病力等方面发挥作用。

9. 叶酸（Folic Acid） 在动物体内活性形式为四氢叶酸（FH_4），它作为一碳单位的供体和受体参与许多关键反应，包括氨基酸和核酸的代谢（Stokstad和Koch，1967）。由于迅速增殖的组织（如造血系统）对DNA合成的需要量最大，当叶酸严重缺乏时它们就会受到主要影响。因此，叶酸缺乏的表现首先发生在造血系统。已有研究表明鱼类缺乏叶酸也会导致一系列血液学方面的症状，如红细胞和白细胞数量降低、血细胞比容降低、巨幼红细胞数量增加、红细胞大小或形状异常等；而其他症状还包括厌食、生长不良、死亡率高以及肝、脾、肾、鳃苍白贫血。摄食不含叶酸饲料的鲤鱼、斑点叉尾鮰没有出现缺乏症，是因为鲤鱼肠道细菌能合成叶酸，但合成的叶酸不足以防止缺乏症的产生。评价鱼类叶酸状态的指标包括生长、饲料转化率、死亡率、组织叶酸含量、血液学指标以及体组织或器官的病理变化等。张春晓（2006）研究了饲料中叶酸含量对大黄鱼生长和生理状态的影响，并测算了大黄鱼对饲料中叶酸的需要量。结果表明：① 摄食未添加叶酸的饲料的大黄鱼的成活率显著低于添加叶酸的各组（$P<0.05$），但成活率在添加叶酸的各组间并未出现显著差异（$P>0.05$）。不添加叶酸组的特定生长率最低，这表明饲料中缺乏叶酸对大黄鱼的生长有抑制作用。随着饲料中叶酸添加量的增加，大黄鱼的生长状况明显得到改善：当饲料中叶酸含量达到0.57 mg/kg时，大黄鱼的特定生长率显著提高至2.44%/d；当饲料中叶酸含量达到1.58 mg/kg时，特定生长率进一步增加并达到2.78%/d；饲料中叶酸含量继续增加时，各组之间特定生长率没有出现显著差异（2.85%/d、2.73%/d和2.78%/d）。不添加叶酸组的饲料转化率（0.49和0.56）和蛋白质效率（1.13%和1.29%）显著低于添加叶酸各组（$P<0.05$），而饲料转化率和蛋白质效率在饲料中添加叶酸的各组之间没有出现显著差异（$P>0.05$）。这表明在本实验条件下饲料中叶酸过量时大黄鱼的生长没有受到不良影响。未添加叶酸组除死亡率高和生长受到抑制外，还发现其他缺乏症，包括体色灰白、鳞片脱落、腹鳍充血和游泳缓慢。而饲料中添加叶酸组没有发现上述缺乏症状。当以特定生长率为评价指标时，经折线模型拟合后计算得出，大黄鱼对饲料中叶酸的需求量为0.85 mg/kg。② 大黄鱼肝脏叶酸含量随着饲料中叶酸含量的升高而升高，且当饲料叶酸含量高于1.58 mg/kg时，大黄鱼肝脏叶酸含量达到一个平台。以肝脏叶酸为评价指标，经折线模型拟合后计算出，大黄鱼对饲料中叶酸的需求量为0.93 mg/kg。研究表明，叶酸是大黄鱼正常生长所必需的维生素，其缺乏会造成一系列缺乏症。大黄鱼缺乏叶酸所表现的鳞片脱落和腹鳍充血的症状可能是由于叶酸缺乏导致抗病力下降的缘故；大黄鱼叶酸缺乏时体色灰白，这一现象在大黄鱼其他B族维生素缺乏时也出现过，说明这是大黄鱼对营养不良或环境不适的反应。

10. **烟酸**（Nicotinic Acid，Vitamin B_5，VB_5）　属于B族维生素，又名尼克酸、维生素PP，是包括烟酸和烟酰胺在内的具有生物学活性的全部吡啶-3-羧酸及其衍生物的总称。烟酸在机体内主要以辅酶Ⅰ（烟酰胺腺嘌呤二核苷酸，NAD）和辅酶Ⅱ（烟酰胺腺嘌呤二核苷酸磷酸，NADP）的形式参与代谢。烟酸在糖、脂肪和蛋白质代谢中发挥着重要作用。烟酸缺乏会导致水产动物产生一系列缺乏症。程镇燕（2010）研究了饲料中不同水平的烟酸对大黄鱼生长和生理状态的影响，测算了大黄鱼对饲料中烟酸的需要量。研究表明：① 饲料中烟酸含量对大黄鱼的存活率没有显著影响。但饲料中烟酸含量显著提高了大黄鱼的增重率、特定生长率和饲料转化率，且随着烟酸添加水平的升高而呈现先上升后平稳的趋势。未添加烟酸组的增重率和特定生长率最低（分别为239.2%/d和2.18%/d）。随着饲料中烟酸添加量的增加，大黄鱼的生长状况明显得到改善，当饲料中烟酸含量达到12.34 mg/kg时，大黄鱼的增重率和特定生长率分别显著提高到350.8%/d和2.68%/d。当饲料中烟酸含量增加到18.21 mg/kg时，增重率和特定生长率都达到峰值，分别为479.1%/d和3.13%/d。然而，当饲料中烟酸含量继续增加时，各处理组之间增重率和特定生长率趋于稳定。饲料转化率与增重率和特定生长率的变化趋势一致，未添加烟酸组饲料转化率最低（0.34），显著低于添加烟酸的各组，而（添加量为0.55 mg/kg和12.34 mg/kg组）组的饲料转化率也显著低于饲料烟酸含量皿8.21 mg/kg各组（$P<0.05$）。当饲料中烟酸含量增加到18.21 mg/kg时，大黄鱼的饲料转化率显著提高至0.75。随着烟酸含量继续增加，饲料转化率趋于稳定。发现烟酸缺乏组大黄鱼生长缓慢，增重率、特定生长率和饲料转化率都显著低于烟酸添加组的实验鱼，但没有出现皮肤和鳍病变、出

血、眼球突出、颌骨畸形和贫血等症状。随着饲料中烟酸含量的增加，大黄鱼的生长得到明显的改善。这些结果表明，烟酸为大黄鱼正常生长所必需的营养成分之一。以增重率为评价指标，经折线模型拟合后计算得到，大黄鱼对饲料中烟酸的最适需要量为17.41 mg/kg。② 饲料中烟酸含量的高低对大黄鱼的鱼体组成分没有显著影响（$P>0.05$）。各组实验鱼体水分含量为78.3%～80.3%；鱼体粗蛋白含量为12.6%～14.2%；鱼体脂肪含量为3.1%～4.2%；鱼体灰分含量为4.7%～5.5%。③ 大黄鱼的肝指数为1.23%～1.49%，各处理组之间没有显著差异（$P>0.05$）。饲料中烟酸含量显著影响了大黄鱼的肝脏烟酸含量（$P<0.05$）。肝脏烟酸含量随着饲料中烟酸含量的升高而呈现先增加后平稳的状态，未添加烟酸组的肝脏烟酸含量最低（8.3 μg/g），当饲料中烟酸含量增加到12.34 mg/kg时，肝脏烟酸含量显著提高到12.61 μg/g。当饲料中烟酸含量≥18.21 mg/g时，肝脏烟酸含量在各组间变化不显著并达到平台期。以大黄鱼肝脏烟酸含量为评价指标，经折线模型拟合后计算得到，大黄鱼对饲料中烟酸的最适需要量为21.97 mg/kg。④ 实验条件下，稍稍过量的烟酸并不会对大黄鱼的生长产生负面影响，但是严重过量的烟酸是否对大黄鱼造成负面影响有待进一步研究。

11. 维生素K（Vitamin K，V_K）　目前维生素K有3种，其中天然维生素K有两种，存于绿叶植物中的为维生素K_1，肠道细菌合成者为维生素K_2；人工合成的维生素K仅维生素$K_3$1种。它们都是2-甲基-1，4-萘醌的衍生物，仅侧链R存在差异。维生素K_1和维生素K_2对热较稳定；而光照及强酸强碱和氧化剂易使之失活。维生素K可促进鱼类肝脏合成凝血因子，参与体内的氧化还原反应过程，可作为电子传递体参与氧化磷酸化，增强肌组织弹性，促进肠道蠕动和分泌。鱼体长期服用广谱抗生素、磺胺药时会发生维生素K缺乏症，症状为贫血或皮下出血，不仅影响鱼生长，还会严重影响商品鱼的质量（侯永清，2009）。目前，维生素K除了以维生素K_3作为鱼用多种维生素的成分之一而用于养殖大黄鱼外，尚未见到单独用于养殖大黄鱼的报道。

12. 维生素C（Vitamin C，VC）　为己糖衍生物，为无色结晶可溶于水，具酸性。维生素C易被碱性物质（如氯化胆碱）和氧化剂破坏。因其能防治坏血酸病，故化学名称为抗坏血酸（Ascorbic Acid，AA）。以两种类型存在于生物体内，一种为还原型（Ascorbic Acid），另一种为氧化型（Dehydroascorbic Acid），两者可以相互转化，具有相同的生物活性。目前在大黄鱼对维生素C的需求方面的研究较少见到报道。维生素C对鱼类结缔组织、骨骼、血管细胞间质的形成，以及维持这些组织的正常机能起着重要作用；维生素C能促进鱼体中其他维生素和矿物质的代谢；性腺内维生素C的浓度会影响鱼类繁殖；维生素C对鱼体具有增强抗胁迫、改善能量代谢和提高免疫力的功能，以及促生长等作用（颉志刚等，2003）。但维生素C的水溶液呈酸性，并具较强的还原性，可破坏维生素B_{12}和叶酸等，因而维生素C不能和它们同时使用。据日本山田等人的测定，鲤鱼、稚罗非鱼、鲶鱼等肝、胰脏中均具有*L*–异葡萄糖氧化酶的活性，因此说明这3种鱼自身具有合成维生素C的能力。然而，即使含有该种酶，能将*D*—glu–curono—lactone转变成维生素C的转化率也各不相同，是否可以满足自身需要尚不确定；而在虹鳟、琵琶湖鳟、香鱼、鳗鲡、真鲷、罗非鱼等体内都未发现该酶，故这些鱼可能难以或不能合成维生素C（周明，2000）。因此，这也说明了有些鱼种对于维生素C不足的饲料特别敏感，而有些鱼种则只需添加少量的维生素C便可达到较好的饲料转化率。事实上，多数鱼类如果不能从饲料中获得外源性的维生素C，将很难维持鱼体正常的生长发育。如香鱼的维生素C缺乏症表现为食欲不振、鳃盖下颚部损伤、鳍基部出血、头部后方淤血、眼球突出等。Dabrowski认为，鱼类摄入的维生素C主要用于维持体内组织中维生素C的恒定，因此鱼类对维生素C的需要就等同于维持组织维生素C最大累积量的需要。通过这个指标确立的需要量与通过生长率确立的需要量存在一定差异。对鲤的研究表明，当以生长率为评价指标时，其需要量为45 mg/kg，远低于身体维生素C含量确定的需要量（104～115 mg/kg）。大黄鱼属于对环境变化反应敏感、应激反应强烈、易受寄生虫与敌害生物侵袭的海水鱼类。这是否由于大黄鱼自身没有合成维生素C的能力或合成量无法满足自身需要而导致维生素C缺乏症所致，有待今后深入研究。目前，海水鱼饲料中的维生素C磷酸酯的有效成分添加量一般在500 mg/kg左右。大黄鱼饲料对维生素C的需要量为28.2 mg/kg（张璐，2006）。

13. 肌醇（Inositol） 为环己烷衍生物，是维生素B族中的一种水溶性维生素。具有与胆碱相似的明显的亲脂性质。肌醇是一种生物活素，具有与维生素B和维生素H相似的作用，是生物体内不可缺少的成分。肌醇在活体组织里是一种结构单元，是构成动物细胞磷脂的一部分。磷脂肌醇作为磷脂的一部分，在跨膜信号传导中起着重要作用。肌醇通常作为维生素添加在饲料中，可促进细胞新陈代谢与发育，增进食欲，促进鱼类生长，提高饲料转化率，促进肝脏和其他组织中脂肪的新陈代谢，用于治疗脂肪肝。肌醇缺乏能导致水产动物产生一系列缺乏症，如食欲下降、生长缓慢、贫血、体表发黑和鳍腐烂，并能降低胆碱酯酶和部分转氨酶的活性（NRC，1993）。程镇燕（2010）研究了饲料中不同肌醇含量对大黄鱼生长和生理状态的影响，测算了大黄鱼对饲料中肌醇的需要量。结果表明：① 饲料中肌醇含量显著提高了大黄鱼的存活率、增重率、特定生长率和饲料转化率，且随着肌醇添加水平的升高而呈现先上升后平稳的趋势。各实验组鱼存活率范围为78.0%～90.0%，未添加肌醇的饲料组的存活率最低，均为78.0%，显著低于添加肌醇组（90.0%，肌醇添加量为396.76 mg/kg；87.3%，肌醇添加量为1 586.33 mg/kg）（$P<0.05$），存活率在添加肌醇的各组间并未出现显著差异（$P>0.05$）。未添加肌醇组的增重率和特定生长率最低（分别为251.5%、299.5%和2.240%/d、2.47%/d），这表明饲料中缺乏肌醇对大黄鱼的生长有抑制作用。随着饲料中肌醇添加量的增加，大黄鱼的生长明显，当饲料中肌醇含量达到396.76 mg/kg时，增重率和特定生长率都达到峰值，分别为481.8%和3.14%/d。然而，饲料中肌醇含量继续增加时，各处理组之间增重率和特定生长率均没有出现显著差异。饲料转化率与增重率和特定生长率的变化趋势一致，未添加肌醇饲料组的饲料转化率最低（分别为0.39和0.42）。当饲料肌醇含量从138.14 mg/kg上升到396.76 mg/kg时，大黄鱼的饲料转化率从0.57显著提高至0.79。当饲料中肌醇水平继续增加时，饲料转化率趋于稳定。当以增重率为评价指标时，经折线模型拟合后计算得出，大黄鱼对饲料中肌醇的最适需要量为313.35 mg/kg。② 饲料中的肌醇水平对大黄鱼鱼体水分和粗蛋白含量没有显著影响（$P>0.05$）。其中鱼体水分含量为78.0%～80.0%，粗蛋白含量为13.2%～14.4%。大黄鱼鱼体粗脂肪含量随着肌醇添加水平的上升而增加，未添加肌醇饲料组粗脂肪含量最低，均为2.6%，与肌醇添加量138.14 mg/kg的3.1%和肌醇添加量216.07 mg/kg的3.3%差异不显著，但显著低于肌醇含量≥396.76 mg/kg的各组（$P<0.05$）。粗脂肪含量在添加肌醇的各组之间没有显著差异。鱼体灰分含量随着肌醇添加量的升高有降低的趋势（从5.4%降低到4.3%），灰分含量在各组间没有显著差异（$P>0.05$）。③ 随着饲料中肌醇水平的升高，大黄鱼的肝指数逐渐降低，为1.3%～1.6%，各处理组之间没有显著差异（$P>0.05$）。大黄鱼肝脏脂肪含量也随着饲料中肌醇水平的升高而降低，未添加肌醇的饲料组肝脏脂肪含量最高，分别为19.4%和19.3%，与肌醇添加量为138.14 mg/kg组的17.7%和肌醇添加量为216.07 mg/kg组的16.9%之间没有显著差异（$P>0.05$），但是却显著高于饲料中肌醇含量≥396.76 mg/kg的处理组（$P<0.05$），添加肌醇的各处理组之间肝脏脂肪含量没有显著差异（$P>0.05$）。大黄鱼的肝脏肌醇含量随着饲料中肌醇水平的升高而呈现先增加后平稳的状态，未添加肌醇的两组，肝脏肌醇含量最低，分别为694.54和705.64 mg/kg，与肌醇添加量为138.14 mg/kg组的795.53 mg/kg，没有显著差异（$P>0.05$），但是却显著低于肌醇添加量≥216.07 mg/kg的各处理组的（$P<0.05$），其中饲料中肌醇含量≥216.07 mg/kg的组之间没有显著差异（$P<0.05$）。当以大黄鱼肝脏

肌醇含量为评价指标时，经折线模型拟合后计算得出，大黄鱼对饲料肌醇最适需要量为335.29 mg/kg。程镇燕（2010）进行的另一试验表明，添加琥珀酰磺胺噻唑但不添加肌醇组和不添加琥珀酰磺胺噻唑且不添加肌醇组大黄鱼的肝脏脂肪含量显著高于饲料中肌醇含量≥396.76 mg/kg的处理组（$P<0.05$），添加肌醇的各处理组之间肝脏脂肪含量没有显著差异（$P>0.05$）。肝脏肌醇含量随着饲料肌醇含量的上升而显著升高（$P<0.05$），当饲料肌醇含量≥216.07 mg/kg时维持稳定。添加琥珀酰磺胺噻唑但不添加肌醇组的大黄鱼的生长、生理指标与不添加琥珀酰磺胺噻唑且不添加肌醇组相似，二者之间差异不显著（$P>0.05$），表明大黄鱼肠道中微生物的合成作用不是肌醇的主要来源。

14. 胆碱（Choline）　是一种季铵盐，学名为2–羟乙基–三甲基氢氧化胆碱，是维生素B的一种。胆碱还是机体合成乙酰胆碱的基础，从而影响神经信号的传递。另外，胆碱是卵磷脂和神经鞘磷脂的组成成分，可作为甲基供体参与体内的转甲基反应，是体内蛋氨酸合成所需的甲基源之一。胆碱可以促进肝、肾的脂肪代谢，参与脂蛋白的形成，有利于脂肪从肝中运出，故有预防脂肪肝的作用。在许多食物中都含有天然胆碱，但其浓度不足以满足动物迅速生长对现代饲料的需要，因此在饲料中应添加合成胆碱以满足其需要。缺少胆碱可导致脂肪肝、生长缓慢、性腺发育不良、死亡增多等现象。程镇燕（2010）探讨了饲料中胆碱的含量对大黄鱼生长和健康状态的影响，以及大黄鱼对饲料胆碱的需要量。结果表明：① 饲料中添加胆碱显著提高了大黄鱼的存活率、增重率、特定生长率和饲料转化率，且随着胆碱水平的升高而呈现先上升后平稳的趋势。各实验组鱼的存活率为77.5%～92.6%，未添加胆碱饲料组的存活率最低，为77.8%，与胆碱含量为372.12 mg/kg的组（85.9%），差异不显著（$P>0.05$），但显著低于其他添加胆碱的处理组（$P<0.05$），存活率在添加胆碱的各组间并未出现显著差异（$P>0.05$）。未添加胆碱饲料组的增重率和特定生长率最低（分别为179.4%/d和1.83%/d），这表明饲料中缺乏胆碱对大黄鱼的生长有抑制作用。随着饲料中胆碱添加量的增加，大黄鱼的生长状况明显得到改善，当饲料中胆碱含量达到1 253 mg/kg时，增重率和特定生长率都达到最大值，分别为401.5%/d和2.88%/d。然而饲料中胆碱含量继续增加时，各处理组之间增重率和特定生长率均没有出现显著差异。饲料转化率与增重率、特定生长率的变化趋势一致，未添加胆碱饲料组的饲料转化率最低（0.39）。当饲料中胆碱含量从372.12 mg/kg上升到1 253 mg/kg时，大黄鱼的饲料转化率从0.56显著提高至0.89。当饲料中胆碱水平继续增加时，饲料转化率趋于稳定。当以增重率为评价指标时，经折线模型拟合后计算得出，大黄鱼对饲料中胆碱的最适需要量为1 056.64 mg/kg。② 饲料中的胆碱水平对大黄鱼鱼体水分和粗蛋白含量没有显著影响（$P>0.05$）。其中鱼体水分含量为78.1% ~ 80.3%，粗蛋白含量为12.9% ~ 14.1%。大黄鱼鱼体粗脂肪含量随着胆碱添加水平的上升而增加，未添加胆碱饲料组的粗脂肪含量最低，仅为2.3%，显著低于其他添加胆碱的各组（$P<0.05$）。粗脂肪含量在添加胆碱的各组之间没有显著差异。鱼体灰分含量随着胆碱添加量的升高而降低（从5.5%降低到3.8%），未添加胆碱饲料组的灰分含量最高（5.5%），而当胆碱含量由682.99 mg/kg增加到4 746.87 mg/kg时，灰分含量在各组间没有显著差异（$P>0.05$）。③ 饲料胆碱水平显著降低了大黄鱼的肝指数（$P<0.05$）。当饲料中胆碱含量从98.83 mg/kg升高至682.99 mg/kg时，大黄鱼的肝指数没有显著差异（$P>0.05$），分别为2.6%、2.4%和2.5%。当饲料胆碱含量从1 253.96 mg/kg升高至4 746.87 mg/kg时，大黄鱼的肝指数显著低于未添加胆碱饲料组（$P<0.05$），分别为2.2%、2.2%和2.3%。大黄鱼肝脏脂肪含量随着饲料中胆碱水平的升高而降低，未添加胆碱饲料组的肝脏脂肪含量（22.2%）最高，与胆碱含量为372.12 mg/kg组的20.0%之间没有显著差异，但是却显著高于饲料中胆碱含量为682.99 mg/kg的处理组，添加胆碱的各处理组之间的肝脏脂肪含量没有显著差异（$P>0.05$）。大黄鱼的肝脏胆碱含量随着饲料中胆碱水平的升高而呈现先增加后平稳的状态，未添加胆碱的肝脏胆碱含量最低，显著低于其他处理组（$P>0.05$）。然而，添加胆碱含量为372.12 mg/kg组与添加胆碱含量682.99 mg/kg组的肝脏胆碱含量也显著低于胆碱添加量≥1 253.96 mg/kg的处理组（$P>0.05$），其中饲料中胆碱含量为1 253.96 mg/kg处理组之间没有显著差异。以大黄鱼肝脏胆碱含量为评价指标，经折线模型拟合后计算得出，大黄鱼对饲料中胆碱的最适需要量为1 124.28 mg/kg。④ 饲料中添加胆碱显著提高了大黄鱼血清的甘油三酯和胆固醇含量（$P>0.05$）。未添加胆碱组大黄鱼血清的甘油三酯和胆固醇含量都最低，分别为1.19 mmol/L和0.91 mmol/L，但是与胆碱添加量为372.12 mg/kg和682.99 mg/kg的处理组之间没有显著差异（$P>0.05$）。当胆碱添加量由1 253.96 mg/kg增加到4 746.87 mg/kg时，甘油三酯和胆固醇含量达到最高值（分别为3.18 mmol/L和1.75 mmol/L），且保持平稳状态，均显著高于未添加胆碱组。总之，胆碱缺乏会抑制大黄鱼的生长，说明胆碱是大黄鱼生长所必需的维生素之一。饲料中添加胆碱抑制了脂肪在肝脏中的累积，有效地防止了脂肪肝现象的发生。在该实验条件下，饲料中高含量的胆碱对大黄鱼的生长和生理状态没有负面影响。

甜菜碱（Betaine）　学名为N–三甲基甘氨酸。它为胆碱的氧化代谢产物，去甲基后可生成甘氨酸，有效成分为三甲基甘氨酸。胆碱在体内可为机体提供甲基，从而参与新陈代谢反应。近年来研究发现，甜菜碱不但可以为机体提供甲基，而且它提供甲基的效率为氯化胆碱的2.3倍，是更有效的甲基供体。大多数学者认为，在水产饲料中可添加一定量的甜菜碱来代替部分胆碱。Rumsey（1989）试验证明，虹鳟的胆碱需要量的一半必须满足，另外一半可由甜菜碱取代。甜菜碱具有独特的甜味和鱼敏感的鲜味，是理想的诱食剂。在鱼饲料中添加0.5%～1.5%的甜菜碱，对所有鱼类及甲壳类动物的嗅觉和味觉均有强烈的刺激作用，具有诱食力强、改进饲料适口性、缩短采食时间、促进消化吸收、加速鱼虾生长、避免饲料浪费造成水体污染等作用。甜菜碱有助于鲜鱼抵抗10℃以下的冷应激，是某些鱼类越冬的理想饲料添加剂。饵料中添加1.5%的甜菜碱/氨基酸，能降低淡水鱼肌肉中的水分含量，延缓鱼的衰老，且在水中无机盐浓度升高（如海水）时，有利于保持鱼体电解质和渗透压平衡，使淡水鱼顺利实现向海水环境的过渡。

目前，用于水产动物上类似于胆碱的物质还有*L*–肉碱、硫代甜菜碱等。

L-肉碱（Left-carnitine）　又称左旋肉碱，音译卡尼丁，是一种促使脂肪转化为能量的类氨基酸。左旋肉碱的主要生理功能是促进脂肪转化成能量，服用左旋肉碱能够在减少身体脂肪、降低体重的同时，不减少水分和肌肉。对动物来说，补充*L*–肉碱与补充其他维生素及矿物质同等重要。水产动物自身能在肝脏等组织中合成*L*–肉碱，但在高密度、集约化养殖模式下，水产动物自身合成的*L*–肉碱远远不能够满足其快速生长的需要，因此有可能造成鱼体脂肪代谢阻碍，食量减少，运动减弱，成活率降低。

硫代甜菜碱（Sulfobetaine）　化学名为二甲基乙酸噻亭（Dimethylthetin，简称DMT）。硫代甜菜碱的性状为白色结晶，有吸湿性，具有特殊气味。行为学研究表明，水产动物体内具有感受（CH_3）2S–基团的化学感受器，而（CH_3）2S–基团是S，S–二甲基–β–丙酸噻亭（Dimethyl–β–propiothetin）（DMPT）、硫代甜菜碱的特征基团。用饲喂的鱼虾肉质接近天然野生的鱼虾味道。二甲基–β–丙酸噻亭不仅广泛存在海藻体内，也存在于野生的鱼虾体中，在自然界广泛存在；而硫代甜菜碱（DMT）是一种纯化学合成的物质。甲壳类动物自身能够合成硫代甜菜碱。硫代甜菜碱极易溶于水，是水产动物味觉受体的有效配体，对水产动物的味觉、嗅觉神经有极强的刺激作用，从而加快水产动物摄食速度，提高水产动物在应激状态下的采食量。硫代甜菜碱的用途包括钓鱼饵料添加剂、水产饲料诱食剂。硫代甜菜碱的诱食效果，虽比不上DMPT，但仍强于第1代诱食剂氨基酸、第2代诱食剂甜菜碱、第3

代诱食剂谷氨酰胺。硫代甜菜碱和DMPT一起被称为第4代诱食剂。

生产实践证明，大黄鱼定期饲喂多种维生素在抗病防病、保证活鱼操作安全等方面表现出显著效果。这可能与各种维生素的协同作用能增强大黄鱼机体抗胁迫能力、提高免疫功能有关。大黄鱼对各种维生素的需要量和缺乏症见表2–5。

表2–5　大黄鱼饲料中维生素需要量和缺乏症

种类	需求量	缺乏症状
核黄素（mg/kg）	6.23 ~ 6.92	生长不良，晶状体混浊，体色苍白，尾鳍分叉，畏光，鳃丝肿大苍白
泛酸（mg/kg）	9.78 ~ 11.20	体色灰白，体表损伤和无活力，贫血死亡率高，生长不良，饲料转化率低，游泳不正常和易受惊
吡哆醇（mg/kg）	3.26 ~ 3.40	体色苍白，鳞片松散，嘴部腐烂，下颌断裂鳃色变淡
叶酸（mg/kg）	0.85 ~ 0.95	体色灰白，鳞片脱落，腹鳍充血
维生素H（mg/kg）	0.039	无
维生素C（mg/kg）	28.2 ~ 87.0	无
维生素A（U/kg）	1 865.7 ~ 3 433.0	死亡率高，生长减缓，鳍基充血
维生素D（U/kg）	426.5 ~ 2 388.9	鳃盖骨脆弱易碎，无明显缺乏症状
维生素E（U/kg）	54.4 ~ 232.4	无

资料来源：何志刚等，2010。

（五）对矿物质的营养需求

这里所指的矿物质，有的学者也称之为无机盐或微量元素。目前对大黄鱼矿物质的需求研究还较少。矿物质在维持鱼类的正常生长、健康和繁殖等方面发挥着重要的生理作用，如作为渗透压的调节物质、酶的辅助因子参与酶的作用、生物电子传递物质、骨骼的主要组成物质、酸碱平衡调节物质等。综合分析主要表现为作为生理活性物质、结构组织物质参与鱼体的正常生理活动。在实施鱼类健康养殖和营养平衡的要求下，养殖鱼类应该在满足快速生长、提高对饲料的转化率的条件下，鱼体能够保持正常的生理状态，具有正常的抗病和抗应激能力，鱼体各部位协调生长发育而保持正常的体型。因此，对不同矿物质的营养需求主要应包括矿物质元素种类的满足、每种矿物质元素量的满足和各种矿物质元素之间比例的平衡，即种类、含量和平衡比例的需要。矿物质摄入不足，常导致营养缺乏症，使大黄鱼的鱼肉品质降低。

与大多数陆生动物不同，大黄鱼等海水鱼类不仅从饲料中摄取矿物质元素，而且能从体外的水环境中吸收。镁、钠、钾、铁、锌、铜和硒等矿物元素通常从水中吸收便可部分满足鱼类的营养需求，然而磷和硫大部分只能从饲料中吸收补充。

1. 磷　Mai等（2006）研究表明，饲料可利用磷水平显著影响大黄鱼生长性能，饲料中适量添加磷可显著提高大黄鱼的特定生长率。当以特定生长率、脊椎骨磷含量或鱼体磷含量为评价指标，大黄鱼对配合饲料中可利用的磷的需求量分别为0.70%、0.89%或0.91%。

2. 铁　张佳明（2007）在大黄鱼幼鱼配合饲料中分别添加铁含量为21.14 mg/kg、52.02 mg/kg、80.87 mg/kg、141.93 mg/kg、259.70 mg/kg和495.15 mg/kg的对比实验结果表明，各饲料处理组对大黄鱼的成活率（84.2%~90.8%）影响不显著，但随着饲料中铁含量的增加，大黄鱼的特定生长率显著升高（2.47%/d~2.74%/d）（$P<0.05$），且铁含量为141.93 mg/kg的饲料组的特定生长率达最大值（2.81%/d），然而，随着饲料中铁含量的进一步增加，特定生长率维持在一相对稳定水平。饲料中铁的含量显著影响大黄鱼脊椎骨、肝脏和血清中铁的含量，而对全鱼的铁含量影响不显著。以大黄鱼幼鱼特定生长率为评价指标，根据折线模型得出大黄鱼幼鱼配合饲料中铁的需求量为101.2 mg/kg。

3. 锌　张佳明等（2008）以初始体重为（1.78±0.02）g的大黄鱼为实验对象，在室内流水系统（养殖桶规格：200 L）中进行为期8周的饲养实验，研究大黄鱼对锌的需要量。以硫酸锌为锌源，使基础饲料中的锌含量分别达到9.68 mg/kg、30.63 mg/kg、48.94 mg/kg、91.28 mg/kg、167.49 mg/kg和326.81 mg/kg。每种饲料设3个重复，每个重复放养40尾大黄鱼。实验采取饱食投喂的方式，每天投喂2次（05：30和17：30），实验期间水温为26.5℃~29.5℃，盐度为25~28，溶解氧含量在7 mg/L左右。实验结果表明各饲料处理组成活率（84.2%~96.7%）无显著差异。随着饲料中锌含量的增加，大黄鱼的特定生长率显著升高2.47%/d~2.77%/d（$P<0.05$），且在锌含量为91.28 mg/kg饲料组达最大值（2.77%/d），然而，随着饲料中锌含量的进一步增加，特定生长率维持在一相对稳定水平，各处理组间的体蛋白质（14.0%~15.0%）、体脂肪（5.4%~6.1%）、灰分（3.7%~4.1%）及水分含量（76.1%~77.9%）均无显著差异（$P>0.05$）。饲料中锌含量显著影响大黄鱼脊椎骨、全鱼和血清中锌的含量，而对肝脏中锌含量无显著影响。当以特定生长率与脊椎骨锌含量为评价指标时，根据折线模型计算得出，大黄鱼对饲料中锌的需要量分别为59.6和84.6 mg/kg。

（六）对一些非营养性物质的需求

除了营养性物质之外，大黄鱼对一些可帮助消化吸收、促进生长发育和提高免疫力等的非营养性物质也是需要的。免疫增强剂虽不是鱼类必需的营养素，但如果在饲料中适量添加免疫增强剂（如β–葡聚糖等），既能提高成活率又能显著促进生长，同时减少抗生素类药物的用量。Ai等（2006）在大黄鱼饲料中分别添加0、0.09%、0.18%的β–1，3葡聚糖，试验发现，添加0.09%组能够显著提高大黄鱼生长和先天性免疫能力。王军等（2001）采用低聚糖益力素、稳定型维生素C、渔用多维等免疫、营养添加物定期投喂大黄鱼，以粒细胞、淋巴细胞、单核细胞、吞噬百分率、吞噬指数等为指标，跟踪检测试验大黄鱼血液中白细胞组成数量和吞噬细胞吞噬能力的变化。研究结果表明，免疫添加物可以提高大黄鱼血液中白细胞数量和吞噬细胞的吞噬力，增强大黄鱼的非特异性免疫功能，促进大黄鱼的健康生长。张璐等（2006）以初始体重（1.88 ± 0.01）g的大黄鱼为研究对象，探讨饲料中添加植酸酶（PY）和非淀粉多糖酶对大黄鱼生长、体组成成分以及消化酶活性的影响。结果表明，饲料中添加含量为200 mg/kg的植酸酶能够显著提高大黄鱼的生长，这与以前的一些研究相类似。饲料中添加适量植酸酶能显著提高大黄鱼胃和肠道中蛋白酶的活性，从而提高大黄鱼对蛋白质的消化吸收率，达到促进生长的目的。非淀粉多糖酶的添加，一方面摧毁了结构致密的细胞壁，将其中丰富的养分及消化酶（淀粉酶等）释放出来，提高了消化酶（主要是淀粉酶）的活性；另一方面可使非淀粉多糖中的木聚糖和β–葡聚糖部分水解为低聚糖，从而降低消化道内容物的黏度，提高了内源消化酶与营养成分的结合率和混合速度，能够最大限度地发挥其消化作用。淀粉酶活性的提高有助于大黄鱼更好地消化植物饲料中的碳水化合物，从而达到促进生长的目的。该实验的饲料中添加植酸酶显著提高了大黄鱼鱼体的灰分含量。这说明，饲料中添加植酸酶在一定程度上提高了大黄鱼对矿物质元素（主要是磷）的生物利用率，从而导致鱼体灰分含量的升高。大黄鱼是典型的肉食性鱼类，其胃和肠道中的蛋白酶有较强的活性，而脂肪酶和淀粉酶的活性相对较低。张春晓（2008）等进一步研究了在大黄鱼饲料中添加植酸酶和非淀粉性多糖酶对其氨氮和可溶性磷排泄的影响。实验结果表明，饥饿状态下实验鱼的氨氮和可溶性磷排泄不受实验饲料影响（$P>0.05$）。而在饱食条件下，实验饲料中添加非淀粉性多糖酶显著降低了实验鱼的氨氮排泄率（$P<0.05$），而添加植酸酶组实验鱼的氨氮排泄率与对照组差异不显著。饲料处理对实验鱼可溶性磷的排泄率的影响不显著（$P>0.05$），但添加植酸酶组实验鱼的可溶性磷排泄率有增加的趋势。张春晓等（2008）验证了在网箱养殖大黄鱼饲料中添加肽聚糖的生产效果，结果表明，饲料中添加适宜含量的肽聚糖可显著提高大黄鱼的生长率和非特异性免疫力，肽聚糖可以作为安全高效的口服免疫增强剂应用于大黄鱼的实际养殖生产。

第二节　生物饵料的开发与利用

大黄鱼人工育苗过程中涉及使用的生物活饵料种类，包括直接作为仔、稚鱼饵料的轮虫、卤虫无节幼体、桡足类，以及作为间接饵料和调节育苗水质的微绿球藻等单胞藻类。现将其生物饵料的规模化培养与开发技术介绍如下。

一、微绿球藻的规模化培养

微绿球藻（*Nannochloropsis oculata*）属绿藻门绿藻纲四胞藻目胶球藻科，在海水鱼养殖生产中习惯称之为海水小球藻。其细胞球形，细胞壁极薄，具淡绿色的色素体1个，眼点浅橘红色。在生长良好的情况下，色素体很深，不容易观察到眼点。人工培养快速生长时，细胞会变小。繁殖方式为无性生殖的细胞二分裂，其繁殖力大于小球藻。微绿球藻因其易保种、生长繁殖迅速、培养所要求的生态条件简单等特点，成为目前大黄鱼育苗生产单细胞藻类的主要培养物种。

笔者总结多年来在大黄鱼人工育苗的生产实践经验，归纳了一套适合规模化生产性育苗的所有单胞藻培养实用技术，现介绍如下。

（一）生态条件要求

1. **盐度**　微绿球藻对盐度的适应性很广，可在4 ~ 36的盐度中生长繁殖，并可保存在盐度为2 ~ 54的海水中。

2. **温度**　微绿球藻在10℃ ~ 36℃的温度范围内都能比较迅速地繁殖，较适宜温度范围为25℃ ~ 30℃。

3. **光照**　微绿球藻适光范围广，偏强光，最适光照强度在10 000 lx左右。

4. **酸碱度**　微绿球藻较适宜pH范围为7.5 ~ 8.5，相对于小球藻的较适宜pH范围6 ~ 8，前者更适合自然海水的培养条件。

5. **水质环境**　微绿球藻在有机质丰富，特别是氨盐丰富的水环境中生长繁茂。

（二）一级培养（藻种培养）

1. **藻种种源选择**　一级培养是培育单细胞藻类最关键的一环。确保了藻种的纯正无污染，才能保障后期培养的成功。藻种尽可能取自技术力量较强的科研院所或信誉较好的生产单位。藻种来源最好采集自2～3个地方，分别进行保种，以便选择能适应本地区培养的藻种进行扩种培养。

2. 培养容器　可用100～3 000 mL的三角烧瓶作为保种容器。

3. 培养用水及器具的消毒处理　一级培养用水要经过严格过滤，光线下看不见混浊颗粒为佳，必要时用脱脂棉过滤。一级培养用水应煮沸消毒，包扎培养瓶口的纸张需经高压灭菌方可使用。保种用的烧瓶一定要消毒彻底，先用1：1盐酸洗刷，再用1：5盐酸加热煮沸5～10 min。

4. 营养液配制　将硝酸钠60 g、磷酸二氢钾5 g、硅酸钠5 g、柠檬酸铁0.5 g及维生素B_1针剂100 mg、维生素B_{12}针剂500 μg，溶于1 000 mL蒸馏水中配成营养盐母液。营养盐溶液采用煮沸或高压灭菌，维生素类营养盐在消毒后的水中加入。营养盐母液最好每天经一次高压灭菌（维生素类除外），最长使用时间不超过3 d，特别是在高温季节。然后按1 L海水添加1 mL营养盐母液配制藻种培养液。以上营养液配方为经验数值，在实际使用中可根据各自海区情况调整。

5. 接种　根据藻种的浓度，一般采用1：2～1：5的比例进行接种。接种的藻种要处于指数生长期的藻液，一般选择在晴天的早晨8：00左右进行接种较为适宜。

6. 培养条件　① 温度：保种适温为15℃～25℃；② 盐度：约25，保种效果更佳；③ 光照：注意遮光，避免光线直射瓶壁，较适光照强度控制在5 000～10 000 lx，根据藻种浓度和季节的不同及是否充气培养予以调节；④ pH：较适宜范围为7.8～8.2。

7. 管理　① 扩种分瓶时要注意瓶口不要互相接触，以免污染。每天定时摇瓶3～4次，摇瓶时务必使瓶底藻液旋起，以免藻种形成沉淀或聚成团块状，同时也可防止附壁。② 加营养盐、分瓶扩种、摇瓶等操作之前，用75%酒精擦拭手、工具等。③ 每隔3～5 d应及时追加营养盐。④ 平时仔细镜检观察，及时淘汰污染及生长不良藻种。⑤ 此外，要根据藻种培养季节、藻种实际生长情况和育苗生物的摄食习性，提前一至两个月准备好藻种。

（三）二级培养（扩种培养）

1. 培养容器及消毒　根据场地条件可使用不同类型的器具，如大小透光塑料桶、玻璃钢槽及水泥池等，体积以1～10 m^3为好，水泥池水深不高于0.8 m。用于扩大培养的水泥池，一定要用漂白液、酸处理后，再用消毒海水冲洗干净方可使用。新建水泥池应做去碱处理，可用草酸浸泡15 d以上或刷涂料等方法处理后方可使用（对于新建水泥池，由于具有“反碱”现象，需每天测量pH，并使其调节到适当范围内）。

2. 培养用水消毒　培养扩种用水应用漂白粉消毒，随着季节的变化，水温逐渐增高，消毒海水用的漂白液剂量也要相应增加，使有效氯含量由（8 ~ 16）$\times 10^{-6}$增加到（20 ~ 25）$\times 10^{-6}$。经消毒、曝气处理8 ~ 12 h后，用等量的硫代硫酸钠中和余氯。

3. 营养盐配制　为降低生产成本，大规模扩大培养可用工业纯的尿素、过磷酸钙等代替培养所需的氮、磷来源。

4. 培养条件　① 接种：根据藻种供应、藻种密度和生产实际情况，接种比例以1∶10 ~ 1∶20较为适宜。室外培养时应适当提高接种比例。② 充气：二级培养最好采用充气培养，不仅有利于藻类的繁殖，而且减少了搅拌次数，相应降低了污染机会。

5. 管理与注意事项　① 为了获得大量用于生产使用所需的无污染藻液，在操作上尽量延续一级培养方法。② 各池加营养盐的桶、勺子等工具应分池专用。水泥池台、地沟、地板随时用盐酸、漂白液消毒之后再用消毒过的海水冲洗。③ 扩种操作一般选择在上午进行。④ 温度低时，扩种比例小些；温度高时，扩种比例应适当增大。⑤ 每天早晨、晚上要镜检，如果发现问题，应及时解决。对于微绿球藻若发现有原生动物，可用盐酸使水体pH降至2.0 ~ 3.0，酸化处理0.5 ~ 1 h后，再用与HCl等当量的NaOH中和恢复水体pH的方法进行处理。⑥ 注意开窗通风，促进藻液生长，避免藻液出现沉淀现象。⑦ 培养出的藻液经镜检确定无污染、藻体处指数生长期、藻色鲜嫩方可用于接种。

二、褶皱臂尾轮虫的规模化培养

褶皱臂尾轮虫（*Brachionus plicatilis*），隶属于轮虫门（Rotifera）单巢目（Monogononta）臂尾轮虫科（Brachionidae）臂尾轮虫属（*Brachionus*）。褶皱臂尾轮虫具有个体小、游动缓慢、便于仔鱼捕食，营养丰富、易于消化吸收，对环境适应性强、生长快、繁殖迅速、适合大规模、高密度人工培养等特点，是大黄鱼不可缺少的开口仔鱼与早期仔鱼的适口饵料。褶皱臂尾轮虫根据个体的大小不同通常分为3种类型。一般把背甲长在160 μm以下、宽100 ~ 120 μm的成虫称为S型；把背甲长在190 μm以上、宽150 μm以上的成虫称为L型；个体大小介于该两者之间的称为M型（图2-1）。但是，培养水温的高低、培养饵料的种类和培养密度的大小均会导致褶皱臂尾轮虫形态、大小、类型变异。相对来说，在高温条件下、投喂酵母饵料、高密度培养的轮虫个体均较小；而在低温条件下、投喂微藻饵料、低密度培养的轮虫个体均较大。在生产上可根据仔鱼的口径大小，通过控制培养条件来培养仔鱼适口的褶皱臂尾轮虫群体。

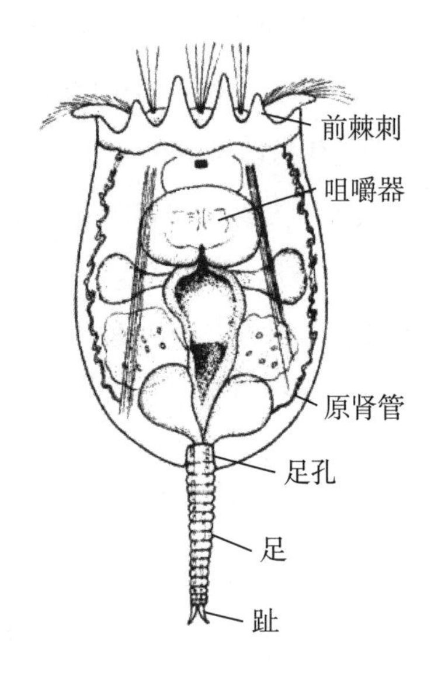

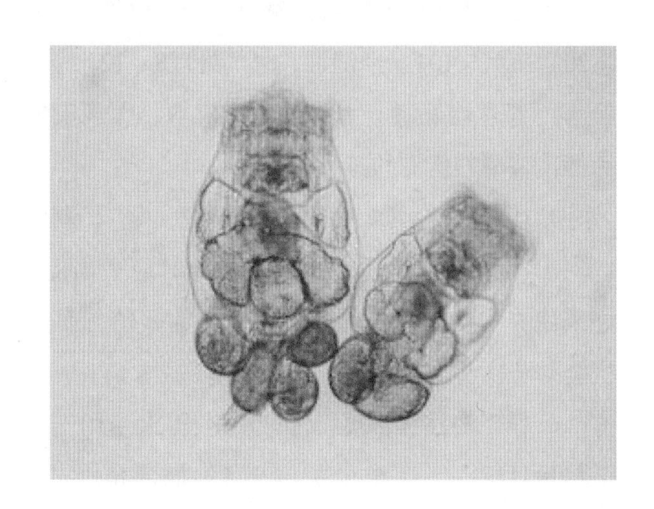

图2-1　褶皱臂尾轮虫形态及实物图

褶皱臂尾轮虫适温和适盐性较广。较适宜的水温范围为23℃～28℃，在适温范围内，适当提高水温可促进轮虫的增殖。较适宜的盐度范围为15～25，在适盐范围内，适当降低盐度可加快轮虫的扩繁。而水温的突然明显下降或盐度突然明显提升，将造成轮虫的活力下降、沉底死亡，或形成休眠卵，导致轮虫培养的失败。

褶皱臂尾轮虫一般滤食25 μm以下粒径的细菌、微藻、小型的原生动物和有机碎屑等，并具有嗜好有机物质的特性。褶皱臂尾轮虫的生殖方式是单性生殖和两性生殖交替进行。人工培养条件下的褶皱臂尾轮虫，是以单性生殖，也称为孤雌生殖（Parthenogenesis）的方式进行繁殖的，群体数量增殖速度很快，可以达到生产上的要求。当轮虫进入有性生殖阶段，就意味着轮虫人工培养的结束或失败。

目前，轮虫规模化培养技术可分成室内水泥池、室外大规格水泥池和土池培养3种模式。

（一）轮虫的室内水泥池培养

1. **培养用水泥池**　培养轮虫的水泥池以容积30～50 m^3、圆形或倒角的长方体、池深1.5～2.0 m为宜。应有保温与通风自如的良好棚屋结构，光照强度控制在500～800 lx。要求池底与池壁光洁，进水培养前应彻底洗刷，并先后用高浓度的漂白粉与高锰酸钾溶液消毒和干净海水冲洗。

2. **培养用水**　使用的海水应经过24 h以上的暗沉淀、砂滤和300目筛绢网袋过滤入池。早春培养需用人工增温，使水温控制在23℃～28℃；秋季培养可使用常温海水，但晴好天气的白天应注意通风降温，夜间应注意保温，以保持培养水体的水温稳定。盐度可控制在15～25。

3. **轮虫接种**　先接入密度为600万～800万cells/mL的小球藻之类的微藻。若微藻密度太小，不能满足接种轮虫的营养需求；若密度太大，反而会抑制轮虫的增殖。接着，把水温调至略高于接种轮虫原来水体的水温，把盐度调至略低于接种轮虫原来水体的盐度。用作接种的轮虫以微藻饵料培养，以个体较大、抱卵率较高的为好。入池前应筛除大小杂质和桡足类、原生动物等敌害生物，并彻底清洗。接种轮虫的密度可根据供接种轮虫的数量与培养池的水体而定，一般以50～80个/毫升为宜。轮虫接入后应连续微充气。充气的作用，一是保证培养水体中有充足的氧；二是使投喂的酵母在水体中保持悬浮状态以供轮虫摄食，也减少酵母沉底腐败而污染水质。

4. **轮虫的饵料及其投喂**　① 轮虫饵料以面包酵母、微绿球藻等结合投喂，以面包酵母为主。轮虫接种入池时以微绿球藻作为基础饵料，当其密度明显降低、水色变浅时，开始投喂面包酵母。② 投喂前应用吸管检测轮虫的密度，并用显微镜检查轮虫的状态、活力，以及抱卵与胃、肠的饱满情况。面包酵母的日投喂量按每100万个S型或L型轮虫分别为0.8 g与1.0 g，分7～8次投喂。如果搭配投喂微绿球藻，面包酵母的用量便相应减少。③ 每次投喂时，按轮虫数量称好面包酵母重量，用300目筛绢过滤网袋洗出悬浊液，并按300～400 μg/kg酵母的比例添加维生素B_{12}，稀释后在培养池中均匀泼洒。面包酵母悬浊液应坚持随配随投、少量多次泼洒，其目的是保证酵母的活性，避免下沉池底而造成浪费以及水质恶化。④ 根据轮虫嗜食有机物质的特性，每天或隔天在培养水体中泼洒浓度为1 g/m^3、经充分发酵的小杂鱼虾浓缩液（俗称“鱼露”），能有效促进轮虫的生长、增殖。

5. **轮虫的采收**　① 当轮虫培养密度达到300～400个/毫升时，就要考虑采收和接种扩池培养。② 轮虫的采收可采用虹吸法收集：将250～300目筛绢网制作的收集网放置于收集网框架和塑料桶上，用塑料管将培育池的轮虫虹吸于收集网中（图2-2）。收集过程中，要不断地用清水冲洗收集网与轮虫，去除细小的原生动物等，避免收集网网目的堵塞，当收集网中的轮虫数量达到一定数量时要及时用水勺带水打出浓缩的轮虫液。③ 轮虫的采收也可采用直接排水收集法：将300目筛绢网制作成Φ11 cm×200 cm轮虫收集袋，将其绑定在轮虫培育池排水口上，直接放水进行收集（图2-3）。该采收方法简单，适用规模化采收。采收前要打开培养池的排水

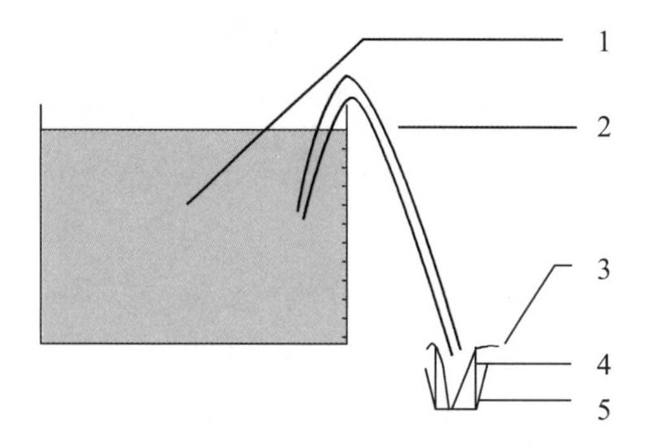

1. 轮虫培育池；2. 塑料虹吸管（Φ5 cm）；
3. 收集网（Φ30 cm × 50 cm）；
4. 收集网铁质框架（Φ30 cm × 50 cm）；
5. 塑料桶（Φ40 cm × 40 cm）。

图2-2　轮虫虹吸法收集示意图

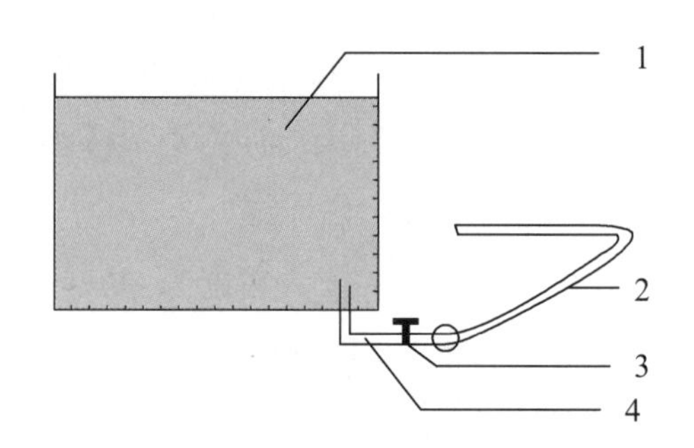

1. 轮虫培育池；2. 收集袋（Φ11 cm × 200 cm）；
3. 排水阀门；4. 培育池排水管（Φ11 cm）。

图2-3　轮虫排水法收集示意图

口2 ~ 3 s的时间，排出池底管口及其周边污物后，再用收集袋套在排水管上收集。待轮虫达到一定数量后，可暂时关闭排水口，换上新的收集袋，再打开排水口继续采收。④ 采收来的轮虫，按计划用于投喂鱼苗或重新接种扩繁。用于投喂鱼苗的轮虫要用浓度为2 000万cells/mL的微绿球藻液进行6 h以上的二次营养强化，以增加轮虫的高度不饱和脂肪酸含量。⑤ 根据大黄鱼育苗池投喂计划、轮虫培养池中轮虫的状态、达到的密度和水质状况，对轮虫采收采取"一次性采收"和"间收"两种方式。"一次性采收"即轮虫培养密度达到300 ~ 400个/毫升时，一次性全部采收。"间收"即轮虫达到300 ~ 400个/毫升的密度时，每隔1 ~ 3 d，带水采收其中的15% ~ 30%的轮虫，然后继续加水培养。

（二）轮虫的室外大规格水泥池培养

室外大规格水泥池培养模式的优势在于可利用室外光照条件，通过施肥培养微绿球藻饵料进行轮虫的培养，大大节省了增温、酵母饵料等培育成本，而且培养的轮虫个体大、抱卵率高、营养丰富，品质优良，可作为接种或直接投喂鱼苗之用。缺点是水温变化大，无法人为调控，生产稳定性较差。

1. 培养用水泥池　水泥池的容积为100 ~ 200 m^3；池的形状以倒角的长方体为佳，以便于操作。池的走向与当地盛行风向平行，可利用自然风使水体翻动与增氧。池底与池壁光洁，池深2.0 ~ 3.0 m。池以深3.0 m为佳，既有利于保持水温的稳定，又可增加轮虫的培养量。培养用水泥池由多口水泥池组成更佳，以便于相互间调节消毒水、微藻水与轮虫种的供应，保证生产的总体稳定。在池中设置一台1 kW水车式增氧机，用于上、下层水体交换、增氧和后来的采收轮虫。

2. **培养用水**　培养用水为经沉淀、砂滤等处理过的清洁海水，也可以从海区直接抽进海水，进水前用300 g/m^{3}浓度的生石灰或30 g/m^{3}浓度的漂白粉（有效氯含量为30%）的用量遍洒消毒。池水盐度为15～25。

3. **施肥培养基础饵料与轮虫接种**　培养用水消毒后过5～7 d，待毒性降解后，施以5 g/m^{3}的尿素和2 g/m^{3}的过磷酸钙，并接入部分小球藻等微藻种；再经过3～5 d，待水色变深、透明度降近20 cm时，即可接入密度约10个/毫升的轮虫。

4. **日常的施肥、投饵与管理**　① 室外水泥池培养轮虫的饵料以微绿球藻为主，当轮虫培养池水色变浅、透明度变大时，应及时施肥；采取少量、勤施的办法，尤其是要抓住每一个晴天施肥，以利于微绿球藻的生长繁殖，为轮虫的增殖持续提供充足的微藻饵料。② 安排其中1～2口室外水泥池用于培养高浓度的微绿球藻，保证对各轮虫培养池的饵料供应。③ 晴好天气时，在轮虫培养池中泼洒浓度为1 g/m^3、经充分发酵的小杂鱼虾浓缩液，促进轮虫的生长与增殖。当遇到多日阴雨天气微绿球藻饵料供应不足时，可适当投喂面包酵母或微绿球藻浓缩液。④ 要适时开机搅拌水体增氧。⑤ 要每天检测轮虫密度，镜检轮虫活力、状态以及抱卵与肠胃饱满度情况。

5. **轮虫的采收**　轮虫在接种后，经过8～10 d的培养，当池中培养的轮虫密度约达到100个/毫升时，就可逐步“间收”。采收方法可参照室内水泥池轮虫采收的直接排水法进行收集，也可在轮虫培养池表层利用在水泵和水车式增氧机形成的水流方向张挂轮虫收集网进行收集。

（三）轮虫的池塘培养

池塘培养模式工艺简单，操作方便，不需要较多配套设施；而且培养水体大，轮虫产量大；可充分利用池底沉积的鱼虾残饵、粪便等培养微藻作为轮虫的饵料，培养成本低，培养的轮虫个体大且营养丰富，具有富含高度不饱和脂肪酸等优点。这种模式存在受天气变化影响大、敌害多等缺点。

1. **池塘的要求**　① 应选择在海、淡水水源充足的地方，以便在培养过程中调节池水的盐度为15～25。② 池塘规格为1～20亩，以3～5亩为佳。池深为1.5～2.5 m。③ 池塘的形状以长方形为宜，池塘的长边最好与当地盛行风向平行。④ 池塘保水性好，池堤平整、无洞穴，池底平坦，底质以泥质或泥沙质为好。⑤ 池塘中应配1台1.5 kW的水车式增氧机。

2. **清塘**　在春季水温升至12℃以上或秋季水温降至30℃以下时，排干池水，清理池堤，平整池底，并暴晒5～7 d。接着，注入海水20～30 cm深，用400 g/m^{3}浓度的生石灰或40 g/m^{3}浓度的漂白粉（有效氯含量为30%）遍洒消毒，若为沉积淤泥较多的原鱼虾养殖池，应对底泥充分搅拌。

3. **注水** 培养池塘消毒后5～7 d，待药性降解后，选择小潮汛海水较清澈时，分3～4次注水入池，首次注水后，使池水平均深度为0.5～0.6 m，将盐度调至15～25。每次入池的海水应经250目或300目的筛绢网过滤，以防敌害生物入池。

4. **轮虫基础饵料培养** 清池、注水后即可施肥培养微藻。按每亩经发酵的禽粪100 kg或小杂鱼虾20 kg、尿素5 kg和过磷酸钙5 kg进行首次施肥。若为沉积淤泥较多、底质较肥的原鱼虾养殖池，则可不投放有机肥。为加快微藻的扩繁速度，可从邻近池塘抽进密度较大的微藻水作为藻种进行接种培养。

5. **接种轮虫** 施肥后3～5 d，当水色变绿、透明度降到20 cm以下时即可接入密度不小于5个/毫升的轮虫。接种的轮虫也可从邻近土池中带水引种。对往年已培养过轮虫的池塘，由于淤泥中沉积有轮虫休眠卵，可不接种或少量接种。接种时要注意温度、盐度的差距，防止温度、盐度差较大对接种轮虫的影响。

6. **日常的施肥与管理** ① 采取少量、勤施的办法，科学追肥，保持池塘藻水的适宜密度，满足轮虫的饵料需求。随时观察水色变化情况，当水色过深、微藻密度过大时，应及时添加新的海水；当水色变浅时，应及时追肥，尤其是在晴好天气时。为促进轮虫的生长与增殖，可适量泼洒经充分发酵的小杂鱼虾浓缩液。② 要经常检测轮虫密度，镜检轮虫活力、状态以及抱卵和肠胃饱满度情况。③ 培养早期，随着轮虫培养密度的增大，适时添加新鲜海水扩大培养水体。伴随池水的渗透与蒸发，平时也要适当补充新鲜海水。除了春季水位保持在1.5 m左右外，其他季节都可保持在2.0 m左右。④ 为了保持池水的盐度稳定，当连日降雨池水盐度明显下降时，要结合“间收”轮虫排去部分池水后，选择涨潮平潮前后从海区下层抽进盐度较高的海水；当久旱无雨池水盐度明显上升时，要适当引进淡水予以调节。⑤ 经常或适时地开动增氧机，促进上、下水层的水体交换，保持水体较高溶解氧。

7. **轮虫的采收** ① 轮虫接种入池后，早春季节一般经过约15 d，其他水温较高季节经过约7 d，轮虫密度达60～80个/毫升时，应及时用“间收”方式多次采收。② 可在池塘表层利用在开动水车式增氧机形成的水流方向张挂轮虫收集网进行收集。也可以结合培养池塘换水或最后全池收光，用水泵把池水带轮虫抽入250目筛绢做成的大网箱中过滤而采收轮虫。③ 褶皱臂尾轮虫具有喜弱光而于早晨与傍晚栖于水的上层的习性，可选择在清晨或傍晚时间进行采收。④ 每次“间收”的轮虫量，应视池内轮虫与微藻密度、增殖速度、水质变化等情况而定，一般占全池的15%～30%。⑤ 采收的轮虫用经处理过的干净海水反复冲洗后，可直接用于投喂鱼苗或室内外轮虫培养池的接种之用。

（四）轮虫培养过程中病、敌害的防治

轮虫培养过程中，由于操作管理不当或水源污染等原因，轮虫易受到敌害生物的污染与侵害，而造成培养的失败。现把轮虫培养实践中所遇到的病、敌害及其防治问题简述如下。

1. **原生动物敌害的防治**　包括游扑虫、尖鼻虫、变形虫等大型原生动物（图2–4），为轮虫的竞争性敌害生物，主要危害在于抢食饵料，当它们大量繁殖时，还以轮虫为食。防治方法：① 做好水源、培养池塘的消毒；② 入池的海水、微藻水要用250目以上筛绢网过滤；③ 接种轮虫要用洁净海水充分冲洗。④ 停止投喂酵母类饵料，注入高浓度微藻水，以抑制原生动物的繁殖；⑤ 当培养池中原生动物大量繁殖时，应考虑排光池水，重新消毒、接种。

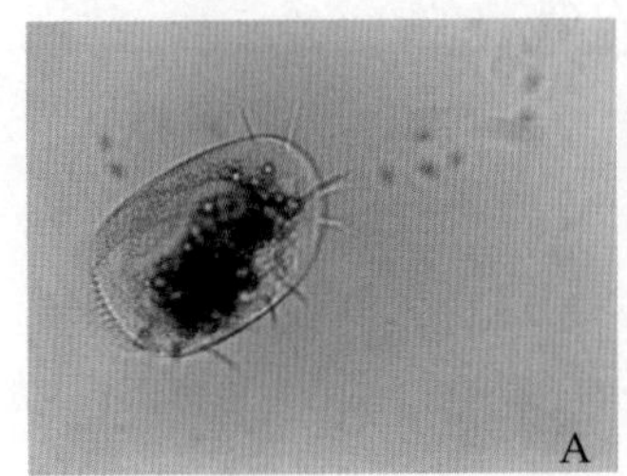

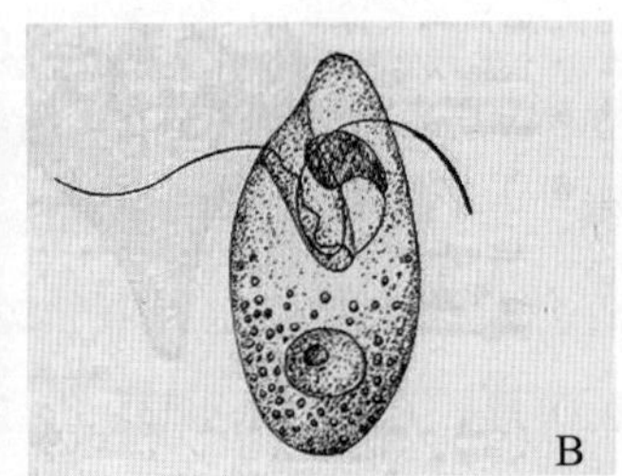

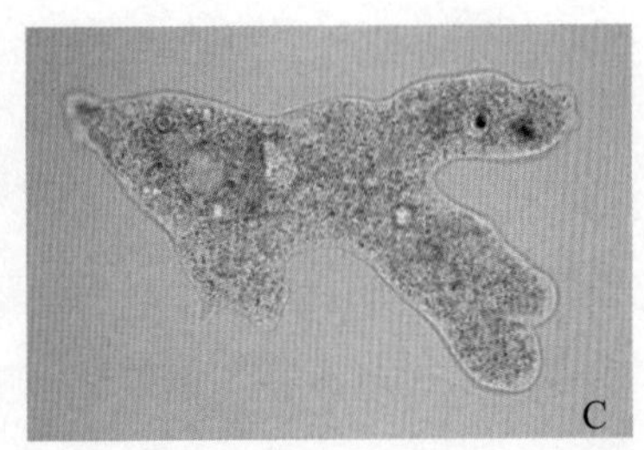

A. 游扑虫；B. 尖鼻虫；C. 变形虫。

图2–4　轮虫培养中常见的3种敌害原生动物

2. **甲壳动物敌害的防治**　桡足类、枝角类等甲壳动物，它们中的一部分会抢食轮虫的饵料，为轮虫的竞争性敌害生物；另一部分属肉食性的种类会残食轮虫，为轮虫的食害性敌害生物。防治方法：① 彻底清池消毒；② 入池的海水要用筛绢网过滤；③ 可全池泼洒90%的晶体敌百虫溶液，使其在池水中的浓度达（1.0 ~ 1.2）$\times 10^{-6}$。

3. **丝状藻类的防治**　室内外培养模式均会受到角毛藻、直链藻等藻类影响。该藻类由于个体大，轮虫无法摄食利用，在室外培育池及光照强度大的室内培育池，丝状藻类便利用光照疯长而形成优势群体，采收轮虫时，这些藻类以其丝状藻体糊住轮虫收集网的网眼而导致无法收集轮虫。最终只好把整池培养水体排光而造成轮虫培养的失败。防治方法：① 对培养用水、接种轮虫和投喂的浮游生物饵料要严格过滤、认真筛选，以杜绝丝状藻类的污染；② 要调低室内培养池塘的光照强度，抑制丝状藻类的繁殖；③ 经常向室内培养池投喂高浓度的微藻饵料，及时对室外培养池施肥，促进微藻饵料成为轮虫培养池中的优势种群来抑制丝状藻类的生长；④ 对于丝状藻类已经大量繁殖的轮虫培养池，可用灯光诱捕方法采收轮虫。

4. **铁离子等金属离子污染的防治** 铁离子（Fe^{3+}）等金属离子主要危害室内以投喂面包酵母为主的轮虫。培养水体铁离子含量过高是由于过滤海水沙粒和增温的管道、阀件含大量铁锈而导致的。当培养水体受到铁离子等金属离子污染时，一方面使投喂的酵母悬浊液微粒会产生凝聚沉降，造成轮虫摄食不到酵母饵料，因饥饿而失去繁殖能力，以致沉底死亡；另一方面因沉积池底的面包酵母腐败而引起水质恶化，从而最终导致轮虫培养失败。防治办法：① 阻断铁离子等金属离子污染源；② 泼洒螯合物乙二胺四乙酸（EDTA）〔分子式为（$HOOCCH_2$）$_2NCH_2CH_2N$（CH_2COOH）$_2$〕。

三、卤虫无节幼体的孵化与收集

卤虫（*Artemia parthenogenetica*）（图2-5）隶属于甲壳纲（Crustacea）鳃足亚纲（Branchiapoda）无甲目（Anostraca）盐水丰年虫科（Branchinectidae）。卤虫有两种产卵模式：一为夏卵，卵膜薄，卵径为0.15～0.28 mm。夏卵产出后在育卵囊迅速发育为无节幼体孵出。大黄鱼仔鱼阶段孵化卤虫无节幼体用的卤虫卵为休眠卵（亦称冬卵），具有很厚的外壳，正圆形，灰褐色，卵径为0.20～0.32 mm。初孵无节幼体体长为450～600 μm，体宽约200 μm。卤虫无节幼体具有大小适合、运动缓慢、适口性好、营养丰富、适应性强、储存方便、容易孵化等优点。卤虫卵及无节幼体的蛋白质含量达干重的40%～60%，脂肪含量达干重的10%～30%，同时还含有维生素、类胡萝卜素等，对水产幼苗的生长、着色具有一定的作用。且卤虫无节幼体具有不污染水质和可以进行营养强化等优点，更为重要的是适口、易被仔鱼捕食、可

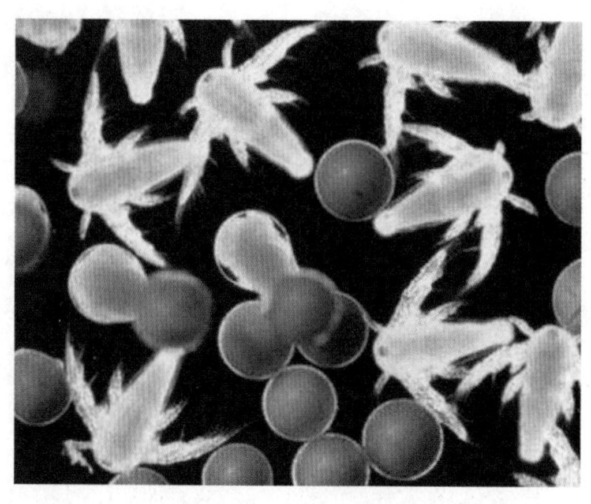

图2-5　卤虫无节幼体形态及虫卵实物图

作为输送营养物质的载体，故被用于鱼类仔、稚鱼培育。因此，尽管目前由于桡足类的规模开发和提早投喂，投喂卤虫无节幼体提前、投喂时段缩短、投喂量减少，卤虫无节幼体仍是大黄鱼人工育苗饵料系列中不可或缺的组成部分，作为从轮虫到桡足类过渡的仔鱼阶段的饵料种类。

（一）卤虫无节幼体的孵化

1. 孵化容器　以底部呈漏斗形的圆桶为佳，从底部中央连续充气，使从周边经斜底滑到桶底中央的卤虫休眠卵不断地被充气头的气流带到水面，这样使卵上下翻滚，保持悬浮状态而不致堆积，从而提高卤虫休眠卵的孵化率（图2–6）。

图2–6　卤虫孵化容器及其装置

2. 孵化条件　① 孵化用水处理：海水经沉淀、砂滤后使用，最好在使用前经过紫外线消毒，这样可有效地减少细菌量，预防细菌感染。② 水质理化条件：水温25℃ ~ 30℃、盐度30 ~ 70、溶解氧5 mg/L以上、光照1 000 lx、pH7.5 ~ 8.5。③ 孵化密度：以2 ~ 5 g/m^{3}为宜。④ 施用过氧化氢：不但可以激活卤虫休眠卵，而且可以灭杀孵化水体中的细菌。有人曾有报道，过氧化氢的浓度从0.1 mL/L提高到0.3 mL/L，卤虫卵的孵化率从30% ~ 50%提高到70% ~ 80%。⑤ 卤虫休眠卵消毒：卤虫卵在孵化前用二氧化氯等消毒剂进行表面消毒，可以有效地减少细菌量。⑥ 卤虫休眠卵的冷冻处理：在孵化前经潮湿冷冻处理，可显著提高孵化率。

3. 孵化时间　在适宜条件下，卤虫休眠卵可在1 ~ 2 d内孵出无节幼体。

（二）卤虫无节幼体的分离

刚孵化出的无节幼体，因混有卵壳及坏卵，若不经分离直接投喂，仔鱼误食卵壳或死卵，易引起肠的梗塞，甚至死亡；同时卵壳及坏卵还会污染水质。为此，卤虫休眠卵孵化后应认真对混在一起的卤虫无节幼体与卵壳、坏卵、有机碎屑等进行

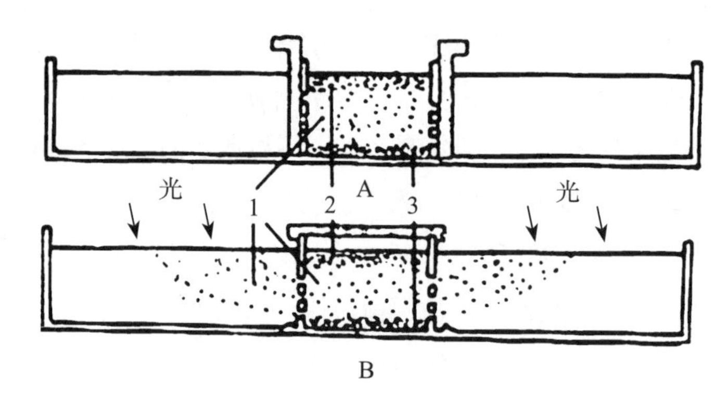

A. 把已孵化的无节幼体、卵壳和坏卵放入中间水槽，裂口开关隔板未拔去。

B. 中间水槽加盖，拔去裂口开关隔板，打开光源，无节幼体通过裂口向两侧水槽运动。

1. 无节幼体；2. 卵壳；3. 坏卵。

图2–7　卤虫无节幼体同卵的分离器

分离。一般使用光诱和重力原理制成的分离器（图2–7）进行分离。分离器由3个小水槽组成；中间水槽不透光，两侧壁中下部有2～3条1～2 cm宽且与两侧水槽相通的横裂口。裂口处设有隔板，两侧水槽上安装有卤虫无节幼体诱集光源。其分离操作为：① 在相通的3个水槽中注入海水，关闭裂口隔板。② 把待分离的卤虫无节幼体混杂物放入中间水槽，并用盖板遮盖住中间水槽使其成暗黑状态。③ 然后打开两侧水槽处的光源，把中间水槽两侧的隔板打开，无节幼体因趋光而通过裂口集中到两侧水槽，而坏卵和卵壳则留在中间水槽中，达到分离目的。一般每次分离10～20 min，分离效果可达90%以上。

（三）卤虫无节幼体的营养强化

刚孵化的卤虫无节幼体的EPA和DHA等*n*–3 HUFA系列的高度不饱和脂肪酸含量很少，不能满足大黄鱼仔、稚鱼的发育与生长的需要，投喂易导致仔、稚鱼“异常胀鳔病”而引起批量死亡。在投喂前要用富含高度不饱和脂肪酸的鱼油、微绿球藻等对卤虫无节幼虫进行营养强化，营养强化要在卤虫无节幼体开口时才有效。而卤虫无节幼体在无外源饵料摄入的情况下，随着个体的增大，营养价值、适口性随之降低。为了保证卤虫无节幼体的适口性、又能达营养强化的效果，结合生产育苗实践，卤虫无节幼体营养强化时间宜控制在开口后6 h以内。

四、桡足类的规模化开发

用作大黄鱼等海水鱼人工育苗饵料的桡足类（Copepod）（图2–8）隶属于节肢动物门（Arthropoda）甲壳纲桡足亚纲（Copepoda），主要包括哲水蚤目（Calanoida）和猛水蚤目（Harpacticoida）。桡足类是一类小型甲壳动物，体长在

3 mm以下，其无节幼体的体长为100～400 μm，最小为40 μm，是大黄鱼后期仔鱼和稚鱼（即鱼苗）的适口饵料。

桡足类的蛋白质含量一般占干重的40%～52%，高的种类可以达到70%～80%；其氨基酸组成与营养，如必需氨基酸含量，均比卤虫的高。桡足类还富含二十碳五烯酸（Eicosapentaenoic Acid，EPA）和二十二碳六烯酸（Docosahexenoic Acid，DHA）等*n*–3 PUFA系列的多不饱和脂肪酸（Polyunsaturated Fatty Acid，PUFA）。此外，桡足类还含有维生素C、类胡萝卜素、蛋白酶、淀粉酶和酯酶等。桡足类（尤其是其无节幼体）对于大黄鱼等海水鱼类人工育苗的最重要的意义在于其富含的二十碳五烯酸和二十二碳六烯酸是海水鱼类仔、稚鱼所需的必需脂肪酸。如缺乏这些脂肪酸，仔、稚鱼就会发生一种"异常胀鳔病"而导致大批量死亡，甚至全军覆没。

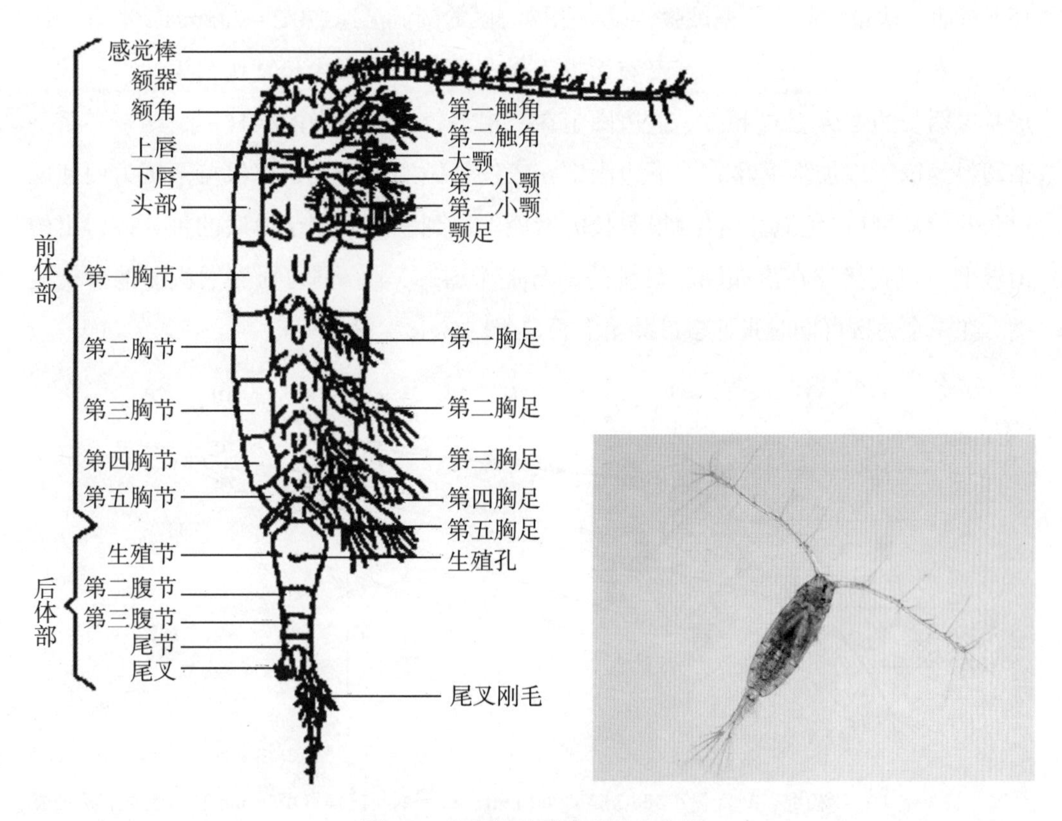

图2–8　桡足类的形态及其实物图

（一）海上桡足类的捕捞开发

1. **网具的制作**　捕捞海区天然桡足类的网具为无翼张网，由各种不同网目的筛绢网缝制而成。① 张网的规格：兼顾捕捞效率、潮流对张网的冲力，以及桡足类保活质量的需要，张网的规格以网口大小为5～8 m^2、网身长15～25 m、网囊长1.5～2.0 m为宜。② 网衣网目的大小：兼顾水流的通透性、捕捞个体的饵料适口性，张网的网衣网目从前往后分别以60目、80目，网囊120目为宜。③ 拦除杂物设置：为拦除海上杂物对捕捞桡足类的纯度、成活率等影响，在张网网囊前设置网目长约3 mm的垃圾滤网。

2. **张网设置海区的选择** 捕捞天然桡足类的张网桁位应选择海、淡水交混，海水盐度较低，水质肥沃，有桡足类分布的河口；其潮流应为流向平直的往复流，漩涡流的海域不宜设置张网。设置张网海区的潮流流速过大，不但易使张网网衣破损，同时也易使进入网囊中的桡足类个体被挤破而死亡，甚至被挤出肌肉而只剩下桡足类肢壳。流速太小了，张网的网口无法打开，也无法使网口对着潮流，甚至使整张网从尾部下沉而无法正常作业。据试验，设置张网海区的潮流流速在0.2～2.0 m/s较适宜。

3. **张网的安装与作业** 经安装而投入作业的张网网口为长宽比约为2∶1的长方形状。两长边各为上、下边。上边固定在一根毛竹或浮木做的横杆上，两端各系一个塑料浮筒，以加强上浮力；下边固定在镀锌管做的横杆上，以保持下沉力而使网口张开。从网口4角绳耳引出4根等长的网绳汇接到一根固定于海底的桩、锚引出的桁绳上，或直接挂在诸如网箱鱼排的平台上（图2-9）。网口对着潮流而捕捞桡足类。在一个海区可同时张挂多口甚至上百口张网。

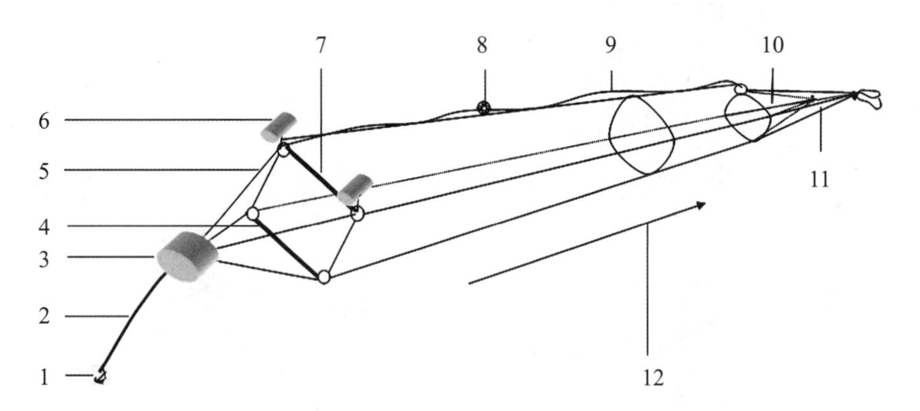

1. 桩（锚）；2. 桁绳；3. 浮筒Φ500 mm×900 mm；4. 下纲与镀锌管Φ50 mm；5. 网绳；6. 浮筒Φ200 mm×400 mm；7. 上纲与毛竹Φ75 mm；8. 小浮标Φ80 mm×100 mm；9. 引绳（30丝）；10. 内套垃圾滤网；11. 桡足类收集囊网；12. 水流方向。

图2-9 海上天然桡足类捕捞网具布设示意图

4. **调整网口形状与大小** 在潮流湍急时，根据流速调整上、下横杆之间的距离及网口的大小，以适应潮流对张网的冲力。如遇到潮流突然变大时，还可以临时用绳子收紧上、下横杆间的距离来减小网口面积与潮流对张网的冲力；相反，当潮流太小、网口无法打开时，网口应及时调大。

5. **日常管理**　每次收网释放桡足类时，均要认真清洗张网上附着的淤泥、污物，保持网具良好的滤水和捕捞桡足类功能，避免流急时鼓破张网。发现张网破损时要随时收网缝补。

6. **采收桡足类**　在半日潮的浙、闽、粤沿海每个昼夜计有4次涨、退潮时可捕捞桡足类，可在每次退潮和涨潮流速下降到约0.2 m/s时，拉网采收桡足类。为提高桡足类的成活率或鲜度，可在退潮或涨潮的中间分别增加一次采收。

（二）池塘规模化培养桡足类

相对海上捕捞，池塘培养桡足类具有以下优点：① 池塘环境稳定，通过人工施肥、培育，桡足类采捕数量多少与采捕时间可人为掌控，按时、按计划稳定供应。② 池塘培养的桡足类，一般选择海、淡水交混区的半咸淡池塘，其培养的种类几乎全部是隶属于哲水蚤目胸刺水蚤科华哲水蚤属的细巧华哲水蚤（*Sinocalanus tenellus*）。该种个体小，适口性好。③ 捕捞时，杂质少，稍加冲洗即可用于投喂，省工省力、卫生安全。④ 适合用于大黄鱼人工育苗桡足类培养的池塘，分布较广，一般不受地域限制，可在育苗场附近就近选择培养，运输距离短，运输成本低，成活率高；即使作为冰鲜产品，也可有效保证其鲜度。

桡足类的池塘规模化培养技术要点简述如下。

1. **池塘的选择**　选择作为培养桡足类的池塘应：① 位于有淡水注入的河口地带，或有淡水水源的地方。② 池水盐度为7.30 ~ 20.30，池塘深度为1 ~ 2 m，保水性好，池堤平整，无洞穴、无渗漏。

2. **清塘**　首先排干或抽干池水、露出池底，在太阳下暴晒10 ~ 15 d；然后开闸流进或关闸抽进数厘米深的薄水；接着用150 ~ 200千克/亩的生石灰化水全池泼洒，并充分搅拌，以彻底杀灭池中存活的鱼、虾、蟹等敌害生物，并通过搅拌以促进沉在池底的鱼、虾残饵与粪便等有机质充分氧化、析出肥分。

3. **进水**　池塘经生石灰消毒5 ~ 7 d、待毒性降解后，用网眼为60目的大滤网严实地布张在闸门口，再开闸蓄进海水；或使用水泵套着60目的大滤网往池塘抽水。把土池的水位加到1 m，若池塘可蓄水1.5 m以上，应先让其被太阳暴晒数日后再继续加高池水水位。

4. **施肥与追肥**　根据池塘底质的肥瘦情况，分别施用5 ~ 25千克/亩浓度的碳酸氢铵与过磷酸钙，或施用1 ~ 5千克/亩浓度的复合肥作为基肥。日常根据水色变浅、透明度变大情况，选择上述不同浓度的肥料，适时施用追肥。施用基肥或追肥后，晴好天气约7 d，阴天约10 d，池塘水色从淡褐色变成茶褐色，水的透明度约从1.0 m以上降到0.2 m；接着，当水色再次变为淡褐色，水的透明度又约升至40 cm时，即可采捕桡足类。

5. **桡足类的采捕** 可使用灯光诱集、人工捞取，或用机动小艇带动拖网采收等，但工序均很烦琐，需多人操作，费工费力，收获成本较高；或可采取开闸放水、在闸门口张网捞取，但此法会造成池塘里可用于扩繁的小个体桡足类、肥水和基础饵料的流失，既浪费资源，又不利于连续培养与采捕。一般情况下，池塘桡足类以水车式增氧机张网法进行采收，即利用开动池塘中增氧机产生水流来张挂张网进行收集。该法具有操作简便、采收成本较低、可连续培养等优点，其主要技术要点有以下几点。

（1）**网具的制作** 网口宽3.0 m、高0.6 m，网身长8.0 m，网目为80目；网囊长4.0 m，无翼张网网目为150目，网身与网囊交接处缝有一段70 cm长、网目为40目的垃圾滤网。整个网口捆在用直径3 cm的PVC管制成的3.0 m（上、下边）×0.6 m（左、右边）方框上。

（2）**网具的布设** 如图2–10所示，在池塘的中心位置垂直打下两根长于池深的镀锌管或木桩，两桩之间的距离为3 m；把张网网口两个约0.6 m长的左、右两边连同塑料管分别捆在两根桩上，并在土池水位升降时进行上下调节，使上边刚好露出土池水面约10 cm；网口对着土池的盛行风向。

（3）**配置水车式增氧机组** 在网口正前方约4.0 m处安装一台1.5 kW的双轮水车

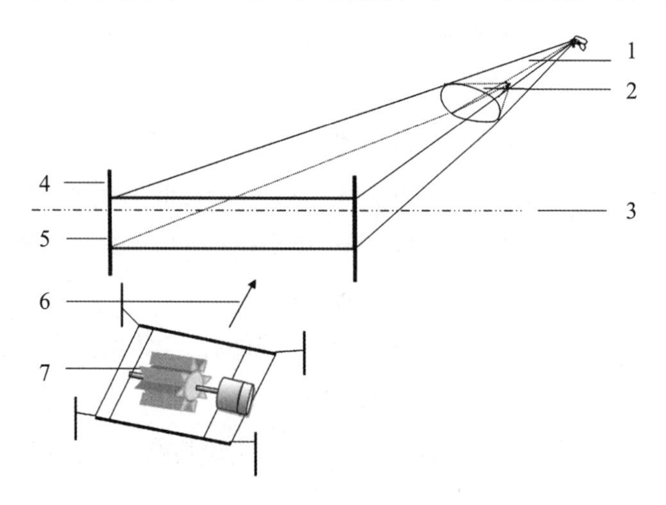

1. 桡足类收集囊网；2. 内套垃圾滤网；3. 池塘水面；4. 固定桩；
5. 塑料管方框Φ30 mm；6. 水流方向；7. 增氧机。

图2–10 捕捞土池培养桡足类的网具布设示意图

式增氧机组，增氧机组浮动平台上的4个垂直圆孔，各穿上一根镀锌管固定在池底，并使增氧机组随水位的升降而升降。

（4）采捕作业　开动增氧机组在池塘中形成流向张网的水流，水中的桡足类及其幼体不断地被过滤到张网的网囊中，一般10～30亩的土池，每施肥一次可连续采捕桡足类10～15 d，每天开机2～4 h，可采捕湿重8～15 kg的纯净活体桡足类；近百亩及其以上的大型池塘，只要适量采捕、留有桡足类剩余群体用于扩繁，可每天采捕。该方法工序简单，单人就可以操作，省工，省力，省成本；还可以充分利用池塘中残留桡足类、肥水和基础饵料，保证其连续培养与采捕。

第三节　配合饲料

配合饲料是推进大黄鱼养殖规模化、集约化、标准化和产业化的物质基础，其质量决定了大黄鱼养殖效益和大黄鱼产品质量与安全。配合饲料不仅要能满足大黄鱼的营养需求和摄食习性，实现其高效利用，更要实现对人类、大黄鱼和养殖环境的安全与友好，以推进大黄鱼养殖业的健康与持续发展。目前我国已研发出了大黄鱼系列配合饲料，并取得了初步的养殖效果。在此基础上，建立大黄鱼配合饲料质量评价体系对指导优质大黄鱼配合饲料的开发具有重要意义。

一、大黄鱼配合饲料的研发

1. 优质原料　饲料原料质量是大黄鱼配合饲料品质的基础。饲料原料质量的好坏是决定饲料产品质量的基础，只有合格的原料，方能生产出合格的饲料产品，只有合格的饲料产品，才是饲养动物的健康与快速生长的物质基础，因此各种原料应符合国家有关法律、法规及其相关标准的规定。筛选合适的原料应该考虑的基本要素为原料营养价值和营养成分的稳定性、安全性、新鲜度及原料的养殖效果、原料是否掺假、原料的加工特性、饲料配方效果、原料的价格性能比与市场供求的稳定性等。研发大黄鱼常用的饲料原料有优质鱼粉、膨化大豆、豆粕、酵母粉、虾粉、淀粉、面粉、海藻粉、鱼油、稳定型复合维生素及复合矿物质等。

2. 科学配方　大黄鱼饲料配方是研发其安全高效环境友好型配合饲料的关键。一个好的大黄鱼配合饲料配方，一方面能满足大黄鱼消化生理的特点、营养需求；另一方面要充分考虑各种原料营养特性和加工工艺的要求。饲料配方应以大黄鱼营养标准为理论依据，灵活运用大黄鱼营养调控理论与技术，选择消化率高、适口性好、加工性能优良的饲料原料，编制营养平衡的系列饲料配方，以充分满足大黄鱼不同生长阶段、养殖模式、季节和地区养殖的营养需求，提高饲料转化率，降低营养物质排出率，增进养殖大黄鱼的生理健康，预防疾病，以开发出高效环境友好型系列的大黄鱼配合饲料。现推荐2个生产配方（表2–6）。

表2–6　大黄鱼配合饲料参考配方（%）

原料	大黄鱼浮性料	大黄鱼沉性料
鱼粉	40 ~ 65	40 ~ 60
面粉	20 ~ 25	10 ~ 15
饼粕	5 ~ 20	5 ~ 25
玉米精蛋白	1 ~ 5	1 ~ 5
鱼油	2 ~ 4	2 ~ 5
啤酒酵母	2 ~ 4	2 ~ 4
虾糠	2 ~ 5	2 ~ 5
矿物质	1 ~ 2	1 ~ 2
氯化胆碱	0.2 ~ 0.5	0.2 ~ 0.5
海水鱼多维	0.2	0.2
其他	-	-

3. **精细加工**　制定科学的饲料加工工艺，实现大黄鱼配合饲料的耐水性好、慢沉性、营养物质在水中的溶失率低、营养物质的利用率高、饲料系数低、营养物质的加工损失小等目标。大黄鱼一般配合饲料加工工艺如下（图2–11）。

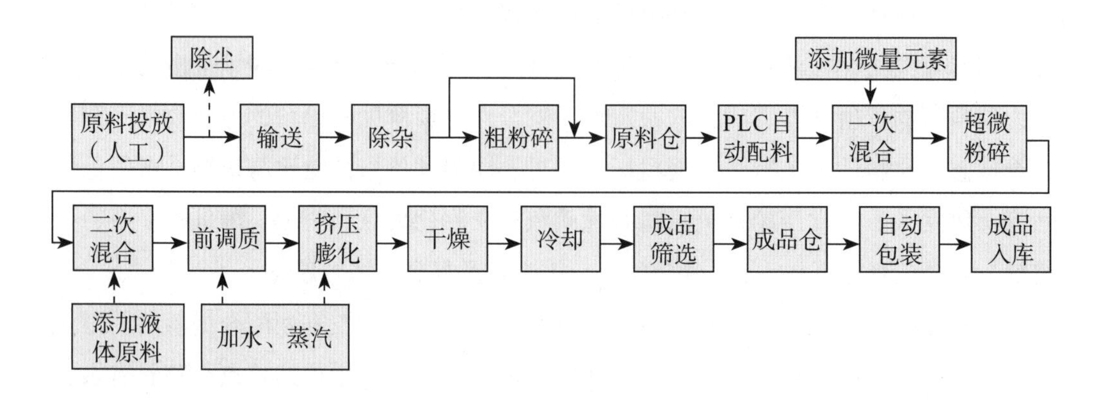

图2–11　大黄鱼饲料加工技术路线图

根据大黄鱼的消化生理特点，大黄鱼配合饲料对原料粉碎的要求比较高，应采用超微粉碎工艺，稚鱼、幼鱼配合饲料原料95%通过100目，成鱼配合饲料原料95%通过80目。混合均匀与否对配合饲料质量影响显著，混合均匀度应从混合时间和混合均匀度综合考量，混合时间不宜过短也不宜过长，混合均匀度要求小于5%。调质质量也显著影响配合产品质量，应从调质温度、水分添加量、蒸汽质量和调质时间等方面考虑，由于大黄鱼对淀粉糊化度和耐水性要求高，需要有更强的调质措施，应对方法是在制粒后增加后熟化工序，即改变以往颗粒饲料制成后马上进入冷却器冷却，而在制粒机与冷却器之间增加后熟化器，使颗粒饲料进一步保温完全熟化，可避免外熟内生现象，大大增加大黄鱼饲料转化率及水中稳定性。

二、大黄鱼配合饲料质量评价

1. **大黄鱼配合饲料的安全质量**　饲料的安全性关系到大黄鱼产品的安全性，进而影响人类的食品安全。大黄鱼配合饲料的安全质量评价应执行《饲料卫生标准》（GB 13078—2017）和《无公害食品　渔用配合饲料安全限量》（NY 5072—2002），依据《配合饲料企业卫生规范》（GB /T16764—2006），中华人民共和国农业部〔1224号〕公告（2009）《饲料和饲料添加剂安全使用规范》，结合企业实际建立完善的《卫生标准操作规范》（Sanitation Standard Operation Procedure，SSOP）管理体系，以规范和提高大黄鱼配合饲料生产卫生管理水平。大黄鱼配合饲料安全质量管理重点考虑如下几个方面：是否添加了违禁药物与添加剂；饲料原料中是否存在天然的有毒有害物质及其含量；所含的有害微生物及其代谢产物（如黄曲霉毒素）是否超标；饲料中的铅、汞、无机砷、镉、铬等重金属含量是否超标，如铜、锌、锰、碘、钴、硒等限量的营养素是否超过限制。

2. **大黄鱼配合饲料的营养质量——评价标准**　评价大黄鱼配合饲料营养质量的直观指标就是正常养殖生产条件下的养殖生产效果及其配合饲料养殖成本，饲料营养素要均衡充足，要达到营养素的平衡，首先就要对大黄鱼的营养素需求量有一个全面和正确的了解。具体从如下几方面考察大黄鱼配合饲料的营养价值：配合饲料营养素含量是否达到大黄鱼营养标准，是否能满足大黄鱼各生长阶段的营养需求；是否能促进大黄鱼的生理健康，是否有助于提高养殖大黄鱼的免疫力、抗病力、抗应激力；饲料的诱食性和消化利用率如何；是否能满足各养殖模式、不同季节、地区养殖大黄鱼的营养需求等。

3. **大黄鱼配合饲料的加工质量——评价标准**　从颗粒大小、色泽、切口、表面、浮水率和沉降速度等方面来评价大黄鱼配合饲料的加工质量。作为优质的大黄鱼配合饲料的颗粒均匀、色泽均匀、切口整齐、膨化适度、耐水时间适中（大于2 h）、软化时间合适（15～30 min）、含粉率低、浮水率高。一般来说，饲料颜色不均匀与熟化和烘干过程相关；长短不一的饲料颗粒除影响大黄鱼饲料的整体外观外，也会导致饲料不能被大黄鱼充分利用，造成浪费；外表毛糙不仅影响大黄鱼饲料的外观，而且会导致饲料碎屑多而容易散失，同时也会影响饲料的浮水率或沉降速度。

建立大黄鱼配合饲料生产中的危害分析和关键控制点（Hazard Analysis and Critical Control Point，HACCP）质量管理体系和良好操作规范（Good Manufacturing Practice，GMP）管理模式，才能从根本上保证大黄鱼配合饲料的质量与安全。

三、大黄鱼配合饲料的科学投喂

目前，大黄鱼配合饲料有3种形态，即颗粒饲料（普通和慢沉性）、浮性膨化饲料、湿颗粒饲料（又称软颗粒饲料）。颗粒饲料营养全面但适口性差，在水中易溶失，若投喂过快则易于沉到网底造成浪费和水质污染；膨化造粒既能避免营养流失和污染水质，又方便养殖者观察鱼摄食情况，但其入水易变形和流散，加工过程中有一定程度的营养损失，且价位也较高。湿颗粒饲料一般是用粉料加鱼浆或水按一定比例混合均匀，经绞肉机制成水分含量在30%～40%的湿软饲料。湿颗粒饲料优点是适口性好，制作方便（仅需一台湿颗粒挤条机），不需加热、加压，饲料中营养成分特别是一些活性酶和维生素不受损失，能提高饲料转化率和饲用价值，但缺点是需当天投喂或冷冻保存，否则易被氧化或微生物污染（何志刚等，2010）。投喂大黄鱼低沉性饲料优于投喂冰鲜鱼和普通颗粒饲料，提高了大黄鱼的摄食性、成活率和生长速度（冯晓宇等，2006）。大黄鱼膨化饲料和湿颗粒饲料的对比养殖实验表明，饲喂膨化饲料提高了大黄鱼的特定生长率，降低了饲料系数和养殖成本，比湿颗粒现场加工省工又省时（丁雪燕等，2006）。此外，科技工作者还开发了大黄鱼苗种微粒子配合饲料，这为大黄鱼规模化人工育苗提供了有力的物质保障。

大黄鱼配合饲料养殖效果只有建立了科学投喂技术体系才能取得。科学投喂应以大黄鱼不同阶段的摄食习性、营养能量学、营养需求等研究成果为依据，探讨最佳的投饲量及投饲策略，同时大力研究和推广应用先进的饲料投喂技术。

（一）确定适宜的投喂量

根据网箱中大黄鱼规格及数量，参考投喂率参考表（表2-7）推算投饵量，再根据天气、水温、水质、饵料台观察情况、大黄鱼鱼体状况以及鱼的活动情况等予以适当调整。

适宜的投喂量对大黄鱼健康养殖极为重要。投喂量不足则会造成大黄鱼处于饥饿状态，导致大黄鱼不生长或生长缓慢；此外，投喂不足，也会造成大黄鱼抢食，导致大鱼吃食多，小鱼吃不到，鱼体大小差异明显。而投喂量过量，一是造成饲料浪费，饲料转化率下降；二是过剩的饲料败坏水质，增加水中有机物的含量，促进藻类大量繁殖，严重时导致“泛塘”事故。饲料投喂不足或过量均会引起饲料系数增加，养殖成本提高，疾病容易发生。

表2-7　大黄鱼配合饲料投喂率参考表

项目	稚鱼配合饲料	幼鱼配合饲料	中成鱼配合饲料
大黄鱼体重（g）	0.2～10	11～150	≥151
日投饵率（占鱼体重，%）	4～6	2～4	1～3

（二）提高投喂效果

众所周知，饲料成本占大黄鱼养殖成本的55%～65%。因此，从提高饲料转化率方面来降低大黄鱼养殖成本尤为重要。提高大黄鱼配合饲料的投喂效果，应采取如下措施。

1. **选择优质的大黄鱼苗种，以提高饲料转化率**　选择优质的大黄鱼苗种养殖，同时保持网箱中适宜的养殖密度是提高饲料转化率的有效措施。

2. **选择优质配合饲料**　优质大黄鱼配合饲料应既能全面保证大黄鱼的营养需要，颗粒大小适合大黄鱼摄食，又能提高大黄鱼的抗病能力。选购大黄鱼配合饲料时，要求生产该饲料的厂家要讲信誉重质量，饲料营养指标、粒径大小要符合所饲不同阶段大黄鱼的要求，饲料的饵料系数低，价格合理，为环境友好型。

3. **选择有利的养殖海区，并营造良好的养殖环境**　在适宜的养殖海区设置网箱，水流适中，既要避免水流过急、大量消耗能量，又要保证水流畅通、保持水中有充足的溶氧量，使大黄鱼生活在舒适的环境中，以提高配合饲料转化效率。其中最为重要的环境因子是水体中有较高溶解氧。此外，大黄鱼对声响反应十分敏感，震动声、撞击声、走动声都可使其受惊而停止摄食，因此养殖区应离航道较远。

4. **遵循“四定”“四看”的投喂原则**　“四定”是指定质、定量、定时、定位。定质：配合饲料要做到营养全面、稳定、新鲜、无变质发霉、安全卫生；定量：每次投喂要以投喂率来确定投喂量，并根据摄食时间（半小时内摄食完为宜）来调整投喂量；定时：每次投喂的时间较为确定，一般是尽量采取少量多次的投喂方式；定位：在大黄鱼网箱中最好设固定食台。“四看”是指看水质，看水温，看天气与季节，看大黄鱼的摄食、生长和活动情况。

投喂时要耐心细致。在投喂时，应尽量做到饲料投到水中能很快被大黄鱼摄食。人工手撒投喂时，切勿把饲料一次性投到水里。这样会造成饲料沉底或溶失，而降低饲料转化率。每次投喂开始前，划动网箱中的水面，形成条件反射，使大黄鱼鱼群上浮摄食，待大黄鱼大群集中到投喂点时，快速投饲。投喂颗粒饲料的频率必须考虑到有些大黄鱼能在水面吃到，而另一些大黄鱼也能在底部吃到。同时，为照顾体弱的大黄鱼也能吃到饲料，撒料面积要适当扩大，在网箱四周补投少量饲料。每次投喂30 min左右，让大黄鱼达到八成饱食即可，尽量避免过量投喂。

5. 适当饥饿　采取适当饥饿的技术措施，有利于提高饲料转化率及大黄鱼的健康。适当饥饿，不仅可以提高食欲、刺激消化机能，还可以提高大黄鱼机体免疫力、促进大黄鱼运动、清理肠胃、动员肝脏营养，减少脂肪肝的发生，同时还可以促进大黄鱼索饵、充分利用天然饵料，节约饲料，降低污染，降低养殖成本。

6. 做好日常管理　做好日常管理是提高饲料转化率的有效措施，应引起养殖者足够的重视，尤其在每年的5 ~ 10月大黄鱼生长旺季要切实加强管理：① 及时筛选分养，既保持网箱中养殖大黄鱼的合理密度，又可保持养殖个体大小较为均匀，促进鱼体均匀生长。② 加强巡逻、检查，防止网破逃鱼事故发生。同时，做好防病工作，及时捞走病鱼、死鱼，防止鱼病传染。③ 及时更换、清洗网箱，保持网箱清洁，使水体交换自如畅通，保证水体富含溶解氧，提高饲料转化率。④ 大网箱比小网箱更有利于摄食生长，尽量使用大网箱养殖。

第三章

大黄鱼人工繁育

目前，大黄鱼人工育苗基本采用室内水泥池高密度人工育苗。为保证大黄鱼人工育苗工艺流程的高效、低耗运行，不但要不断地创新育苗技术，同时还要有完善的、布局合理的设施和设备。

第一节　性腺发育及产卵机制

在充分了解大黄鱼的性腺发育和产卵机制后，才能更好地、有针对性地对大黄鱼亲鱼进行选择和培育。

一、大黄鱼的性腺发育

人工培育的大黄鱼，于30日龄稚鱼时即出现1对生殖嵴悬挂在鳔管下方的体腔膜基部，大约60日龄时迁入原始生殖细胞（PGCs）（图3–1–1），4月龄起开始性分化。大黄鱼生殖细胞的形态发生和性腺发育，要经过增殖期、生长期和成熟期等阶段。

（一）卵子发生及卵巢组织学分期

大黄鱼的卵巢为长囊状结构，结缔组织向内分隔形成许多产卵板，卵子在产卵板上生长发育。根据卵子发生的细胞学特点和性腺的解剖观察，分别划分为6个时相和6个发育期（图3–1）。

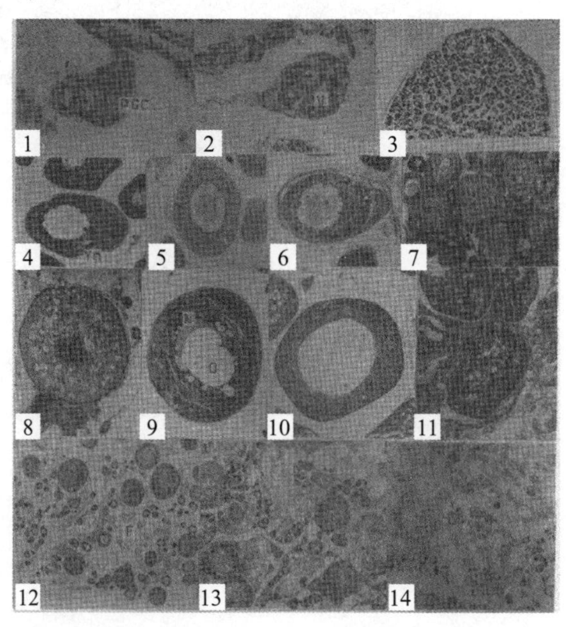

1. 2月龄大黄鱼生殖嵴，已迁入原生殖细胞（PGCs），×920；2. 6月龄大黄鱼，第Ⅰ期卵巢，×330；3. 1龄大黄鱼第Ⅱ期卵巢，可见产卵板结构，×350；4～6. 第Ⅱ时相中、晚期卵母细胞，细胞质出现分层，×920；7. 第Ⅱ时相卵母细胞核周边多层脂肪滴，×230，7A示卵膜，×2 000； 8. 第Ⅳ时相卵母细胞，充满卵黄颗粒，×230； 9. 第Ⅳ时相末卵母细胞，油球融合核偏移，×230；10. 第Ⅴ期卵巢，多油球成熟卵，×120，10A示卵膜放射纹及纵纹，×2 800；11. 第Ⅵ时相退化卵，×230；12. 刚产后的卵巢，可见空滤泡膜，×120；13. 退化卵巢，退化卵呈空泡状，×120；14. 越冬卵巢处于第Ⅱ期，×120；Nb. 核仁样本；O. 油球；Yg. 卵黄颗粒；Hf. 空滤泡；V. 卵巢腔；Fe. 滤泡膜；Ee. 卵膜

图3–1　卵子发生及卵巢组织学分期

（资料来源：林丹军等，1992）

第Ⅰ期　卵巢呈透明细丝状，紧贴在鳔下两侧的体腔膜上，性腺表面无血管或血管甚细。卵巢腔出现，卵原细胞分散在卵巢基质中，为第Ⅰ时相卵（图3–1–2）。细胞呈圆形或椭圆形。胞径13.0 ~ 20.8 μm，细胞质薄，强嗜碱性。核大，直径为8.21 ~ 13.5 μm，核膜明显，核质网状，其中可见1 ~ 2个核仁。

第Ⅱ期　卵巢呈浅红肉色扁带状，内侧可见血管分布，肉眼看不清卵粒。卵巢中产卵板形成。卵原细胞停止增殖并进入小生长期，形成初级卵母细胞，即第Ⅱ时相卵，其胞径为33.8 × 41.6 ~ 78.0 × 99.8 μm，核径为18.2 ~ 57.2 μm，原生质增长迅速，核略有增大，在细胞质中常可见到1 ~ 2个着色很深的核仁样体（nucleoluslike bodies）（图3–1–3 ~ 4）。细胞核透亮，核质稀疏，沿着核膜内缘分布着许多核仁。在第Ⅱ时相末期，细胞质出现分层现象。首先，在细胞质内出现一着色深的网状样窄环（图3–1–5 ~ 6），将细胞质分为内、外两层，以后内层逐渐扩大，颗粒变粗，着色渐深，外层变薄，最后消失。

第Ⅲ期　卵巢体积逐渐增大，透过卵巢壁可见细小的卵粒。初级卵母细胞进入大生长期，开始累积营养，为第Ⅲ时相卵。其细胞近圆球形，胞径为75.6 ~ 328.6 μm，细胞质弱嗜碱性，在核外周边先出现一些小脂肪滴，以后向细胞质扩增为数层。同时在细胞膜内缘出现细小的卵黄粒，在卵母细胞外包绕着滤泡膜，滤泡膜与质膜间有一均质的薄层为卵膜，厚度为2.6 μm，其间没有放射纹（图3–1–7）。

第Ⅳ期　卵巢体积激剧增大呈囊状，血管发达且分枝显著。此时期的卵母细胞为第Ⅳ时相，其主要特征是细胞质中充满卵黄，并与脂肪滴混杂（图3–1–8）。卵母细胞体积迅速增大，胞径为265.2 ~ 635.5 μm。发育至第Ⅳ时相末，卵黄颗粒聚集成球状，脂肪滴互相融合成几个大油球，占据了细胞的中央位置。细胞核移置油球靠近动物极的一端。卵膜增厚至8.48 μm，其上的放射纹清晰可见，其间还有3 ~ 5层的纵纹或环纹（图3–1–9）。

第Ⅴ期　为临产卵巢，充满整个腹腔。游离卵储于卵巢腔中，轻压鱼腹由生殖孔顺畅流出。卵母细胞达到最终大小，胞径为1 200 μm。卵黄球融合成片，油球合并成单一的大油球或几个小油球围绕着大油球。细胞核移至卵膜孔附近，核仁消失，核膜溶解，卵子变得膨大透明，为第Ⅴ时相卵（图3–1–10）。

第Ⅵ期　产后卵巢过了生殖期开始萎缩，结缔组织增生，卵巢壁变厚。在卵巢中可见正在退化的第Ⅳ、Ⅴ时相卵，还有第Ⅰ、Ⅱ时相卵及大量的空滤泡。退化卵特点：滤泡膜加厚，滤泡细胞增多并由扁平逐渐呈立方体状。核、卵膜、质膜消失，卵黄从卵边缘向中心瓦解，整个卵子呈蜂窝状（图3–1–11）。

（二）精子发生及精巢组织学分期

大黄鱼的精巢属辐射型。结缔组织向内分隔形成许多精小叶，每个小叶又包含着若干精小囊，精原细胞在小囊中生长发育。精巢发育也可分为6期（图3–2）。

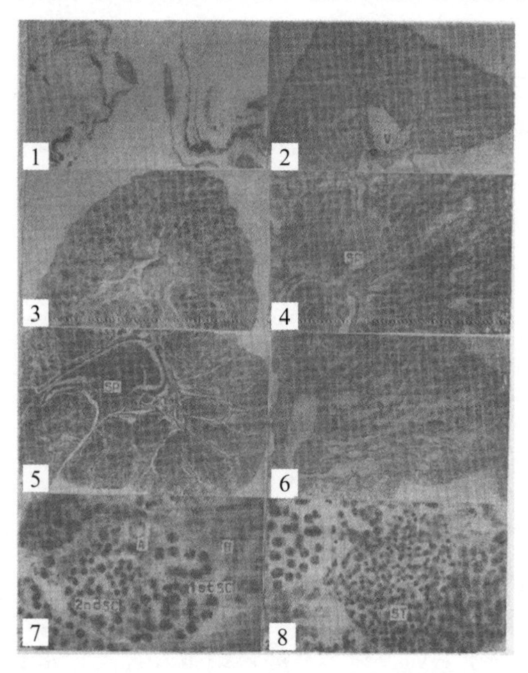

1. 5月龄大黄鱼第Ⅰ期精巢，×1280；2. 8月龄大黄鱼第Ⅱ期精巢，×330；3. 1龄大黄鱼第Ⅲ期精巢，精小叶中已有少量精子，×160；4. 1.5龄大黄鱼第Ⅳ期精巢，精小叶中充满成熟精子，×160；5. 大黄鱼第Ⅴ期精巢，精巢腔中充满精子，×160；6. 排空后的精巢，×160；7～8. 示各期生精细胞，×2500；V. 精巢腔；S.精子；A. A型精原细胞；B. B型精原细胞；SC1. 初级精母细胞；SC2. 次级精母细胞；Sd. 精细胞；Sg. 精原精胞；Cap. 血管；Mes. 系膜。

图3–2　精子发生及精巢组织学分期

（资料来源：林丹军等，1992）

第Ⅰ期　精巢为透明细丝状。精巢由结缔组织分隔成许多不规则的蜂窝状小叶，精原细胞单个或几个地聚集其中。精原细胞圆形或椭圆形，胞径为0.4～13.5 μm，核径为6.6～8.5 μm。核膜清晰，核质网状，其中有较大的染色质块和1个大核仁，细胞质弱嗜碱性（图3–2–1）。

第Ⅱ期　精巢为透明细线状，精小叶略增大加厚，小叶腔与精巢腔出现（图3–2–2）。在精小叶内既可见到单个较大的A型精原细胞，不参与分化；又可见到许多B型精原细胞组成的精小囊，处于增殖状态（图3–2–7），精原细胞经分裂后胞径略小，但核仍占很大的比例。在核膜上出现2～3个核仁。

第Ⅲ期　精巢体积逐渐增大，内侧可见血管分布，因此为浅肉色扁带状。精小叶排列为明显的辐射排列（图3–2–3），精原细胞停止增殖并进入生长期。初级精母细胞核常处于减数分裂前期的一系列变化，核质嗜碱性增强，经过第一次减数分裂，形成次级精母细胞（图3-2-7～8）。在一些精小囊中还出现了精细胞，因此精巢中的生精细胞发育出现了非同步性，但在同一精小囊中发育是一致的。

第Ⅳ期　精巢体积继续增大，形成乳白色的长囊状，血管分支明显。精小叶除了各期生精细胞外，在小叶腔中还有许多精子集聚成丛（图3-2-4）。精子头部呈扁椭圆形小粒，直径为1.02～1.50 μm，尾部隐约可见。但轻压鱼腹尚不能挤出精液。

第Ⅴ期　精巢饱满肥厚，轻压鱼腹即有白色精液流出。精小叶壁变得很薄，朝向精巢腔的一侧大多瓦解，大量成熟精子流向精巢腔。但在远离精巢腔的精巢边缘区域仍可见到各期生精细胞组成的精小叶（图3-2-5）。

第Ⅵ期　生殖期后或越冬时，大部分成熟精子已排出，精巢萎缩，结缔组织增生，精巢中残留的精子退化吸收，精小叶壁仅由1层精原细胞组成（图3-2-6）。

二、大黄鱼的产卵机制

（一）在天然产卵场中的产卵机制

同青鱼、草鱼、鲢鱼、鳙鱼淡水“四大家鱼”在江河中的自然产卵机制一样，大黄鱼在官井洋天然产卵场中自然产卵时需要一定的水流、温度、盐度、溶解氧、水色、透明度、光照强度等一系列综合生态环境条件，通过亲鱼的感觉器官（视觉、触觉、侧线）作用于鱼的脑神经中枢，并在脑神经中枢的控制下，刺激下丘释放神经激素转而分别触发怀有第Ⅳ时相卵的雌鱼（和怀有第Ⅳ期精巢的雄鱼）的脑下垂体分泌大量促性腺激素。这些激素经过血液循环而到达性腺，性腺受到激素的刺激后，就迅速地发育成熟，开始排卵；与此同时，分泌性激素促使亲鱼发情，进入产卵、排精等性活动。

大黄鱼在性腺发育和成熟的生理变化过程中，尤其需要水流的刺激。沿岸海域的水流主要靠潮流。除了5～6月（即农历四至五月）的水温与盐度适合于大黄鱼产卵外，大潮汛期间（农历三十至初三、十五至十八）潮差大、潮流的流速也大，所以要在此季节的大潮汛期间才能在官井洋内捕到大黄鱼的产卵群体；官井洋内由于有淡水径流入海的叠加作用，退潮的潮流要比涨潮时大得多，而这几天退潮的时间都在下午，所以每天都在下午到傍晚这段时间里才能捕到临产亲鱼。学者们研究“四大家鱼”繁殖机制时发现，亲鱼在激素作用下的一定时间里卵母细胞开始第一次成熟分裂，稍后即进入第二次成熟分裂中期，这时卵从滤泡中排到卵巢腔里，并停顿在这一分裂中期约几个小时，等待受精。但最佳受精时间仅是其中的约2 h。不到或超过这一时间，受精效果都会有所影响。根据刘家富（2013）研究结果表明，临产大黄鱼亲鱼的可受精的时间都在14：30～19：30范围之内，在此之前亲鱼的卵达不到临产状态（即未达到第Ⅴ期的成熟程度）；超过这一时间，卵即“过熟”。根据上述卵细胞成熟机制与潮汐变化情况，推测亲鱼在当天上午长约5 h的涨潮潮流刺激下加快成熟进程，高潮平潮后进行第一次成熟分裂。午后退潮开始的2 h内，潮流逐渐增大时进入第二次成熟分裂中期。退潮之后14：30至17：30之内的3 h里，潮流最大，这时最易捕到满意的临产亲鱼，卵已达第Ⅴ期的成熟程度，其受精效果最好（图3-3）。只有抓住这一关键时间采捕成熟亲鱼进行挤卵，人工授精才会成功。此外，我们还可从图中看到，农历十八当天的01：00至06：00还有1次退潮潮流湍急而适合大黄鱼产卵的条件，然而大黄鱼是否也像白天一样产卵，目前尚不得而知，也未见过相关报道，这有待今后的深入调查研究。

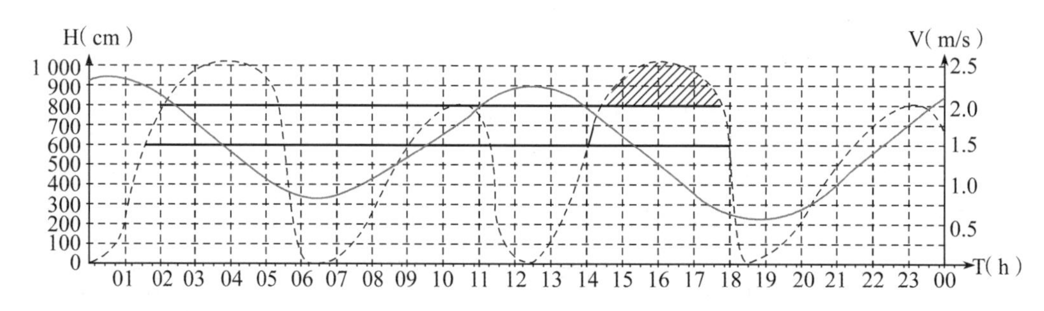

V（潮流流速）：……；产卵高峰：▨；H（潮高）：——。

图3-3　大黄鱼在官井洋产卵场产卵高峰与流速关系的示意图

（以6月的农历十八潮汐为例）

至于采卵受精效果与海区环境的关系问题，大黄鱼产卵季节，在官井洋之外的三都湾内外的其他海区均可捕到大黄鱼，但这些雌性亲鱼的性腺最多也仅发育到第Ⅳ期，不能用作采卵授精的亲鱼。而唯独在官井洋产卵场主港道中捕到的才有发育到第Ⅴ期成熟程度的亲鱼。尤其明显的是，笔者每次采卵用的亲鱼均为在官井洋的主港道中捕到的。这说明，大黄鱼亲鱼可能只有在官井洋这个综合生态环境条件刺激下才能发育达到第Ⅴ期的临产成熟阶段。

（二）在室内池中人工催产下自然产卵的机制

经过人工培育后发育成熟的大黄鱼亲鱼，在室内水泥池里自己不能产卵。其雌鱼的卵巢虽然能发育到第Ⅳ期，但不能向第Ⅴ期过渡，无法繁殖后代。究其原因，是由于室内水泥池里缺少像官井洋产卵场5～6月大潮汛期间那样，适合大黄鱼亲鱼产卵、排精的综合生态环境条件，无法刺激大黄鱼亲鱼的下丘释放神经激素，便无法触发雌鱼（或雄鱼）的脑下垂体分泌大量促性腺激素。在“七五”期间的大黄鱼全人工繁殖技术攻关阶段，刘家富团队曾尝试完全靠模仿官井洋产卵场5～6月大潮汛期间那样的综合生态环境条件，以让大黄鱼产卵、排精，但未获成功。而使用注射催产激素的人工催产生理方法来代替产卵场5～6月大潮汛期间那样的综合生态环境条件，却在室内水泥池获得了自然产卵的成功。当然，采用生理、生态相结合的方法，在对亲鱼注射催产激素的同时，增加冲水、加大充气量、稍微提高水温（早春季节）与降低盐度，往往会收到满意的催产效果。

（三）产卵类型

关于大黄鱼的产卵类型，刘家富（2005）发现大黄鱼应属于多次产卵类型。其依据有两个：其一，在进行大黄鱼1年两次性成熟的卵巢组织切片观察时，发现在第Ⅴ、Ⅵ期卵巢中都混杂有第Ⅱ、Ⅲ、Ⅳ等不同时相和不同卵径的卵母细胞。这些卵母细胞有可能陆续发育成熟以供后续的催产、产卵。其二，催产后并产卵过的亲鱼进行过多次重新培育与再次催产试验，都收到良好的产卵效果。催产并产卵过、腹部明显软瘪的亲鱼，经5～7 d的培育后，腹部又重新膨大而富有弹性，完全可以再次催产与产卵。同一批催产并产卵过的亲鱼，多的可连续培育、催产、产卵约10次，前后时间可持续3个月。

第二节　胚胎发育及其仔、稚鱼形态特征与生态习性

一、大黄鱼成熟卵的受精与胚胎发育

（一）成熟卵及其受精

大黄鱼的成熟卵为透明的圆球形，属端黄卵。直径为1.175～1.364 mm。卵黄颗粒呈均质融合，油球一个，位于卵的中央。当卵与精子结合后，即开始吸水膨胀，出现受精膜及围卵腔。初受精的受精卵径为1.194～1.367 mm，油球径为0.326～0.463 mm，卵间隙为0.023～0.030 mm。在23.2℃及盐度27.5的条件下，刚受精的卵细胞的原生质开始向动物极集中，并逐渐隆起。其受精卵属浮性卵，在海水盐度大于22.25（相对密度为1.017）时，呈上浮状，未受精卵呈白色混浊而下沉。海水盐度在22.25以下时，受精卵也会下沉。

（二）胚胎发育

在23.2℃～23.4℃及盐度27.5的条件下，大黄鱼的胚胎发育过程如下：

1. 卵裂期　大黄鱼受精卵的分裂类型为盘状卵裂均等分裂型。

（1）1细胞期　受精后经约35 min在动物极形成胚盘（图3–4–1）。未受精卵吸水后也会形成假胚盘。

（2）2细胞期　胚盘面积逐渐扩大，受精后约55min，开始在胚盘顶部中央产生一纵裂沟，并向两侧伸展，把细胞纵裂为两个大小相同的细胞（图3–4–2）。

（3）4细胞期　受精后约1 h 5 min进行第2次纵分裂，在两细胞顶部中央出现了分裂沟，与原分裂沟成直角相交，分裂成4个细胞（图3–4–3）。

（4）8细胞期　受精后1 h 25 min进行第3次纵分裂，在第1分裂面两侧各出现1条与之平行的凹沟，并与第2分裂面垂直，形成两排各4个共计8个形态、大小不同的细胞（图3–4–4）。

（5）16细胞期　受精后约1 h 40 min进行第4次分裂，出现垂直于第1与第3分裂面的凹沟，平行于第2分裂沟，分裂成16个大小不等的细胞（图3–4–5）。

（6）32细胞期　受精后约2 h 5 min进行第5次分裂，通过纵裂形成32个排列不规则的细胞（图3–4–6）。

（7）多细胞期　受精后约2 h 30 min进行第6次分裂，形成64细胞；受精后约3 h 55 min进行第7次分裂，形成128细胞。并依次继续下去，细胞数目不断增加，细胞体积逐渐变小，形成多细胞期（图3–4–7～8）。

2. 囊胚期

（1）高囊胚期　受精后5 h 5 min，细胞分裂得更细，界限不清。在胚盘上堆积成帽状突出于卵黄上，胚盘周围细胞变小，形成高囊胚期（图3–4–9）。

（2）低囊胚期　受精后6 h 30 min，细胞被分裂得越来越小且数目多。胚盘中央隆起部逐渐降低，并向扁平发展，周围一层细胞开始下包，形成低囊胚期（图3–4–10）。

3. 原肠期　通过细胞层的下包、内卷、集中及伸展等方式，进行着三个胚层的分化。

（1）原肠初期　受精后7 h 30 min，胚盘边缘细胞增多，从四面向植物极下包。同时部分细胞内卷成为一个环状的细胞层，即形成胚环（图3–4–11）。

（2）原肠中期　受精后约9 h 20 min，肛环扩大，开始下包卵黄的1/3，并继续内卷形成胚盾雏形（图3–4–12）。

（3）原肠晚期　受精后约10 h 10 min，胚盘下包卵黄的1/2，神经板形成，胚盾不断向前延伸，出现胚体雏形（图3–4–13）。

4. 胚体形成期　根据胚胎发育的不同阶段，可分为以下8期。

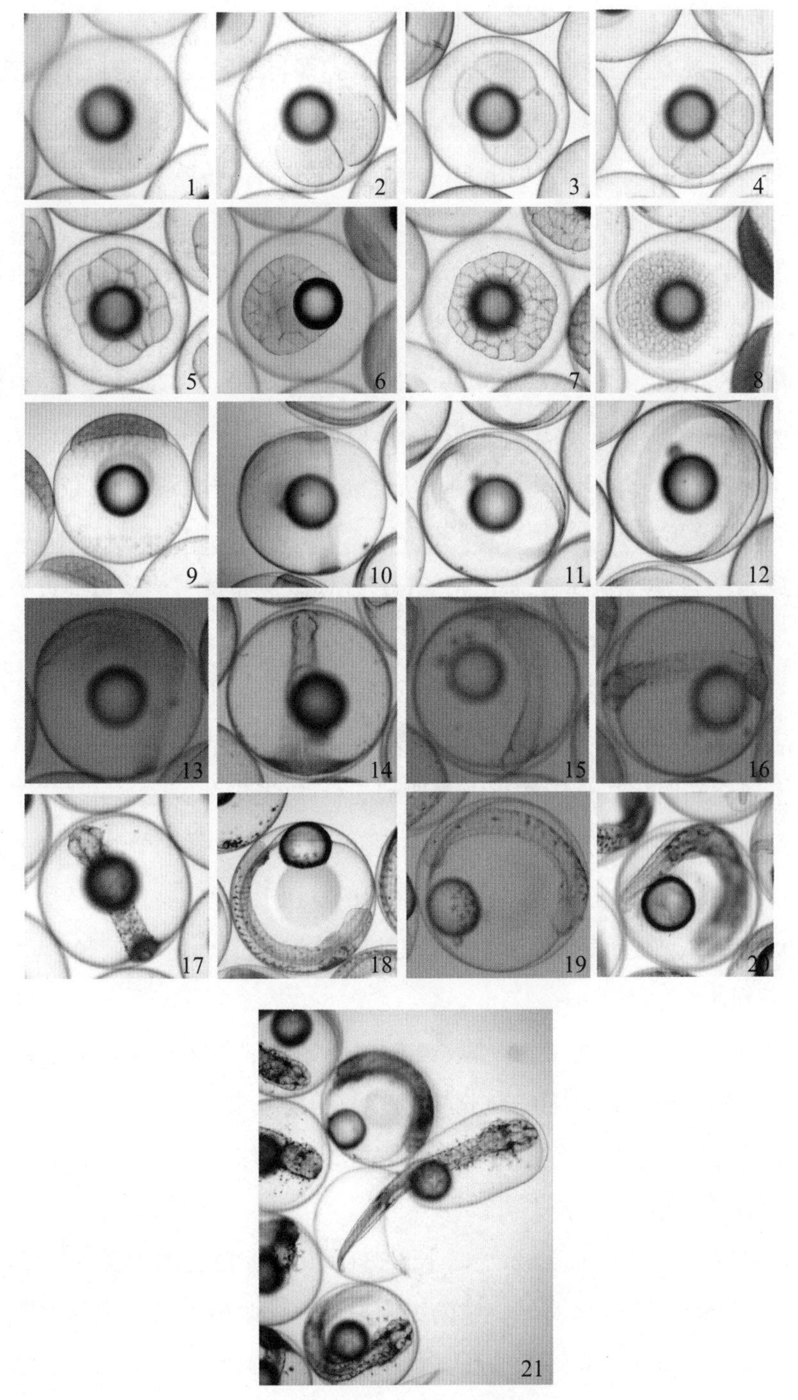

1.1 细胞期；2.2 细胞期；3.4 细胞期；4.8 细胞期；5.16 细胞期；6.32 细胞期；7.64 细胞期；8. 多细胞期；9. 高囊胚期；10. 低囊胚期；11. 原肠早期；12. 原肠中期；13. 原肠后期；14. 胚体形成期；15. 眼泡出现期；16. 胚孔关闭期；17. 晶体出现期；18. 尾芽分离期；19. 心跳期；20. 肌肉效应期；21. 孵出期。

图3–4　大黄鱼的胚胎发育

（1）卵黄拴形成期　受精后约11 h，胚盘下包3/5，胚体包卵黄的1/3，并出现1对肌节，卵黄栓形成（图3–4–14）。

（2）眼泡出现期　受精后11 h 50 min，胚孔即将封闭，在前脑两侧出现1对眼泡此时胚体包卵黄约1/2。两侧视囊出现肌节4～6对（图2–4–15）。

（3）胚孔关闭期　受精后13 h 50 min，胚孔关闭，胚体后部出现小的柯氏泡，头部腹面开始出现心原基，肌节为9对（图3–4–16）。

（4）晶体出现期　受精后15 h 55 min，胚体包卵黄的3/5，视囊晶体出现，柯氏泡未消失，肌节为12～14对（图3–4–17）。

（5）尾芽期　受精后17 h 50 min，肛体包卵黄的4/5，耳囊成小泡状，柯氏泡消失。胚体后端出现锥状尾芽，尾鳍褶出现，肌节18对（图3–4–18）。

（6）心跳期　受精后20 h 50 min，心脏搏动开始，100次/分钟左右，胚体相应颤动，尾从卵黄上分离出来，并延伸占胚体的1/3，肌节25对（图3–4–19）。

（7）肌肉效应期　受精后24 h 30 min，胚体全包卵黄，尾鳍可伸近头部，胚体不断颤动，心跳约140次/分钟（图3–4–20）。

（8）孵出期　受精后26 h 36 min，卵膜显得松弛而有皱纹，膜内胚体不断颤动，尾部剧烈摆动，最后仔鱼破膜而出（图3–4–21）。

5. 关于卵质问题　在人工孵化中常遇到受精卵的卵径小于1.0 mm或多油球等问题。这主要是产卵亲鱼性腺发育差，成熟度低，强行用激素催产的缘故。此类受精卵虽有一部分可以孵化，但孵化率低，且孵出的仔鱼畸形率也高。

二、大黄鱼仔、稚鱼发育及其形态特征与生态习性

（一）仔鱼期

1. 初孵仔鱼　全长2.76 mm，体长2.64 mm，头部紧贴在卵黄囊上，卵黄囊径1.276 mm × 1.058 mm，油球径0.324 mm，心跳150次/分钟（23.3℃）。第16～18肌节处有棕红色素块。刚出膜的仔鱼游动能力较差，靠油球的浮力悬浮在水中，时常作间断性的“窜动”。

2. 1日龄仔鱼　全长3.226 mm，体长3.131 mm，卵黄囊的长径为1.063 mm，油球径为0.377 4 mm。脑分化明显，中脑突起显著，在眼前方有一圆形的深色块为嗅囊，听囊明显。肠细直，肛门未外开，背鳍褶增高，上有一“油滴”状结构，肌节8+18=26（图3–5–1）。

3. 2日龄仔鱼　全长4.012 mm，体长3.858 mm，卵黄囊的长径为0.692 mm，油球径0.346 mm。肠中部已膨大，内壁皱褶明显，孵出32～35 h后，肛门和口先后外开，

开口时口径（上额长 × $\sqrt{2}$ ）为0.367 mm，血液循环明显，鳔已出现，但未充气，长径0.108 mm，胸鳍明显（图3–5–2）。

1～2日龄的仔鱼，对光照变化反应不敏感，仔鱼在水中分布均匀，靠尾鳍进行间歇性快速摆动，且向上游动。

4. 3日龄仔鱼　全长4.169 mm，体长3.747 mm，口径0.404 mm，油球径0.244 mm，鳔长径为0.221 mm。卵黄囊变小，肠蠕动明显，中肠膨大，后端加粗。

口张合明显，已开始摄食轮虫。肩带明显，胸鳍增大，可向外垂直张开，第一鳃弓出现，但未见鳃丝和鳃耙（图3–5–3）。

5. 4日龄仔鱼　全长4.141 mm，体长3.916 mm，口径0.523 mm，鳔长径0.272 mm，油球径0.167 mm。上、下颌形成，并出现绒毛状细牙，卵黄囊消失，背鳍褶增高，肠前部继续膨大，中部为一道弯曲，后端增粗，摄食明显。中脑大，并已分化成左、右两叶，鳃弓4对，第2鳃弓出现锯齿状鳃丝，但未见鳃耙，后鳃盖呈膜状，鳔已充气，鳔上分布有星状黑色素，肌节8+18=26（图3–5–4）。

此时，仔鱼游动能力增强，对光反应逐渐敏感，当光照不均时，经常出现集群现象，上午多均匀分布于水的中上层，下午多分布于中下层。

6. 5日龄仔鱼　全长4.199 mm，体长4.154 mm，口径0.588 mm，鳔长径0.313 mm，油球径0.173 mm，脑部已发达，端脑两端突起，大脑半球形成，听囊清晰，眼球黑色素增加，肝脏分左、右两叶，左大右小，位于食道的下部、肠的前部。肠的后半部为直肠，并进一步向前分布。第2～4对鳃弓有锯齿状鳃丝，未见鳃耙。仔鱼对光的反应十分敏感，特别是喜欢弱光，经常趋光集群。

7. 7日龄仔鱼　全长4.484 mm，体长4.293 mm，口径0.572 mm，油球径0.06 mm，鳔长径0.289 mm。胆囊明显，为透明的囊状体，未见胆汁，位于两叶肝脏间，胰脏与中肠后部明显相连。背鳍褶上“油滴”状构造消失。第2鳃弓出现鳃耙，为小粒状，不明显（图3–5–5）。仔鱼摄食能力增强，解剖肠内含物，轮虫多达30个以上。集群性强，水体中仔鱼密度大时，一旦停气，仔鱼常密集于池壁附近的水面上。

以上大黄鱼的仔鱼期属于“前仔鱼期”，即在形态构造上从初孵仔鱼开始到卵黄囊和油球消失为止；在生态上游动能力差，一般均匀地悬浮在水中进行间断性“窜动”和被动摄食；在生理上从内源性营养转入混合性营养阶段。约从8日龄后开始至17日龄的仔鱼期属于“后仔鱼期”，即在形态构造上卵黄囊和油球完全消失，运动和摄食器官发育趋向完善；在生态上集群摄食能力逐渐增强；在生理上完全转入外源性营养阶段。

8. 12日龄仔鱼　全长5.284 mm，体长5.040 mm，口径0.782 mm，鳔长径0.404 mm第一鳃弓上鳃耙明显，为0+5个，乳头状，而鳃丝尚未形成，鳔管明显且较细长，与食道相通，鳔、臀鳍背部及鱼体腹面均有紫黑色素团。肠仍为一道弯曲，尾鳍上翘，臀鳍、背鳍间骨均未发生（图3-5-6）。在适宜条件下，仔鱼能大量摄食轮虫，曾解剖一尾仔鱼，肠内含物中共有12个轮虫和7个轮虫卵。仔鱼趋光性仍很强，喜集群。

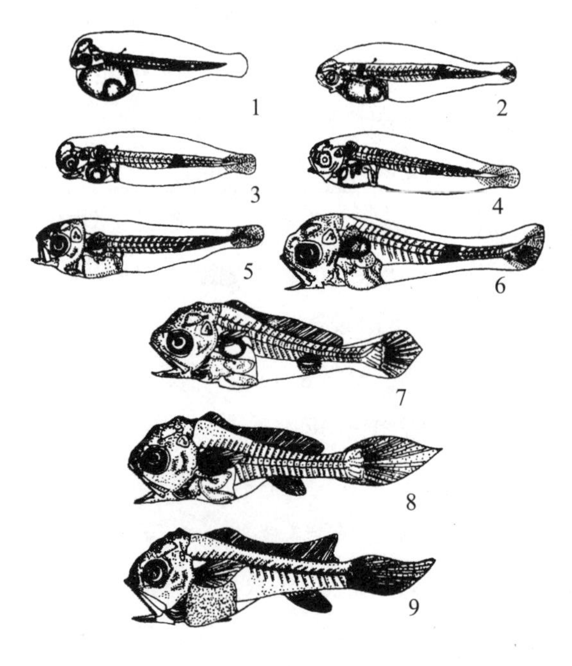

1. 1日龄仔鱼；2. 2日龄仔鱼；3. 3日龄仔鱼；4. 4日龄仔鱼；5. 7日龄仔鱼；6. 12 日龄仔鱼；7. 18日龄稚鱼；8. 22日龄稚鱼；9. 30日龄稚鱼。

图3-5　大黄鱼的仔、稚鱼发育

（资料来源：刘家富，1999）

（二）稚鱼期

1. 18日龄稚鱼　全长8.272 mm，体长6.922 mm，口径1.429 mm，鳔长径0.720 mm。胃已出现，肠为2道弯曲，胃与肠的连接处出现2个明显的笋状突起，为幽门盲囊，背鳍为Ⅶ-30，臀鳍基及腹鳍出现，但不明显，第1鳃弓的鳃耙为3+11（图3-5-7）。

随着各鳍逐渐完善，稚鱼游动能力加强，摄食能力相应增强，开始大量摄食卤虫无节幼体和小型桡足类。解剖1尾稚鱼，发现胃内含物有25个卤虫无节幼体。此时稚鱼易被惊动，稍微有一点敲击声或晚上突然照射有强光束，稚鱼就发生逃避或跳跃，可能导致撞伤或胀鳔死亡。

2. 22日龄稚鱼　全长11.486 mm，体长8.643 mm，口径3.248 mm，鳔长径1.204 mm。胃已发育完善，为“卜”型。幽门盲囊10个，位于胃的后端。胆囊为透明长囊状物，内有淡蓝绿色的胆汁。鳔与食道间有鳔管相通。第1鳃耙5+12，为条状，鳃丝仅见于鳃弓下部，呈树枝状。各鳍均出现，尾鳍鳍条19枚，已分节，背鳍为Ⅶ–31，第1背鳍和第2背鳍尚未分开，臀鳍鳍条为10枚，腹鳍Ⅰ–5，胸鳍9枚，鳃骨片7条（图3–5–8）。

3. 26日龄稚鱼　全长15.30 mm，体长13.30 mm，口径2.43 mm，尾鳍鳍条为23条，背鳍Ⅶ–31，臀鳍Ⅱ–6，腹鳍Ⅰ–5，已近成鱼的体形，但鳞片尚未形成。这时，稚鱼对卤虫幼体的摄食量降低，而能摄食较大型的桡足类。甚至出现同类残食现象，18～20 mm稚鱼可吞食10 mm左右的稚鱼，在连续观察1 h中，就有12尾稚鱼被吞食。

4. 30日龄稚鱼　全长23.30 mm，体长16.80 mm，口径3.06 mm，幽门盲囊14个，胆囊为长囊状，分布有稀疏的黑色素斑，腹腔隔膜形成尾鳍鳍条29枚，背鳍Ⅶ–31，臀鳍Ⅱ–8，胸鳍鳍条15枚，腹鳍Ⅰ–5。第一鳃弓鳃耙为8+17，头背棘突明显，腹鳍后方出现鳞片，侧线鳞片开始出现，已基本具有成鱼的形态特征（图3–5–9）。该阶段的稚鱼具有强烈的趋光习性，有时在水面上大量地集群而把部分鱼苗挤出水面，使其因“搁浅”而引起缺氧死亡。该阶段稚鱼在正常情况下分布于光线较弱的中下层。

（三）关于仔、稚、幼鱼阶段划分与器官发育问题

1. 关于仔、稚、幼鱼发育阶段划分的依据　大黄鱼仔、稚鱼发育阶段的划分，有关学者的意见尚不一致，一般多以各鳍的发育特征为依据。笔者对此试以消化系统发育过程中的有关器官的出现作为仔、稚鱼发育阶段划分的依据：① 仔鱼阶段的肠为1道弯曲，胃及幽门盲囊均未出现；② 当胃及幽门盲囊出现，肠为2道弯曲时，已进入稚鱼发育阶段；③ 在一般情况下，大黄鱼进入稚鱼期的鱼体全长7～8 mm，约为18日龄；④ 而进入幼鱼期的依据为全身出现鳞片，这时全长在40 mm以上，约为50日龄以上。

2. 仔、稚鱼器官发育与日龄、生长速度的关系　大黄鱼仔、稚鱼的器官发育，一般与日龄直接相关。但笔者观察发现，由于各批次的育苗条件不同，或同一批仔鱼由于个体间的摄食等情况差异，造成同一日龄的仔、稚鱼生长速度的差异。如生长速度快的个体大，器官形成也早，反之则慢（表3–1）。

表3-1　同为20日龄的大黄鱼仔、稚鱼生长速度与器官发育的关系

全长（mm）	器官发育			所处发育阶段
	鳍	鳃耙	肠弯曲	
5.276	尾鳍鳍条7～9条；臀鳍、背鳍的鳍间骨均未出现	第1鳃弓上的鳃耙3+7，鳃丝仅见于下鳃弓，呈锯齿状	1道弯曲	仔鱼期
6.994	尾鳍鳍条16条，未分节；臀鳍基已出现，背鳍褶放射状弹丝明显，腹鳍未出现	第1鳃弓上的鳃耙4+9，鳃丝呈树枝状	2道弯曲	仔、稚鱼过渡期
8.820	尾鳍鳍条19条，已分节；背鳍Ⅷ-30，臀鳍Ⅱ-8，腹鳍已出现	第1鳃弓上的鳃耙4+11，鳃丝呈树枝状	2道弯曲	稚鱼期

第三节　人工繁殖

人工繁殖指在人工控制条件下促使亲体的性产物达到成熟、排放和产出，并使受精卵在适宜的条件下发育成为苗种的过程。大黄鱼的人工繁殖主要包括成熟亲鱼人工催产、自然产卵和受精卵人工孵化等技术环节。早春移入室内水泥池的亲鱼经30～40 d的增温强化培育，闽东地区在2月中旬至3月初时，性腺即可陆续成熟，在投喂时即可看到雌鱼的腹部明显膨大，这时即可分批选择成熟亲鱼进行人工催产。催产日期的确定要根据亲鱼的性腺发育情况、育苗生物饵料培育等准备工作、计划出苗时间等综合考虑。

一、人工繁殖前的准备工作

1. 培养充足的开口饵料　轮虫作为仔鱼的开口饵料，在催产后的1周之内就要投喂，且随着时间的推移，轮虫的需要量越来越大。为此，催产前要准备足够数量的轮虫，以及强化轮虫营养用的高浓度小球藻液。

2. 各种水泥池的清理与消毒　催产时及催产后需要大量的产卵池、孵化池、育苗池等，这些不同要求的水泥池都要在催产前安排好，并进行清理、洗刷、消毒或试运行，发现问题要及时处理。

3. 蓄足水源　产卵过程需要大量冲水，紧接着的孵化、育苗也要大量用水，为此在催产前要做好充分准备。尤其是增温水，要提早以偏高的水温进行储蓄。水温

过高或相对密度太低时，也要预先降温与调盐。

4. **有关器具与药物的准备**　在人工催产与卵的收集、分离、孵化等过程中，需要使用的注射器、器皿、桶、盆、网、管、布等器材，要提前备齐。要掌握可用于催产的亲鱼尾数及其雌雄配比，确定催产药物及其剂量、注射量，并准备好麻醉药物与安全的消毒药物。

二、亲鱼的选择与培育

（一）备用亲鱼的选择

为实现大黄鱼的早春育苗，一般要提早从海区网箱中挑选性腺尚未成熟、越冬中的个体，经室内增温强化培育达到性成熟后才可作为催产亲鱼使用。此时挑选的个体称之为“备用亲鱼”。

1. **来源和选择季节**　大黄鱼备用亲鱼的来源主要为人工网箱养殖的个体，其主要优势是来源充足、培育周期短、成本较低。在闽东地区，早春育苗在1月中旬前后，海区水温为10℃～12℃，由于水温低鱼体性腺尚未发育，要根据育苗生产计划要求提前1～2个月从网箱养殖鱼中挑选备用亲鱼，移入室内育苗池经增温和营养强化培育后方可作为催产亲鱼使用。

2. **雌雄鉴别**　早春育苗选择的备用亲鱼在外表上雌雄的性征尚不明显。但一般可按照“雌鱼的体形较宽短，吻部较圆钝；而雄鱼的体形较瘦长，吻部相对较尖锐，有的可挤出精液”的特征进行区分（图3–6）。

A. 雌鱼；B. 雄鱼。

图3–6　大黄鱼雌雄亲鱼鉴别

3. **选择与质量要求**　亲鱼是人工繁殖中最重要的物质基础，亲鱼质量的好坏直接关系到育苗的成败，因此亲鱼的选择与培育在整个大黄鱼人工繁殖与育苗中显得特别重要。为了避免近亲繁殖而引起的种质退化，在选择具有生长快等各种优良经济性状的养殖大黄鱼作为亲鱼的同时，应遵循以下原则：① 选择体形匀称、体质健壮、鳞片完整、无病无伤的个体。② 2龄雌鱼的体重在800 g以上，雄鱼400 g以上。3龄雌鱼1 200 g以上，雄鱼600 g以上。③ 选择个体生长差异较大的网箱养殖鱼作为选择群体，并从中选择生长速度相对较快的个体作为亲体。④ 亲鱼组成最好选择来自不同海区或不同养殖模式的个体，且数量最好达500尾以上。⑤ 在室内水泥池自然产卵的大黄鱼亲鱼雌雄比例为（2～1）：1，自然产卵与受精效果无明显差别，为降低生产成本，亲鱼雌雄比以2：1较为适宜，可考虑雌雄性腺成熟情况对雌雄比例做适当调整。⑥ 早春育苗的亲鱼一般不会同时成熟，所需备用亲鱼的数量按生产100万尾全长30 mm规格的鱼苗需1 000 g左右雌鱼30～40尾的标准进行挑选，并按雌雄性比配合相应的雄鱼。亲鱼的网箱挑选操作如图3–7所示。

图3–7 挑选备用亲鱼

4. 挑选备用亲鱼注意事项 ① 为避免挑选备用亲鱼时发生“应激反应”，一般在挑选前数日开始，在饲料中添加鱼用多种维生素进行营养强化培育。在批量选择备用亲鱼时，可少量挑选进行观察，确定无发生充血、发红等“应激反应”症状后，再继续批量挑选。若有“应激反应”症状，应立即停止挑选，并采取延长营养强化培育时间，直至没有“应激反应”症状后再行挑选，或另找其他养殖大黄鱼群体进行挑选。② 应了解该批后备挑亲鱼的前期饲养情况，前期投喂不足的养殖鱼则不宜作为备选亲鱼，否则会影响后期亲鱼的性腺发育和卵的质量水平。③ 要结合亲鱼体重和年龄进行综合判断，避免挑选达不到所在鱼龄应达到的体重要求的生长慢的“老头鱼”。

（二）亲鱼的运输

1. 运输方法 备用亲鱼从海上网箱区运至室内育苗池进行强化培育，最好使用活水船并选择晴好天气、风浪不大、水温适宜时进行。设备完善的活水船，亲鱼的运输密度可达100～120 kg/m^3；亦可使用活水车或水桶、帆布箱充氧运输，但密度不宜过大，一般在30 kg/m^{3}左右，且不宜进行10 h以上的长途运输。活水船运输亲鱼流程如图3–8。

A. 亲鱼捞取；B. 中途搬运；C. 装载。

图3–8　活水船运输亲鱼模式

2. **注意事项**　备用亲鱼在起运前要停止投喂，2～3 h运程的要停喂1～2 d，长途运输的要停喂3～5 d。有“应激反应”症状的大黄鱼不宜作为备用亲鱼，否则会影响其运输成活率，还可能影响之后的性腺发（培）育或由于运输操作过程的停食而引起性腺退化。

（三）后备亲鱼的强化培育

在福建三都湾养殖区域，为使出池的鱼苗能避开海区水温20℃以上鱼苗中间培育时受布娄克虫的危害，并延长当年鱼种的生长时间，目前的大黄鱼春季室内育苗已普遍提前在早春使用增温办法进行亲鱼室内强化培育，以促进亲鱼性腺提早成熟，从而确保海区水温13℃～16℃时鱼苗出苗下海，顺利转到海区网箱中进行中间培育。

1. **备用亲鱼的放养**　亲鱼室内强化培育池应设在安静、保温性能好、光照强度较弱的育苗室内，最好为塑料薄膜搭盖的暖棚内。池面积为40～60 m^2，池口形状为方形或圆形均可，水深为2.0～3.0 m；放养密度为2.0～5.0 kg/m^3，为保证足够数量的亲鱼在饵料摄食时产生群体效应，摄食效果更佳，在水环境质量有保障的前提下，建议按较高密度放养。

2. **理化因子调控**　① 光线：培育池上可用遮阳布幕遮盖，光照强度调节至500 lx左右。投喂时，可拉开部分遮阳布幕或开灯，使光照强度调节到1 000 lx以上。② 水温：培育池水温控制在20℃～25℃，兼顾到鱼的食性、增温成本和水质控制，以21℃～22℃较为适宜。③ 生态与水质调控：为促进亲鱼的性腺发育，应尽量创造有利的生态环境条件。池内按1.5只/平方米均匀布置气石连续充气，保证池水中溶解氧在5 mg/L以上。每天及时吸污，吸污时间一般安排在每次换水前及饵料投喂后。另外，根据培育水质状况，每天换水1～2次，使池水的氨氮总值控制在0.1 mg/L以下，并适当冲水刺激。

3. 饵料与投喂 ① 饵料种类：培育大黄鱼亲鱼的饵料一般有冰鲜鲐鲹、小杂鱼、贝肉或配合饲料。有条件的地方可搭配投喂一些沙蚕、牡蛎等活体饵料，既可保证饵料鲜度与亲鱼的喜食，又不影响水质，而且营养价值高，对促进亲鱼的性腺发育有很大的帮助。② 投喂量与投喂方法：为减少对池水的污染，冰冻鱼表面稍加解冻后即可切成亲鱼适口的块状，并洗净、沥干后投喂。在饵料中可适量添加维生素E等多种维生素，以促进性腺成熟和提高卵的质量。参考的日投饵率为亲鱼体重的5%～8%。每天投喂的时间一般选择在早晨与傍晚各1次，并应根据摄食情况适时调整投喂量。

4. 亲鱼培育管理中的注意事项 ① 大黄鱼具有胆小、易惊动、鳞片易脱落等特点，稍有响声或光照突变，会引起狂游或乱闯，甚至碰撞池壁或跳出池外。为此，在饲养管理操作，尤其手持操作工具时，动作要缓慢，不宜在培育池附近高声喊叫或敲击器具。② 培育期间尽量保持水环境稳定，为避免水温突变而引起亲鱼的不良反应，换入亲鱼培育池的新鲜海水应在另外的预热池中预热。应及时清除池中残饵与排泄物，避免导致氨氮值升高、水质恶化，而引发刺激隐核虫病与淀粉卵甲藻病等病害。③ 亲鱼移入室内水泥池的第二天开始投饵诱食，不管亲鱼是否主动摄食都要投喂，但数量尽量少些，每尾鱼平均1粒即可，待亲鱼能主动摄食时再逐渐增加。

三、人工催产

人工催产应与成熟亲鱼的挑选同时进行，且催产操作一般在原亲鱼培育池中进行，可有效简化操作环节和减少亲鱼的损伤。亲鱼人工催产步骤与操作如下。

（一）室内水泥池催产法

1. 设置麻醉水箱及架设催产操作台 催产操作前先把亲鱼培育池的水位降至40 cm左右，用高度约50 cm、长度与亲鱼培育池宽相同的60目拦鱼网框将水池分隔为两部分，并把亲鱼驱赶至排水口端部分。在排水口端部分靠近拦鱼网框位置放置约100 L容量的亲鱼麻醉水箱，并用木板骑在水箱上沿与拦鱼网框上沿之间作为亲鱼注射台（图3–9、图3–10）。

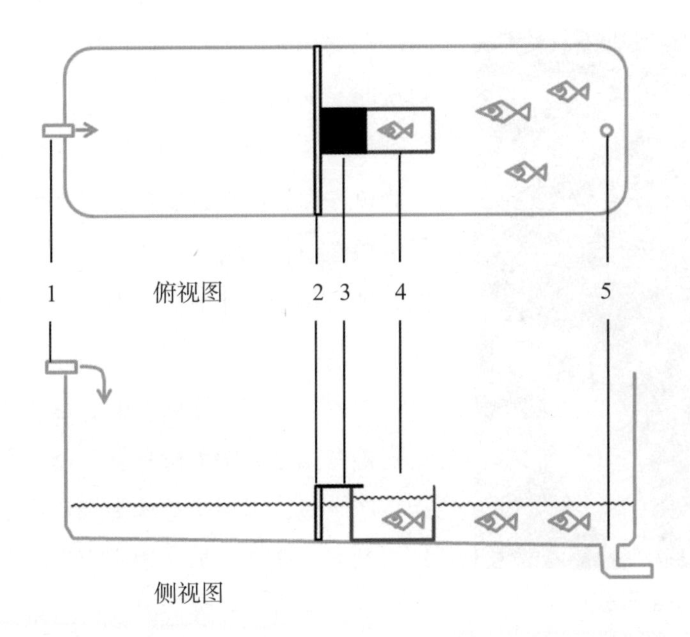

1. 进水口；2. 拦鱼网框；3. 注射台；4. 麻醉水箱；5. 出水口。

图3-9　大黄鱼池内催产操作布局示意图

2. 配制亲鱼麻醉溶液和催产剂溶液　按40～60 mg/m^{3}的浓度配制丁香酚亲鱼麻醉溶液，即装载100 L海水的麻醉箱所需4～6 mL丁香酚原液。催产剂可用LRH-A2、LRH-A3等激素，其剂量视水温高低及亲鱼的性腺发育情况而定，雌鱼的剂量为1～3 μg/ kg鱼体。按预计的单位体重注射剂量配制好催产剂溶液。

图3-10　大黄鱼池内催产操作布局实物图

3. 亲鱼的打捞和麻醉　催产开始时，由1～2人不断地用柔软的手抄网从排水端的池中逐尾地捞取亲鱼，放入水箱中进行麻醉。随着池中亲鱼数量的减少，逐渐把拦鱼网框、水箱及其注射台向池的排水口端移动，以便于捞鱼与注射操作。将以肉眼初选的雌雄亲鱼放入丁香酚溶液的麻醉水箱中，待亲鱼麻醉侧卧箱底后，将其捞至注射台上，轻摸腹部，鉴定雌雄性别及其是否适度成熟。

4. 人工催产注射　经检查适于催产的亲鱼，根据其体重和性腺成熟度注射相应剂量的催产剂溶液，当亲鱼发育良好时可适当减少注射剂量，相反则应增加注射剂

图3-11　催产注射

量。注射可采用1次注射或2次注射。使用2次注射法时，两次注射时间相隔12～16 h，第1次注射剂量20%～30%，第2次70%～80%；雄鱼通常比雌鱼性腺先成熟且发育良好，单位体重注射剂量为雌鱼总注射量的一半，在雌鱼第2次注射时同时进行一次性注射。注射部位一般为胸腔，即在胸鳍基部无鳞处（图3-11）。

5. 入池待产　注射后的亲鱼可在原池或按计划安排在其他池中等待自然产卵。其间要避免惊动待产亲鱼；因催产过程中亲鱼受刺激后会分泌较多黏液，使池中泡沫增多而影响水质，应予及时换水；接近产卵效应时，可适量冲水。

（二）海上网箱人工催产法

大黄鱼的海上网箱人工催产法一般仅适用于秋季人工育苗。该法简便易行，不需要成套的供气和水处理系统等设施设备，可节省成本。用于人工催产的网箱，多为4 m×8 m×4 m规格，网衣由80目或60目的软质尼龙筛网缝制而成。催产网箱应设置在水质清新、水流较小、透明度较大的海区。催产时间宜选在天气晴好、风浪较小的小潮汛期间。海区中海水的悬浮物常常较多、水质差，对受精卵孵化不利，又容易堵塞产卵用的筛网网箱的网眼，故要采取以下的技术措施：一是尽量推迟催产激素的注射时间，以安排亲鱼在下半夜产卵，缩短受精卵在不洁海水中的浸泡时间，尽快移入室内砂滤海水中孵化；受精卵若要长途运输，卵经仔细筛选后，要用清洁的砂滤海水冲洗和装袋。二是供作亲鱼产卵的筛网网箱要延迟到产卵当天的傍晚才同原来培育亲鱼的网箱替换，以免筛网网眼被黏液与淤泥堵塞而影响水流畅通。产卵用网箱要配以高压充气机连续充气。

四、自然产卵与受精卵的收集

（一）自然产卵

大黄鱼人工催产的效应时间与水温的高低、激素的剂量、亲鱼的成熟程度等有关。当使用一次注射催产法时，在26℃水温条件下，效应时间约28 h；在20℃水温条件下，效应时间约40 h。大黄鱼一般在半夜前后产卵，为尽量缩短受精卵在含有较高浓度生殖废物的产卵池中的滞留时间、提高其孵化率，在生产上应根据其产卵效应时间安排在下午催产注射，控制大黄鱼亲鱼在下半夜产卵，从而在凌晨就可收集受精卵转移到其他育苗池孵化。

每尾亲鱼一次催产，一般可产卵两天；由于每尾亲鱼注射激素剂量大小误差的影响，其产卵效应时间也有提前与推迟的差别，一批亲鱼一般可产卵2～3 d。第二天产卵时间一般会比第一天的提早1个多小时。采用二次注射催产时，一般第二天产卵量最多，第三天产卵量最少。大批量第一次催产后的大黄鱼亲鱼，经5～6 d的培育，还可以再次用于催产。

（二）受精卵的收集

1. 室内水泥池的网箱流水收集法　此法可结合流水刺激大黄鱼产卵的同时，使浮在水面上的受精卵从产卵池的溢水口流入设置在池外的集卵水槽的网箱中而被收集。这种收卵法，操作简便，近于自然，可以边产卵边收集。但用水量大，常温批量催产时可用此法。注意事项：冲水量不宜过大，每次取卵的时间间隔不宜过长，以免受精卵膜受损（图3–12）。

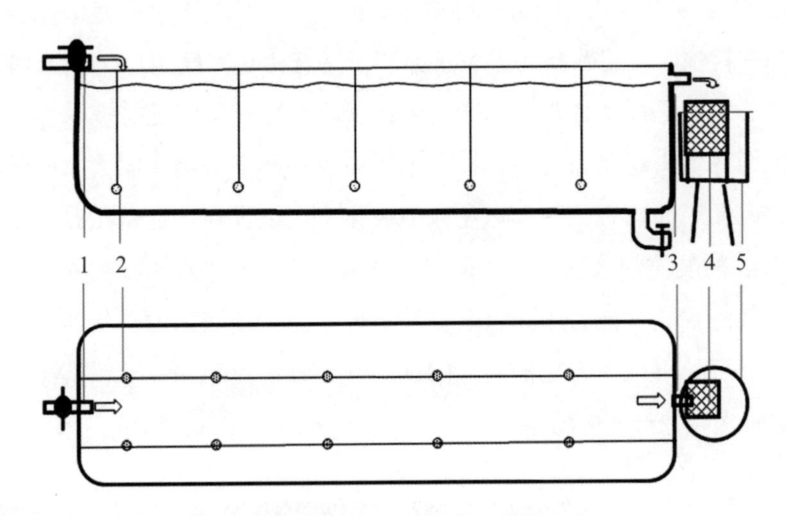

1. 进水口；2. 充气头（散气石）；3. 溢水口；4. 集卵网箱；5. 溢水槽。

图3–12　大黄鱼室内产卵的冲水收集法示意图

2. 捞卵收集法　此捞卵法对在室内水泥池中或在海上网箱中产卵的均可适用。待大黄鱼亲鱼叫声自然地完全停止一些时间（20～30 min）、当天的产卵结束后，随后即可用拉网或抄网捞取（图3–13、3–14）。该法收集受精卵较为简便，目前生产上已普遍使用。

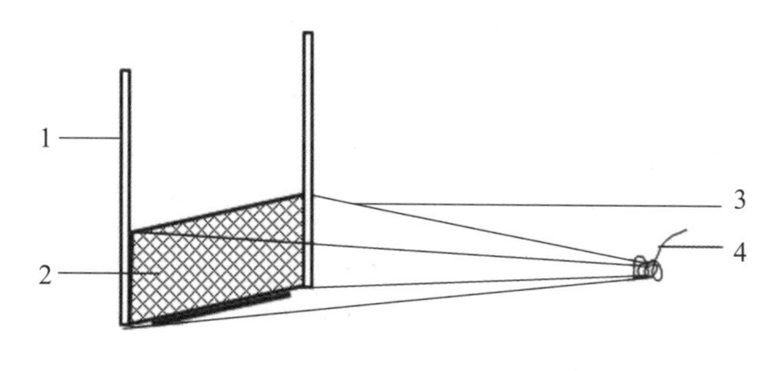

1. 把手；2. 拦鱼网；3. 捞卵网网衣；4. 网囊捆绳。

图3-13　大黄鱼受精卵捞网示意图

图3-14　大黄鱼受精卵捞取实际操作

（三）受精卵的筛选

从产卵池中或海上网箱中收集来的卵子，因混杂有一定量的死卵和其他杂质，需将受精卵分离出来再进行孵化，否则将影响受精卵的孵化率。受精卵筛选时（图3-15），根据相对密度约1.020的海水条件下，受精卵浮于水面而未受精卵即死卵沉于水底这一特性，可将收集的大黄鱼卵置于盛有相对密度约1.020的新鲜海水的水桶中，经离心（以手搅动使水体呈顺时针或逆时针旋转）沉淀分离，然后用虹吸管小心地吸除桶底中央的死卵与污物；再把浮卵收集起来，用不同大小网眼的滤网滤去各种杂物，并经冲洗后，放入孵化池中孵化。大批量筛选受精卵时可使用倒漏斗状、0.5～3 m^3的玻璃钢水槽，方法是把待分离的卵子收集在水槽的充气调温水中，然后停止充气静置数分钟，用80目的捞网捞取浮在水槽表面的受精卵。当上层受精卵基本被捞完后，再打开孵化桶底部的排水管，收集死卵并称重，从而计算死卵比例和判断该批次亲鱼产卵的质量。

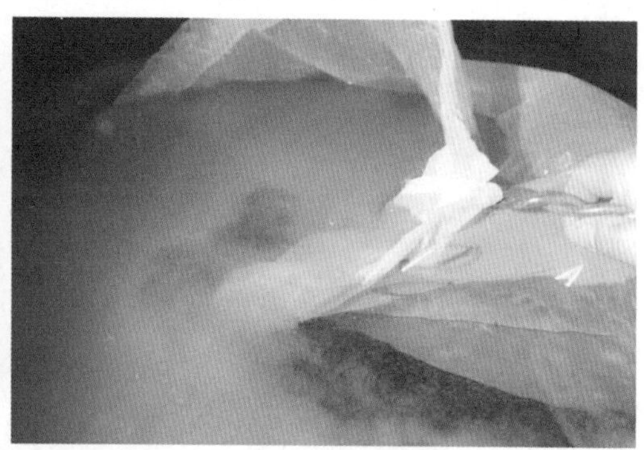

图3-15　受精卵的筛选

（四）受精卵的计数

大黄鱼受精卵一般用简便的称重法计数。经测算，每千克的大黄鱼受精卵为60万～100万粒。单位体重受精卵的数量与卵径大小有关，一般卵径大的，单位体重受精卵的数量相对较小。受精卵卵径的大小与亲鱼的质量水平、生产季节与所使用亲鱼的鱼龄等有关。其中，经过较长时间的营养强化培育的亲鱼，所产的受精卵卵径相对要大一些；秋季亲鱼产的受精卵卵径又比春季亲鱼产的相对大些；来自高龄亲鱼的受精卵的卵径要比来自低龄亲鱼的大些。这些均会影响单位重量受精卵的粒数。

（五）受精卵的运输

1. **运输方法**　受精卵在1～2 h的路程内可直接用容器以50 kg/m^{3}的密度充气运输；长途运输可用塑料袋装卵后，置于密封的泡沫塑料箱中运输；高温天气在塑料袋与装箱之间放置适量的冰块，降低运输温度。在运输水温保持在20℃情况下，使用规格为40 cm×70 cm的充氧塑料袋，运程在6 h以内时每袋装受精卵200～400 g，运程在10 h左右每袋装受精卵100 g，运输成活率可达到90%以上。若有条件，中途可补充充氧、换水，效果更好。

2. **注意事项**　① 运输装袋或装箱前，要先用清洁的砂滤海水把受精卵冲洗干净。② 运输过程中，受精卵胚胎发育会产生各种有害的代谢产物，特别是较高密度运输和较高水温条件下，易引起水质恶化、细菌繁殖和加快水中耗氧，造成受精卵因胚胎发育中途停止而死亡，可采取添加适量安全的抗生素的措施，保证受精卵的成活率与孵化率。③ 目的地的育苗场要提前调好受精卵孵化池水体的盐度和温度，使其与运输条件基本一致，避免温度、盐度突变对受精卵孵化的影响。受精卵运到目的地后，先把苗袋中的卵带水倒入漏斗状水槽，边充气边逐步加入孵化池的新鲜海水进行过渡适应，按照筛选优质受精卵的方法重新对受精卵筛选分离一次，再放入孵化池中进行孵化。

五、受精卵的人工孵化

（一）人工孵化的几种方法

1. **网箱微流水孵化法**　以80目尼龙筛网制成圆柱形的（直径40～50 cm、高度65～75 cm）孵化网箱，悬挂在水泥池中，以大约50万粒/立方米的密度，进行微充气、微流水人工孵化。待大黄鱼胚胎发育至肌肉效应期时（即仔鱼将要孵出前），再移入育苗池中孵化与育苗。该法适用于小批量或试验性人工育苗。

2. **水泥池静水孵化法**　把受精卵以2万～8万粒/立方米的密度直接放入30～60 m^3

水体的水泥池中孵化。每1.5～2.0 m^{3}面积的池底布设1个散气石，连续微充气。孵化后的仔鱼就在原池进行培育。此法操作简便，可减少初孵仔鱼在转移时造成的损伤，适用于规模化人工育苗。

3. 水泥池微流水孵化法　受精卵以20万～30万粒/立方米的密度放入20～40 m^{3}水体的水泥池中，除了注意吸污换水和微充气外，还要进行微流水操作，待孵化后再移池分稀培育。

（二）人工孵化的管理与操作

（1）适宜水温为18℃～25℃，适宜盐度为23～30。

（2）孵化中要避免环境突变与阳光直接照射。

（3）待受精卵发育进入心跳期、仔鱼将孵出时，停气5～10 min后，吸去沉底的死卵与污物，并适量补充新鲜海水。若忽略这一环节，将会造成死卵块悬浮在池水中，难以彻底吸除，并将影响后期的育苗水质。

（4）孵化过程要经常检查受精卵的孵化情况，观察胚胎发育状况，发现问题及时处理，并做好记录。

（三）孵化时间

大黄鱼的胚胎发育与水温的高低密切相关。在适温范围内，水温愈高，胚胎发育的速度愈快。水温在26℃以上或15℃以下时，孵出的仔鱼畸形率较高。大黄鱼受精卵在不同温度下的孵化时间见表3–2。

表3–2　大黄鱼孵化与水温的关系

序号	孵化水温（℃）	孵化时间（h）
1	18.0～21.2	42
2	20.6～22.6	32
3	23.2～23.4	26
4	26.7～27.9	18

（四）仔、稚鱼的计数

1. 初孵仔鱼的计数　初孵仔鱼计数是科学确定布苗密度和计算受精卵孵化率的依据，也是育苗管理中确定饵料投喂量的重要参数。初孵仔鱼游动能力差，一般是均匀地悬浮在孵化水体中。计数时可用500 mL的烧杯在孵化池中水面的气石中央随机取样3～5次，计算出单位水体的平均尾数，再乘以该孵化池的总水体即可测算出初孵仔鱼的总尾数。

初孵仔鱼数计算公式如下：

$$\text{初孵仔鱼数（万尾）}=\frac{\text{每次取样的初孵仔鱼平均数（尾）}}{\text{取样容器容积（mL）}\times 10^{-6}\text{（mL/t）}\times 10^{4}}\times\text{孵化水体（t）}$$

2. 后期仔鱼和稚鱼的计数　这时的仔、稚鱼游动能力强，常随着光照、温度、盐度、充气量、饵料分布等变化而改变其栖息和集群水层，平常难以取样计数。对此，在均匀充气条件下，可在夜晚关闭灯光片刻后，以1 000 mL以上容量的取水器，从培育池的不同位置和不同水层，随机取6～8个水样，分别求出单位水体中的仔、稚鱼尾数，再取其平均值，乘以该培育池水体积即可测算出仔、稚鱼的大概总尾数。

（五）受精卵孵化率的计算

受精卵孵化率根据以下公式进行计算：

$$\text{受精卵孵化率（\%）}=\frac{\text{初孵仔鱼数量（尾）}}{\text{受精卵投放的总粒数（粒）}}\times 100\%$$

第四节　人工育苗

大黄鱼的人工育苗是指人工培育仔、稚鱼的过程。目前大黄鱼的人工育苗方式有室内水泥池人工育苗和室外土池人工育苗两种模式。由于室内人工育苗模式的环境条件可人为调控，既可以采用增温的办法提前培育早春苗，也可以采用降温的办法在自然海区水温26℃以上时提前培育早秋苗，可有效缩短生长周期，特别是培育早春苗能有效降低海区布娄克虫病对鱼苗的危害，在提高苗种暂养成活率方面具有重要意义。而室外土池人工育苗模式主要参照我国淡水“四大家鱼”传统生态式育苗方法，同室内水泥池育苗相比，其优点是：可在育苗水体中直接培养饵料生物，饵料种类与个体大小多样，营养全面，能满足仔、稚鱼不同个体与不同发育阶段对不同饵料的营养需求；仔、稚、幼鱼摄食均衡，生长快速，个体大小相对整齐，减少了同类相残；节省了供水、饵料培养等附属设施与人力；操作简单，便于管理，有利于批量培育。但土池人工育苗难以人为调控理化因子，成活率差别很大，鱼苗生产不稳定；只能根据自然水温条件适时进行，育苗出苗时间较迟，影响养殖周期。因此，目前大黄鱼的人工育苗主要采用室内水泥池人工育苗模式，而土池人工育苗则较少采用。为保证大黄鱼人工育苗工艺流程的高效、低耗运行，不但要不断地创新育苗技术，同时还要有完善的、布局合理的设施和设备。下面将以大黄鱼室内水泥池人工育苗为例进行介绍。

一、人工育苗的主要设施与设备

（一）育苗场的地址选择

大黄鱼人工育苗都是以室内水泥池开展人工繁殖为基础。如何科学布局、因地制宜地建设好室内育苗设施，才能满足大黄鱼的亲鱼培育、催产、受精卵孵化与仔、稚鱼培育所需要的条件，达到稳定生产、提高效率与降低生产成本的目的，并为保证养殖大黄鱼的质量安全打下良好的苗种基础。

育苗场的地址选择应满足以下条件：① 应坐落于海陆交通与通讯便捷的地方，并选择坐北向南的地形，便于冬季的采暖保温和夏季的通气降温；② 要求有开阔的腹地，便于设施布局，节省建设时间与投资；③ 海、淡水供应充足且方便，无工农业与生活废物污染，水质符合《无公害食品　海水养殖用水水质》（NY 5052）规定；④ 有稳定的供电线路，并有足够功率的备用发电机组；⑤ 就近备有可设置培育亲鱼与鱼苗中间培育用网箱设施的海区。一国家级大黄鱼原种场选址及规划图如图3-16所示。

图3-16　国家级大黄鱼原种场规划布局图

（二）主要设施与设备

根据生产规模的大小、生产与试验兼顾，以及亲鱼培育池、产卵池、孵化池、仔、稚鱼培育池、生物饵料培养池，既能满足工艺流程需要，又能统筹兼用等原则，安排生产车间及水泥池规格与水体。

1. **育苗室**　为开展人工育苗的主体设施，应同时具有控温、防风与通风、防雨、调光与保持水质的功能。室内墙壁可为砖石结构，并设有尽量多与大的窗户，屋顶为钢架结构，覆盖塑料瓦、玻璃钢瓦或塑料膜（布），并保证其开闭与保温、通气自如（图3–17）。

图3–17　国家级大黄鱼原种场育苗室结构

（1）亲鱼培育与产卵池　水体积为30～80 m^3，池深1.5～2.0 m，池口圆形或长方形，后者内角倒圆形。圆形池在中央、长方形池在进水口的相对端设排水口，并使池底向其倾斜，以利于排污与集卵，有的在排水口外设置集卵槽。

（2）孵化池与仔、稚鱼培育池　水体积为50～600 m^3，池深1.5～3.0 m，池内结构同亲鱼培育池。

2. **饵料生物培养室与培养池**　大黄鱼人工育苗中需自行解决的主要生物饵料包括轮虫与卤虫幼体，以及作为轮虫饵料与调节育苗池水质用的小球藻液，专用与兼用的培养饵料生物的室内外水泥池约占育苗室总水体的60%。此外，还要有数口小水体的卤虫孵化池、桡足类筛选与暂养池等。

（1）小球藻保种与培养间　要求晴天的光照强度达到10 000 lx以上，室内需配有人工光源，设有严格的消毒隔离设备，以防杂藻或其他有害生物污染。①小球藻Ⅰ级培养容器：100、200、500、1 000、3 000 mL的三角烧瓶及7.5～10 L容积的透明塑料袋。②小球藻Ⅱ级培养池：面积为2～10 m^2，水深0.8～1.0 m。③小球藻3级培养池：面积为20～40 m^2，水深1.0～1.2 m，亦可利用育苗池（图3–18）。

图3–18　小球藻培育池

（2）轮虫培养池　① 引种与营养强化池：面积为5 ~ 20 m^2，水深1.2 ~ 1.4 m；② 批量培养池：面积为30 ~ 60 m^2，水深1.2 ~ 1.5 m，可利用部分亲鱼池或育苗池来培养或营养强化轮虫。

（3）卤虫卵孵化池及营养强化池（水槽）　配套增温管道与卤虫幼体收集器具，玻璃钢或硬质塑料活动水槽，水泥池亦可。规格：① 面积为0.5 ~ 3 m^2，水深0.8 ~ 1.0 m；② 面积为3 ~ 5 m^2，水深1.0 ~ 1.5 m。

（4）桡足类筛选与暂养池（水槽）　配套有淡水管道与收集分离器具：0.5 ~ 3 m^2，水深0.6 ~ 1.2 m（也可以利用卤虫卵孵化水槽）。

3. 供水系统　日供水量不少于育苗与饵料池总水体量。且设施设备应分为两个以上单元设置，以备轮流使用与维护，包括水泵及泵房、蓄水沉淀池、砂滤池和配套的各种管道与阀门。有条件的可设置废水生物净化处理、循环利用的水产养殖水循环过滤系统，包括配备蛋白过滤器等机械过滤、硝化池等生物净化，臭氧消毒池等微生物灭杀及其他配套的设施设备。该系统可对养殖用水进行24 h循环处理，可将养殖废水经过处理后再次投入养殖池内使用，每天仅需添加少量新的海水；该水处理系统具有水温恒定、水质良好和养殖耗水量少的优点；实现水产养殖污水的零排放，养殖水体无病原、无废物残留；同时达到水体含氧量充足、养殖不用药的目标。

4. 调温系统　育苗场应配备锅炉或空气能的增温设施，以及配套的送汽管、增温池内散热管、各种阀门，同时还要配套50 ~ 100 m^{3}大小的预热水池。有条件的育苗单位还可设置制冷设备，秋季可提早进行人工催产和孵化仔鱼。

5. 充气增氧系统　配备1 ~ 5 kW功率的罗茨鼓风机或吸吹两用增氧泵，以及配套的主送气管道与分支送气管道、阀门、散气石。

6. 水质分析与生物检测室　有条件的育苗单位要设置专门的工作室，配备简便的水质分析（包括盐度、酸碱度，溶解氧、氮、磷、硫含量等）与生物体（包括大黄鱼仔鱼、稚鱼、饵料生物、病原体）检测的人员与仪器设备。

二、育苗过程

（一）育苗用水预处理

室内育苗用的海水可根据育苗用水的水源条件，一般经24 h以上暗沉淀与砂滤处理后，再用250目筛绢网袋过滤入池。

（二）养殖用水水质理化条件

（1）育苗的适宜水温为20℃ ~ 28℃，盐度为23 ~ 28，酸碱度为7.8 ~ 8.4，氨氮含量为0.1 mg/L以下。

（2）室内的光照可根据天气变化进行调节，光照强度调控在1 000 ~ 2 000 lx。

（3）培育过程要连续充气，充气的气泡要匀，并尽量使池内无死角区。其适宜的充气量为：10日龄前为0.1 ~ 0.5 L/min，之后为2 ~ 10 L/min，使池水溶氧量保持在5 mg/L以上。

（4）培育期间，避免温度、盐度和光照强度的骤变，并避免阳光直射而引起的鱼苗集群应激反应。

（三）培育密度

由于大黄鱼为典型的集群性鱼类，培育仔、稚鱼的放养密度也是海水鱼类中较高的一种，但也要根据其设施设备、工艺及技术水平等条件来设定合适的放养密度。目前，按照大黄鱼主产区闽东地区的育苗条件，适宜的放养密度为：仔鱼期2万 ~ 5万尾/立方米，全长20 mm的稚鱼为1.0万 ~ 1.2万尾/立方米，全长30 mm的稚鱼为0.7万 ~ 0.8万尾/立方米。

（四）日常管理与操作

1. 池底清污　每天用虹吸管或吸污器（图3–19、图3–20）吸除池底的残饵、死苗、粪渣及其他杂物。每隔3 ~ 5 d，还要用吸污器彻底刮除池壁上的黏液与附着物。每次吸污时，吸污器的排污管末端应接在过滤网袋内，以收集吸出的仔鱼、稚鱼活体、尸体，检查仔鱼、稚鱼死亡与残饵情况，或回收生物饵料。大水体高密度育苗时，要分区轮流停止充气吸污；低密度育苗时，仔鱼开口前的2 d内可不吸污。

2. 换水与流水培育　低密度培育仔鱼、稚鱼，一般为静水培育，在较高密度

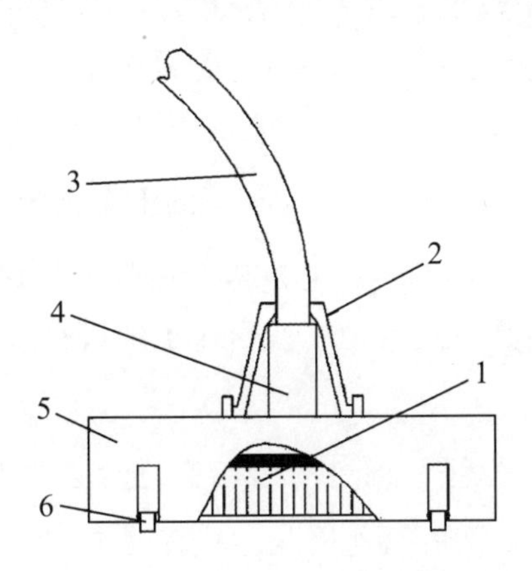

1. 刷子；2. 撑架；3. 吸污管；4. 方向调节器；5. 外壳；6. 滑轮。

图3–19　育苗吸污器底部结构示意图

（专利号：201220265024.6）

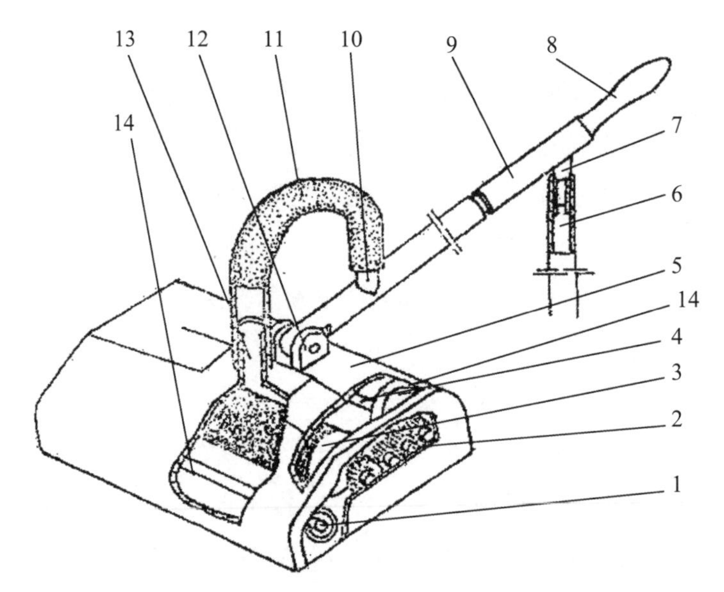

1. 辅助轮；2. 齿轮组；3. 毛辊刷；4. 滚轮；5. 外壳；6. 软管；7. 接口；8. 手柄；9. 排污管；10. 接口；11. 软管；12. 支座；13. 排污口；14. 辊轴。

图3-20 育苗吸污器侧视结构示意图

（专利号：90214095.7）

条件下需使用微流水培育。换水量的大小与仔、稚鱼的不同阶段与培育密度的高低有着直接的关系。10日龄前，一般每天换水1次，每次换水量为30%～50%；10日龄后，一般每天换水1～2次；稚鱼前期的换水量为50%～80%；稚鱼后期为100%以上。若仔、稚鱼密度大，水质不好，可考虑间断性流水培育。在鱼苗的不同阶段，用相应的筛绢网目制作的换水网箱换水。

3. 添加小球藻液　在仔鱼与早期稚鱼培育期，每天定时添加小球藻液，使池水保持（5～20）$\times 10^8$ cells/mL的小球藻浓度，呈微绿色。但要注意，刚施过肥的小球藻液不宜添加，最好是添加已施肥多日并经阳光照射、颜色刚转为浓绿色的藻液。添加小球藻液可在仔鱼培育池中营造一个和谐的生态系统：① 降低透明度，为仔、稚鱼提供一个“安全”的水环境；② 小球藻可吸收池水中氮等物质，并产生氧以增加其溶氧量；③ 小球藻可作为培育池中残留轮虫的饵料，保持轮虫富含高度不饱和脂肪酸的营养价值。

4. 常规监测　每天进行仔、稚鱼的形态变化及其生态习性的观察，镜检胃肠饱满度与胃含物，观察仔、稚鱼摄食情况，检查池中的饵料密度变化情况，统计死苗数，监测水温、相对密度、酸碱度，溶氧量、氨氮、光照强度等理化因子变化情况，发现问题及时处理。

（五）饵料系列与投喂

大黄鱼人工育苗的饵料系列是指根据仔、稚鱼不同发育阶段对营养与饵料适口性的不同要求而选择不同饵料种类所组成的系列，其饵料种类主要有轮虫、卤虫无节幼体、桡足类、微颗粒人工配合饲料等（生物饵料的培养详见第二章第二节），各饵料种类及其投喂要点简述如下。

1. **褶皱臂尾轮虫** 为大黄鱼仔鱼的开口饵料，其个体大小为100～300 μm。投喂的褶皱臂尾轮虫中也包括许多个体更小的幼体，尤其在轮虫的抱卵高峰期后。据实践，在高温条件下或以面包酵母培养的轮虫个体较小，即表现为S型；在较低水温条件下或以浮游藻类培养的轮虫个体较大，即表现为L型。这些可供培育不同口径仔、稚鱼时选择轮虫时参考。从理论上而言，育苗各阶段水体中保持如下的轮虫密度是可行的：2～5日龄时5～10 cells/mL，5～10日龄时10～15 cells/mL，10～15日龄时15～20 cells/mL。但鉴于刚开口的早期仔鱼的运动器官尚不完善，主动觅食能力差，常有随机摄食现象。为此，笔者的培育实践表明，早期仔鱼的轮虫投喂密度反而要比后期仔鱼偏大些。轮虫在投喂前，需经6 h以上2×10^{7} cells/mL浓度小球藻液的二次强化培养，以增加其高度不饱和脂肪酸（主要为二十碳五烯酸和二十二碳六烯酸）的含量，以满足仔、稚鱼生长发育对必需脂肪酸的需求。一般上、下午各投喂轮虫1次，每次投喂前要先用吸管吸取水样检测育苗水体中残留轮虫的密度，然后据此计算每口育苗池的轮虫投喂量。应引起注意的是，用于投喂的轮虫，不论是从轮虫培养池，还是从轮虫强化池收集轮虫时，都要舍弃底部的部分，也不能直接利用从育苗池吸污中回收的轮虫。因该轮虫中混有大量腐败的轮虫等尸体，极易引起大黄鱼仔鱼染病或育苗水体的水质恶化。但这些轮虫可以回收至轮虫培养池中用于继续培养。其中的活轮虫可以继续繁殖，腐败的轮虫等尸体可分解为培养轮虫所需的养分与饵料。

2. **卤虫无节幼体** 个体大小为400～600 μm，是大黄鱼仔鱼继轮虫之后与桡足类之前的适口活饵料。但在桡足类及其无节幼体丰富的南方地区，目前在大黄鱼人工育苗中仅作为过渡性饵料在短时间里少量搭配使用。卤虫无节幼体在投喂前要经乳化鱼油的营养强化，以增加其高度不饱和脂肪酸含量。大黄鱼仔、稚鱼若多日饱食未经营养强化的卤虫无节幼体，将会发生营养缺乏症“异常胀鳔症”而引起批量死亡。卤虫无节幼体在育苗水体中阶段性保持的密度为：6～8日龄0.5～1.0 cells/mL，8～12日龄1.5～2.0 cells/mL。

3. **桡足类及其无节幼体** 可利用潮流在海、淡水交汇的海区挂无翼张网捕捞，亦可在肥沃的海水池塘中培养后捞取。不同来源的桡足类经去除杂质后，按仔、稚鱼的口径大小先后以60～20目的筛网筛选出适口个体进行投喂。一般在10日龄时开始投喂小个体的桡足类及其幼体，其在育苗水体中的密度保持在0.2～1个/毫升。投喂也要坚持少量、多次和均匀泼洒的原则。如果是使用暂养的桡足类，每次都要从暂养池的底部捞取，以保证刚死亡的新鲜桡足类及时投喂。若间隔太长时间，尤其在高温季节，死亡沉底的桡足类可能已经变质；若投进苗池，可能会引起鱼苗的批量死亡，或引起育苗池的水质恶化。在这种情况下，应从暂养池的底部以上捞取活的桡足类供投喂鱼苗之用。

4. 微颗粒人工配合饲料 微颗粒人工配合饲料营养较全面，可购买现成的商品饲料，保存、投喂均较方便。还可以在桡足类因天气原因而供应不足时解决鱼苗的“断炊”问题，亦可为鱼苗下一步移到海区网箱培育时主投配合饲料打下基础。但要经过几天的驯化才能正常摄食，即每天早晨首先投喂微颗粒饲料，然后再投喂其他饵料。投喂方法是少量、多次、慢投，微颗粒饲料要投喂在鱼苗密集的静水区，让其在水面上漂浮片刻后陆续缓慢下沉，以被鱼苗适时摄食。

5. 在饵料投喂中应注意的事项 ① 早期仔鱼多为被动地随机摄食，口径也较小，投喂的轮虫密度应比常规投喂的密度偏大些，最好投喂处于繁殖高峰期前后的轮虫。这时幼体多，个体小，对早期仔鱼更加适口。② 对于轮虫、卤虫无节幼体和桡足类及其无节幼体等活体饵料，每次投饵前，要对培育池中这些的饵料残留量进行取样计数，再根据不足部分予以补充投喂。③ 前后两种饵料不能在1 d内断然完成更替，即后1种饵料开始投喂后，前一种饵料还要继续跟进投喂数日，这样可以让所有的仔、稚鱼先后都能适应新的饵料，特别是一些幼小的仔、稚鱼。④ 当轮虫、卤虫无节幼体和桡足类及其无节幼体等活体饵料在交替过程中需要同时投喂时，应首先投喂桡足类及其无节幼体，先让大个体的稚鱼去抢食；接着再投喂轮虫，以保证幼小的仔、稚鱼的摄食；最后才投喂卤虫无节幼体，因为所有的仔、稚鱼都喜欢摄食卤虫无节幼体，一旦先投，它们都不再摄食其他饵料了。而且最后投的卤虫无节幼体的量也不能太多，以在2 h内基本吃光为准。否则，下一次，甚至到次日池中如果还有卤虫无节幼体残留的话，鱼苗也都不摄食其他饵料了。若仔、稚鱼多日如此饱食营养强化不好的卤虫无节幼体，会造成营养缺乏症而引起批量死亡。⑤ 如上所说，大黄鱼苗在光照强度不足的晚上是不摄食的，有时由于桡足类等天然活体饵料晚上才运到，若暂养至次日投喂，又怕其死亡变质，或为了加快鱼苗的生长速度，赶上出苗季节，这时，晚上可以开灯促进其摄食。

（六）人工育苗其他模式

1. **拟生态法育苗模式**　在1口约50 m^{3}水体的室内水泥育苗池中，根据全长20 mm以上的出苗量为1万尾/立方米的计划，按受精卵孵化率90%、育苗成活率70%、70万粒/千克测算，一次性投放大黄鱼受精卵的密度为1.6万粒/立方米（区别于目前普遍的出苗量为2万尾/立方米、受精卵孵化率85%、育苗成活率30%的大黄鱼受精卵的投放密度约8万粒/立方米），整口池仅需投放1.13 kg的受精卵。然后按常规进行孵化管理。待受精卵将要孵化时，彻底吸污、换水，并把水位降到总水体体积的50%以下。仔鱼孵出后，每天仅添加新水20%，不吸污，不换水。到3日龄时（仔鱼刚开口不久），水刚好已加到满池，便开始第1次吸污、换水，并把水位降回到总水体体积的60%。在接着的3 d内，每天仅吸污、投喂轮虫、添加藻水和加新水1成多，而不换水。待水再次加满池时又开始吸污、换水并重复上述管理方法。直到投喂桡足类时，每天才按常规吸污、换水，并逐步加大换水量。该育苗模式在各季育苗前期因有较多空池而容易实施。

该模式的优点有：① 省工、省力，适合规模化育苗；② 前期仔鱼体弱小、游泳能力差，减少吸污、换水可大大降低鱼苗在操作中的损耗；③ 减少轮虫因换水造成的流失，减少饵料消耗；④ 仅添加轮虫、小球藻水，可保持池水中的温度、盐度等环境条件的稳定，形成仔、稚鱼与饵料生物构成的和谐生态系统，有利于仔、稚鱼生长；⑤ 这种育苗法由于受精卵的密度小，仔鱼的孵化率高，育苗成活率高（高的可达80%以上），节省受精卵；⑥ 病害少，用药少，苗体个体大、生长速度快、活力好，可为之后的健康养殖提供健壮的鱼苗。

2. **高密度育苗模式**　在1口约50 m^{3}水体的室内水泥育苗池中，进行如下操作：① 投放10.0 kg的大黄鱼受精卵（即约14万粒/立方米），孵化率85%，获初孵仔鱼595万尾；② 3日龄时开始，投喂轮虫3 d（即3～5日龄）；③ 接着投喂7 d卤虫无节幼体（即6～12日龄），其间，8日龄时开始投喂桡足类，并与卤虫无节幼体同时投喂5 d；④ 在13日龄时，把原有的1口育苗池中的仔鱼约平分成2口，每口有200多万尾仔鱼；⑤ 在鱼苗18日龄且体色开始转黑时，开始驯化投喂0号人工配合微颗粒饲料，并逐步增加人工配合微颗粒饲料的投喂量，直至成为主投饵料种类，仅搭配部分活体桡足类。结果，育苗35 d，两口育苗池计育出全长20～25 mm的鱼苗约300万尾；单位水体出苗量约3.0万尾/立方米，育苗成活率高达50.4%。这是成功的例子。但有不少因育苗密度过大引起水质恶化、鱼苗发病或缺氧窒息而全军覆没的例子。例如，此法育苗一般需全天候开灯适度照明，由于池内鱼苗密度很大，常处于“应激状态”，一旦突发停电灭灯或停气，鱼苗就会快速地在水面上高度集结，并分泌大量黏液，最终造成全池鱼苗快速死亡。为此，此法较成功的育苗成活率一般约为30%，平均成活率约20%。

此法育苗日常虽仍按常规管理，但仔鱼孵出后，每天都要进行彻底吸污、换水，并且每次都要把水加满池子。由于密度大，在没有进一步的净化、消毒等配套水处理系统的条件下，要依赖大量药物来控制水质和鱼病，不利于后续的健康养殖。

3. 利用生物絮团技术提高大黄鱼育苗效果的方法 生物絮团培养液是絮状菌团形成和维持的必要营养补充，可将育苗过程中产生的排泄废物通过异养细菌转化为菌蛋白，菌蛋白中富含多种维生素，尤其是B族维生素极为丰富，VB_2、叶酸、泛酸、维生素H的含量也较高，同时还含有大量的类胡萝卜素、辅酶Q等生理活性物质等营养成分，可补充人工颗粒饲料营养的不足。菌蛋白在凝集核周围形成絮状菌团，絮状菌团处于悬浮状态，大小正好处于大黄鱼鱼苗适口范围，可以被大黄鱼鱼苗摄食而再次利用。此外，芽孢杆菌可以处理养殖水环境，降低水体中的氮磷，提升养殖水体的溶解氧，保持稳定的酸碱度，光合细菌的菌体蛋白中还富含免疫因子，提高鱼苗抵抗力，由于异养细菌的大量培养，可以起到生态位挤占的作用，对于育苗后期容易发生的细菌性疾病有较好的抑制作用，提高育苗成活率。具体步骤如下：① 将细黄土放入筛绢袋中，扎紧袋口，用海水反复搓洗，直至将细黄土中的小粒径颗粒全部洗入海水中，保留海水洗液，每日在育苗池中投喂饲料后加入海水洗液，调节育苗池水透明度至10 cm深。② 投加经活化过的芽孢杆菌和光合细菌以及生物絮团培养液，其中所投加的经活化过的芽孢杆菌和光合细菌的菌液浓度达到100亿个/毫升，投加量为每吨育苗水体中含芽孢杆菌菌液20～30 mL、光合细菌菌液40～60 mL，并且20～30日龄的大黄鱼鱼苗每5 d添加1次芽孢杆菌和光合细菌菌液，大于30且不超过45日龄的大黄鱼鱼苗每4 d添加1次芽孢杆菌和光合细菌菌液，超过45日龄的大黄鱼鱼苗每3 d添加1次芽孢杆菌和光合细菌菌液；生物絮团培养液每日投放，并且生物絮团培养液的日投放量与饲料日投喂量的质量比为0.8∶1，当生物絮团培养液在育苗池中的浓度超过20 mL/L时，通过以等体积水替换生物絮团培养液来降低生物絮团培养液的浓度至10～25 mL/L。③ 保持育苗池内温度为24℃～26℃，并每日对育苗池池底吸污一次，补充吸污损失的水。

（七）苗种质量与出苗

出苗是指鱼苗在室内培育到一定规格时，从育苗室移入海上网箱进行中间培育的操作过程。大黄鱼鱼苗一般通过约60 d的室内水泥池培育，达到平均全长约40 mm时，育苗水质较难控制，且易发生病害，同时为降低室内育苗的水处理、饵料等成本和压力，就可选择适时出苗。

1. 鱼苗质量要求

鱼苗质量要求参照表3–3。

表3–3 鱼苗质量要求

项 目	鱼苗质量要求
外 观	鱼苗大小规格整齐；肉眼观察95%以上的鱼苗（卵黄囊基本消失）鳔充气，能平游和主动摄食，且体表色泽光亮；集群游泳，行动活泼，在容器中轻微搅动水体，90%以上的鱼苗有逆水活动能力。
可数指标	畸形率小于3%，伤病率小于1%。
可量指标	95%以上的鱼苗全长达到3.0 cm以上。
检 疫	对国家规定的二、三类疫病进行检疫。

2. 出苗过程与操作

（1）鱼苗的诱集　若鱼苗处于光照强度较低的室内，可用灯光诱集；若处于光照强度较强的室内（时），可用不透光的黑塑料薄膜遮盖池面的一端，使鱼苗趋光集群至池子的另一端（图3–21）。

（2）鱼苗的搬运　对于高程差小于3 m的，可用水桶带水快速搬运到运输车、船；对于高程差大于3 m的，则采用塑料软管虹吸，效果更佳，更简便，且鱼苗不易损伤。虹吸法出苗如图3–22、图3–23所示。

（3）鱼苗的运输　① 活水船是运输鱼苗的首选运输工具，其对长、短途的鱼苗运输均较适用。运输时，在活水船舱内设置网箱装载鱼苗，通过配备充气装备增氧和使用水泵保持舱内运输海水与舱外自然海水的自由交换，保持水中溶氧充足。运输密度与运输时间长短有关，一般2～3 h运程内的鱼苗运载密度约20万尾/立方米，10 h以上运程的运载密度约10万尾/立方米。24 h以上的长途运输，为防止鱼苗自相残食及影响其活力，中途可少量投喂。② 车运鱼苗短途可用容器充气运输，为保证运输成活率，运输水温宜控制在20℃以下，运载密度宜控制在10万尾/立方米以内（图3-24）。③ 少量鱼苗也可使用塑料薄膜袋充氧运输，运输时水温宜控制在14℃ ~ 15℃，使用40 cm × 70 cm的塑料薄膜袋（装海水10 L），10 h以上运程的每袋装苗200 ~ 300尾，短途的装苗量可酌量增加。

图3-21　大黄鱼鱼苗出苗光线诱集

图3-22　小型活水船运输鱼苗

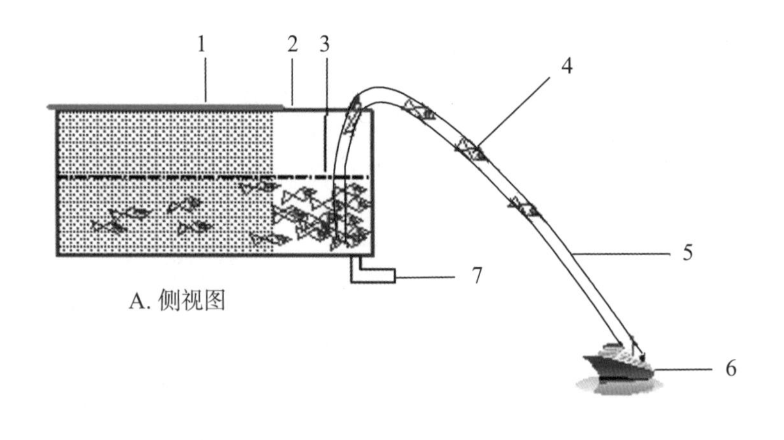

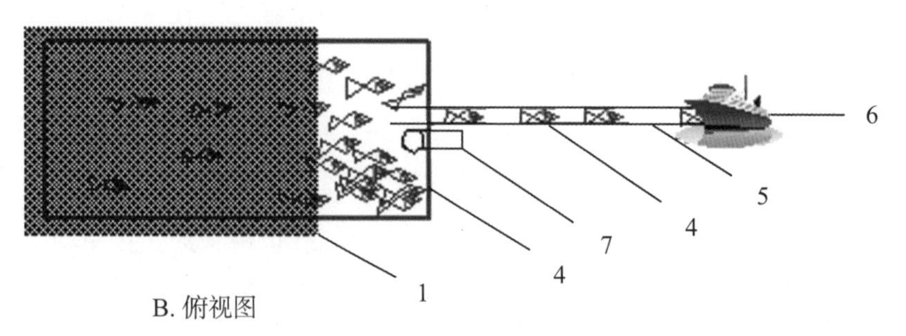

1. 黑塑料薄膜；2. 育苗池；3. 水位线；4. 鱼苗；5. 虹吸管；6. 运输活水船；7. 排水管。

图3-23　大黄鱼鱼苗虹吸出苗法示意图

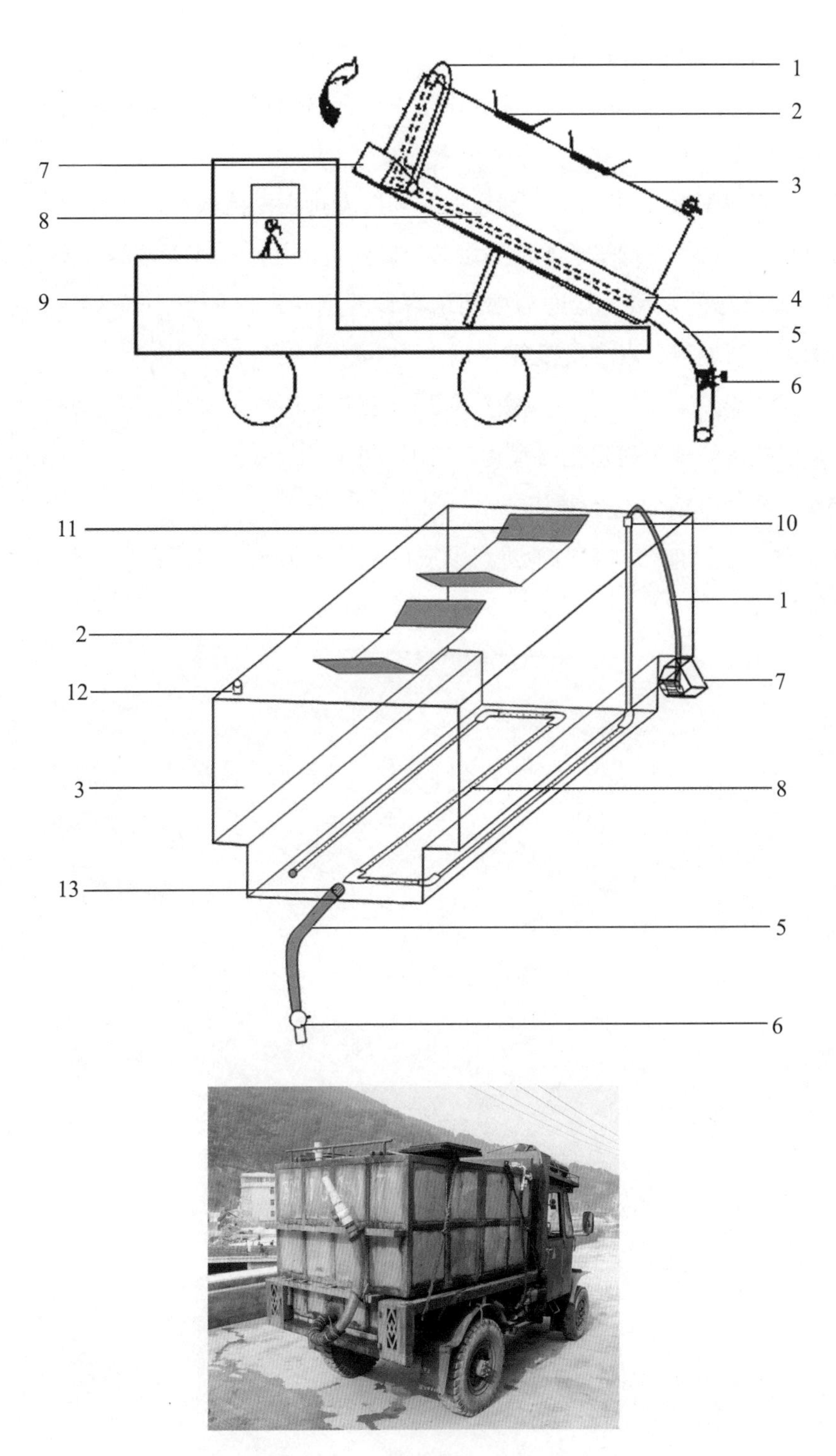

1. 进气管道；2. 装海水与桡足类的入口；3. 倒“凸”字形的运载水箱；4. 拖拉机车斗；5. 排放口引管；6. 排放口引管阀门；7. 柴油机充气机组；8. 微孔充气管道；9. 拖拉机车斗倾卸装置液压顶棒；10. 进气管口；11. 入口密闭方盖；12. 排气管口；13. 排放水口。

图3–24　活水车结构及实物图

3. “出苗”前应注意的事项

（1）气温较低“出苗”时，要选择晴天的午后至傍晚；气温较高时，“出苗”要选择阴天或晴天的早、晚。

（2）鱼苗从育苗池出到海区网箱的时间应安排在潮流较缓的小潮汛期间，“出苗”的当天最好选择在低平潮水流平缓时，以让鱼苗逐渐适应海区的水流环境。

（3）育苗池的水温、盐度与中间培育设置网箱海区的差别较大时，应在“出苗”前两天进行调节，以尽量接近。

（4）应检测鱼苗是否有“应激反应”。若有，应推迟“出苗”，并投喂鱼用多种维生素、桡足类等饵料强化培育几天后再“出苗”。

（5）“出苗”前6 h停止投饵。

（6）“出苗”前要对育苗池进行彻底的吸污与换水，以降低鱼苗带水搬移过程中的耗氧量。

第四章

大黄鱼人工养殖

大黄鱼人工养殖的模式有框架式浮动网箱、池塘、潮下带大围网（下简称“围网”）、深水大网箱与港湾网拦等多种养殖模式。此外，国内有科研单位正在进行海洋牧场的构建。但不管哪种养殖模式，一是其养殖环境要与大黄鱼的生态习性相适应，二是要以健康养殖为宗旨，同时，在养殖过程中对养殖区环境的污染要降到最低程度。

第一节　框架式浮动网箱养殖

框架式浮动网箱（下简称“网箱”）养殖作为目前大黄鱼最主要的养殖模式，其养殖产量占全国大黄鱼总量的90%左右，其主要特点是集约化程度与单位水体产量相对较高、养殖管理方便等。

一、网箱的设置

（一）设置网箱海域的选择

根据大黄鱼生物学特性和养殖技术要求，设置大黄鱼养殖网箱的海区应满足以下几个条件。

1. 风浪条件　应选择在避风条件好的港湾内，附近有山头与岛屿阻挡的海域，或人工设置固定式与浮动式防浪堤的海域作为网箱设置区域。

2. 潮流和水深条件　兼顾养殖区水体交换和便于通过挡流措施控制网箱内流速，宜选择水体流速在2 m/s以内的海区，流向要平直而稳定，即以有往复流的海区较适宜，不宜设置在有回旋流的海区。海区水深要在10 m以上，最低潮时网箱离海底至少有5 m以上的距离。

3. 周边环境与水质条件　设置网箱的海区水质要符合《无公害食品　海水养殖用水水质》（NY 5052—2001）标准，上游应无工业“三废”或医疗、农业、城镇排污口等污染源。要求海区年表层水温为8℃ ~ 30℃，盐度为13 ~ 32，溶解氧5 mg/L以上，pH7.5 ~ 8.6。透明度在1.0 m左右，太大会引起鱼种惊动与不安，且网箱易附生附着生物，透明度太小时会影响摄食。

（二）养殖渔排制作与安装

生产上俗称的大黄鱼养殖渔排是指由多个网箱框位相连而成，并配备养殖管理附属设施而组成的养殖单位，其主要由网箱框架、网箱网衣、附属设施、生产配套设施等部分组成。网箱则指按框架结构使网衣按照一定形态固定的养殖单位。“渔排”是由相连的养殖大黄鱼网箱组成的单元。

1. 网箱框架的制作　由许多上、下两条厚10 ~ 15 cm、宽20 ~ 40 cm、长10 m以上的硬质大木条或塑胶，垂直相叠并用螺栓固定而形成的横竖排列的多个框位。竖行的木条下顺着潮流方向连接着捆绑直径50 ~ 60 cm、长80 ~ 100 cm的圆形或长短与体积相近的方形塑料浮子或浮桶，以保证框架有足够的浮力。框位是张挂网衣的位置。目前单个框位的规格一般为边长3～5 m（多为4 m）的正方形。单个框位规格过小，浪费材料与通道空间；过大，影响“渔排”的牢固性。组成每个“渔排”的网箱框位多少要看海区的水流、风浪、水深而定，单个渔排面积一般在2 000 m^2左右。“渔排”视其规模与设置海区潮流大小，两端各以3～5条5 000～10 000丝粗的聚氯乙烯胶丝缆绳，沿潮流方向把“渔排”两端用桩、锚或重石坨固定在网箱区的海底；垂直于潮流方向的“渔排”两侧，视其短与长的程度，也要在海底固定2～4根侧绳，以保持“渔排”与潮流的平行方向。固定用的缆绳长度为水深的3～4倍。“渔排”两端呈楔形并垂布密网，以减小对潮流的阻力，同时有挡流、拦垃圾等作用。使网箱内的潮流流速降至0.2 m/s以下。这种网箱结构的优点是便于人员走动、观察、饲养管理与网箱操作，缺点是抗风浪能力较差（图4-1、图4-2）。

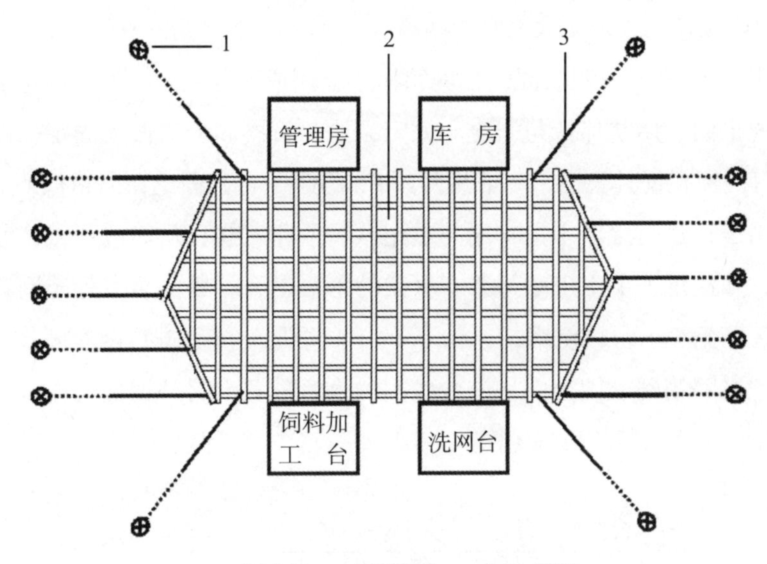

1. 固定桩；2. 网箱框位；3. 固定缆绳。

图4-1　养殖大黄鱼网箱框架（“渔排”）俯视图

图4-2　养殖网箱实物图

2. 网箱网衣的制作

（1）网箱网衣制作与规格　由于大黄鱼具有鳞片易脱落的特性，其养殖网箱的网衣一般以质地柔软的聚氯乙烯胶丝或维尼龙线编织的无结节网片缝制；同时为减少刮伤大黄鱼鱼体概率，其网衣的网眼比其他同规格养殖鱼所用网箱稍偏小。为保持网衣的形状，避免网衣受力不均而破损，网衣的各面交接处及网口均缝制纲线。网衣规格包括网衣大小、网眼大小和网线粗细，要根据养殖大黄鱼的规格大小而定。大黄鱼养殖使用的网箱大小可按其占用网箱框架的个数来命名，如占用2个网箱框位则俗称2通框，网衣深度4～10 m。目前生产上以网衣深度4～8 m的2～9通框（网箱面积32～144 m^2，水体积100～900 m^3）的网箱为主，也有部分大规格的网箱，其深度达8～10 m，面积大小达12～24通框。一般鱼种培育阶段使用小规格小网眼的网箱，成鱼养殖阶段使用大规格大网眼的网箱。

（2）网箱网衣固定　网衣固定在网箱框架上而成养殖网箱，网衣固定的好坏直接关系网箱的牢固、形状保持与安全。固定方法：将网衣上口四角固定在网箱框架上，网衣上口四边根据其长度，一般按间隔2 m的距离将其固定在网箱框架上；网衣下口四角的固定，目前生产中最常用的是用沙袋或卵石袋，作为沉子，将其系于网衣下口四角，并从沉子上引出垂绳系在框架的木头上，拉紧的垂绳等于网箱深度。视网箱养殖区潮流大小，可使用20～50 kg的不同重量的沉子进行网衣固定；通常在多通框的大规格网箱网衣固定中，应在中间的每框位置上另外增加相应沉子，以保持网箱网衣在水流状态下的形状（图4–3）。

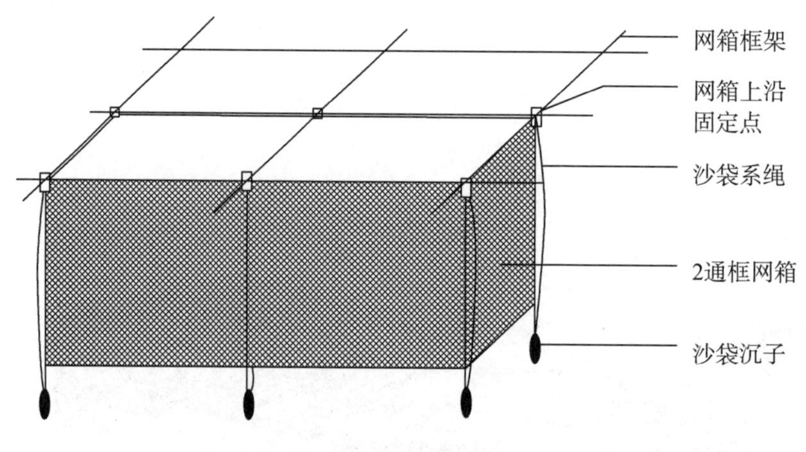

图4–3　“2通框”网箱结构与固定示意图

3. 网箱的附属装置

（1）沉子　① 沙袋或卵石袋沉子：在网箱的四角，以彩条塑料布袋装入粗砂或塑料网袋装入小鹅卵石，密封并引出垂绳系在框架的木头上，拉紧的垂绳等于网箱深度。视网箱区潮流大小，沉子重量调整为20～10 kg。该方法简单易行，大小网箱均可使用。只是在多“通框”的大网箱中，应在中间的每框位置上另加1个沉子。② 镀锌管方框沉子：在潮流顺畅且较小的网箱区，用同网箱底一样尺寸镀锌管方框垂张箱底，从四角各引出1条拉紧的垂绳系在框架的木头上。此法简便易行，但仅可用于单框或2通框的小型网箱上。③ 镀锌管“硬箱”法：在流急海区的“渔排”两端或四周的网箱，把网衣上、下四角撑张在用镀锌管焊成的六面体框架上，表面四角吊挂在框位木头上。这种网箱既可挡流，又可保持最大的网箱形状，有利于鱼的栖息，避免鱼体被网箱擦伤，但仅能用于单箱养殖，操作也不方便，造价较高。

（2）拦饵网　在投喂鱼糜或膨化颗粒饲料等浮性饲料时，为避免饲料从网眼漂出网箱而流失，在网箱中央位置的表层，用密网围出占网箱面积20%～25%的水面作为拦饵网区（图4-4、图4-5）。该密网为60目尼龙筛网缝制，网高50 cm，其中露出水面20 cm，入水深度30 cm。投喂时，浮性饲料被拦在网内，而大黄鱼却可由四周从30 cm深的拦饵网下进入网内水面摄食。

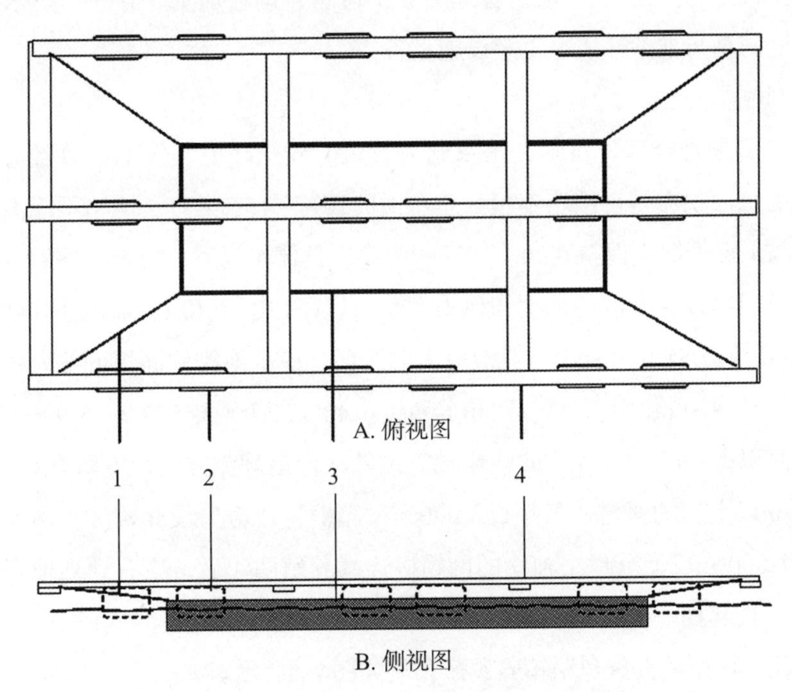

1. 拦饵网拉绳；2. 浮球；3. 拦饵网；4. 网箱框架木条。

图4-4　拦饵网区示意图

图4-5 拦饵网区实物图

（3）盖网　为防止养殖的大黄鱼跳出网箱和水鸟啄食箱内的养殖大黄鱼，也为防止临近网箱的鱼跳入该箱而造成混杂，每个网箱口上都缝有用细塑料线编织的“盖网”。鱼苗阶段的盖网网眼较密，会影响投饵操作，在投饵位置应留有可开闭的口。

4. 网箱的配套设施设备　包括管理房、交通船、饲料加工、仓库、电水供应、防鸟网、换洗网箱与维护环境卫生等设施设备。

（三）网箱的布局

网箱的布局是否合理、科学，关系到大黄鱼的养殖环境、效率、效益与成败。一般以网箱的总面积占整个网箱养殖区总水面的10%～15%为宜。网箱不能离岸边太近，视地形与水深情况应保持在20～50 m的距离。具体布局时，应根据网箱框位规格的大小，以及网箱设置海区的深度与风浪大小，以每120～140个网箱框位连成1个渔排（约2 000 m^2）为宜。水较深与风浪较大的海区，单个渔排的面积可偏大些。各渔排间的间距应保持10 m以上。每个网箱养殖区由40～50个渔排5 000～6 000个网箱框位［网箱总面积（8～10）×10^4 m^2］组成。网箱区内沿潮流方向，应留有1个50 m以上、数个20 m以上宽的通道。若超过6 000个网箱框位，应另设养殖区。两个养殖区之间应间隔1 000 m以上。每个独立的网箱区连续养殖两年后，应有计划地安排在越冬期间，统一收起挡流装置及网箱，休养1～3个月，使网箱底部的沉积物随潮流得到转移或氧化。理想的大黄鱼网箱养殖区布局如图4-6所示。

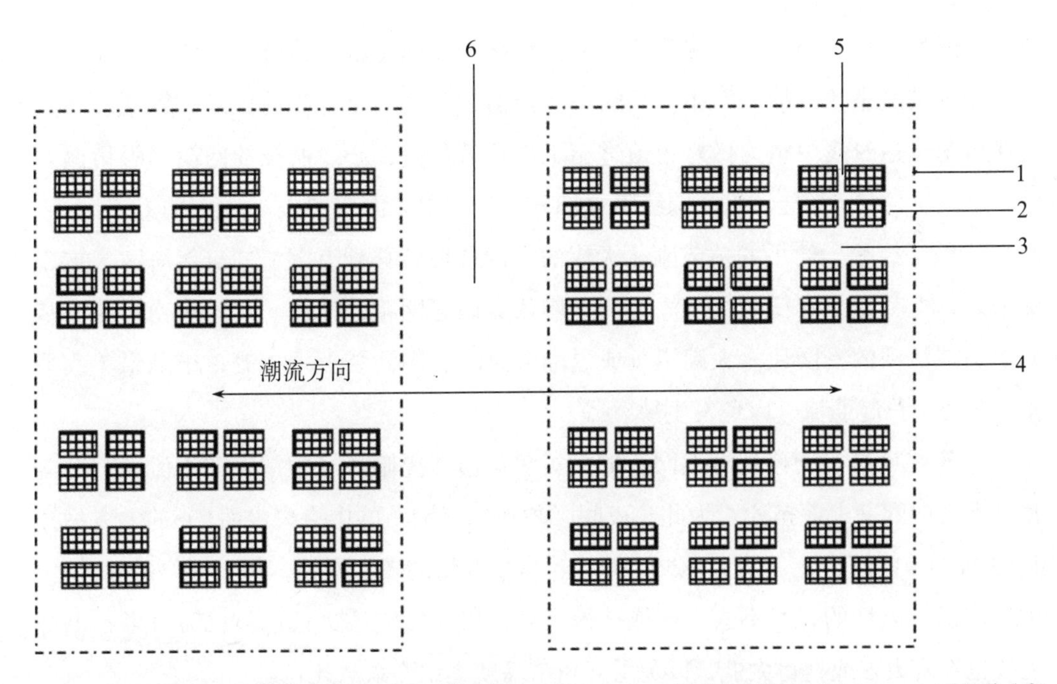

1. 网箱养殖区；2. 养殖渔排；3. 次通道（宽20 m以上）；4. 主通道（宽50 m以上）；5. 子通道（宽10 m以上）；6. 网箱养殖区间通道（宽1 000 m以上）。

图4–6　网箱理想布局图

二、网箱培育大黄鱼鱼种技术

根据网箱区的不同条件投放不同规格的鱼苗。目前养殖户购买的大黄鱼鱼苗一般是全长约30 mm，经过海区网箱培育的。潮流湍急的网箱区，宜购买30 mm以上规格较大的鱼苗；若箱内流缓，离育苗室较近且交通方便的，可购买廉价的全长20 mm的小规格鱼苗，以降低苗种成本。为增强鱼苗对运输、操作与潮流的适应能力，以便于养殖户的购买与养殖。从室内移出的全长20 mm左右的鱼苗，要在海上网箱中培育成30 mm以上的大规格苗种。该过程称为鱼苗的“中间培育”，亦称鱼苗的“暂养”或“标粗”。

（一）放养前的准备工作

鱼苗的放养是一项工作量大、环节多、节奏快，关联性与时间性均很强的技术工作，若疏忽某一环节的操作，都会造成鱼苗的批量死亡。为此要充分考虑，周密计划，提前准备。

1. 挂好网箱　目前，大黄鱼苗中间培育所张挂的网箱网衣大小规格多为2个4 m×4 m网箱框位（2通框），网箱深4 ~ 5 m。网眼大小为：放养全长20 ~ 30 mm鱼苗的，网目长3 ~ 4 mm；放养全长40 ~ 50 mm鱼苗的，网目长5 ~ 6 mm；放养全长50 mm以上鱼苗的，网目长10 mm。所用网箱要专人进行逐张逐面逐行地检查，发现破洞及时缝补，杜绝破网逃鱼事故的发生。网箱应在鱼苗运到之前全部提前挂好，以便管理人员在鱼苗运达时集中精力做好鱼苗进箱工作。若鱼苗偏小、所挂的网箱网眼稍偏大时，可提早1～2 d张挂，以让网线附着部分生物与淤泥而变“粗”，使网眼变小。

2. 做好挡流　幼小的鱼苗刚从无流的室内环境转移到有潮流的自然海区，抗流能力差，尤其是早春低温季节。为此，应认真做好网箱的挡流。在原来初步挡流基础上加挂活动的密网片。大潮汛（或退潮流急时）带沙袋下垂挡流；小潮汛（或平潮流缓时）拉起通流，以免发生缺氧。

3. 安装电灯　刚移入海上网箱的大黄鱼鱼苗在黑暗环境中常随波逐流而被潮流推到下游的网壁上而挤死。为此，夜间必须在每口网箱的中央离水面1 m的上方吊挂1盏9 W的节能灯，让鱼苗在中央集群。若是多框位的较大网箱，每个框位各挂1盏。但应注意，电灯的光线不宜太弱或挂得太高，以免影响诱集鱼苗与抗流效果；电灯光线也不宜太强或挂得太低，以免引起鱼苗高度集结而缺氧死亡。

4. 充气设备　在网箱布局密集或放养密度较高情况下，应准备高压充气机、管道、散气石或微孔散气盘等充气设备，以便在小潮汛的平潮无流，以及夜间和凌晨时间段启动充气机增氧。

5. 饲料或饲料原料及其加工工具　鱼苗进箱后，无论投喂现成的微颗粒配合饲料，或用预混的粉状配合饲料自行现场加工、投喂，都要准备鱼油和鱼用多种维生素以定期适量添加，后者还要准备大盆、筛网等1套湿颗粒饲料加工器具。

6. 其他器具　要预先准备好桶、盆、瓢、捞网等1套点苗、提苗工具。

（二）鱼苗的放养

1. 放养时间的安排　放养鱼苗要尽量选择在小潮汛期间及当天的平潮流缓时刻。低温季节宜选择在晴好天气且无风的午后，高温季节宜选择天气阴凉的早晨与傍晚进行。

2. 放养操作　放养时由1人指挥，从船上打苗、提苗至倒入计划的网箱中以及记录等要专人分工负责、相互配合、流水作业。做到每口网箱放苗量心中有数。要轻轻地从运苗船舱打苗，快速地转移到预定的暂养网箱，再缓慢地以装苗桶边触水倒入网箱内，切忌用力地从高处倒下。

3. 放养密度　网箱的鱼苗放养密度同水温高低与鱼苗大小规格密切相关。在水温15℃情况下，一般全长30 mm左右的鱼苗放养密度为1 500～2 000尾/立方米，全长50 mm左右的苗种放养密度1 000～1 500尾/立方米。若水温25℃，放养密度需降低

20%～30%。同一口网箱放养的鱼苗规格力求整齐，以免互相残食。为了防止病原体的带入，利用装桶提苗的间隙，在提桶内以消毒剂的淡水溶液进行消毒。鱼苗放养时，由于其抗流能力较弱，网箱内的流速宜控制在0.1 m/s以内。

（三）苗种的饲养与管理

1. 苗种的饲养

（1）饲料种类　刚入箱的鱼苗，即可投喂人工配合微颗粒饲料等。若网箱区的桡足类、糠虾等天然饵料较多，晚上可在网箱上吊灯诱集。为促进苗种的生长与防病，可在人工饲料中定期添加适量的鱼用多种维生素。

（2）投饵率　30 mm以内的鱼苗，在15℃以上时，换算人工配合饲料的日投饵率达50%～30%，随着鱼苗的长大，逐渐降低投饵率。全长约160 mm规格的鱼种，在12月底（水温15℃左右）的日投饵率在4%左右。实际投饵量的大小要根据气候情况、海区水温条件、鱼苗规格的大小进行灵活掌握，可视前一天鱼苗的摄食情况进行适当增减。

（3）投饵频率　培育大黄鱼苗种要坚持少量多次、缓慢投喂的方法。全长25～50 mm的苗种，每天投喂4～6次；随着养殖时间延长和鱼苗规格的长大，逐渐减少每天的投喂次数，到鱼种培育后期减少到每天2次；11月至越冬前的12月底（水温20℃～15℃），按每天1次进行投喂，且应选择在早晨及傍晚这摄食较好的两个时段进行投喂，可适当缩短投喂时间。

（4）投喂方法及注意事项　① 投喂前可先在网箱内划水，使苗种形成集群上浮摄食的条件反射。投喂时，先在集群处投喂，待大批苗种集群，再扩大投喂面积，使绝大部分的苗种都能摄食到饵料；当多数苗种吃饱散开或下沉时，应继续在周围少量投喂，使弱小的苗种也能摄食到饵料，从而保证培育出的鱼苗规格整齐、有较高的成活率。② 一般鱼苗暂养网箱数量不多的情况下，可采取逐个网箱投足饵料的投喂方式。在鱼苗暂养网箱多的情况下，是采取逐个网箱一次性投足、浮性饵料或饲料，过2 h后把残饵捞起，下一次可适当减少投喂量；若在1 h内马上吃光，下一次适当增加投喂量。③ 有时因气候原因苗种未上浮到水面，停留在中层摄食，这时可根据往日的摄食情况，坚持照常投喂。在苗种不上浮摄食时，亦可根据苗种摄食时发出的“咕、咕”响声来掌握投喂量。④ 人工配合硬颗粒饲料宜用水喷洒软化后再投喂，增加其适口性。⑤ 网箱内水流湍急时不宜投喂。

2. 网箱的日常管理

（1）网箱的换洗　鱼苗培育阶段，由于网箱的网眼小，易附生附着生物及附着淤泥而造成网眼的堵塞。尤其是每逢高温季节、小潮汛期间与高低平潮无流时，常常造成箱内鱼苗的缺氧而死亡。为此，要经常检查网眼的堵塞情况，及时换洗网箱。进行换洗的时间间隔：高温季节3 mm网目的网箱一般间隔3 ~ 5 d，5 mm网目网箱间隔8 ~ 10 d，10 mm网目网箱的视水温情况间隔20 ~ 30 d。在苗种活力不好或饱食后、箱内潮流湍急等情况下，均不宜换箱操作。

（2）日常管理　要经常观察网箱在流急时倾斜情况与苗种动态，检查网箱绳子有无拉断，沉子有无移位。若无特殊原因，发现苗种不上浮集群摄食，又听不到叫声，应考虑网箱是否破损造成逃鱼或苗种是否发病，并及时采取措施。同时要及时捞除网箱内外的垃圾等漂浮物。

（3）理化环境与苗种动态的观测　每天定时观测水温、相对密度、透明度与水流，观察苗种的集群、摄食、病害与死亡情况，并详细记录。

3. 鱼种的越冬管理　4月初入箱的全长25 mm左右的鱼苗，经过9个月的培育，到当年12月底可培育成平均体长130 ~ 160 mm、体重50 ~ 100 g的鱼种，部分大的可达体长250 mm、体重250 g以上。随着水温的下降，大黄鱼的摄食也逐渐减少，尤其是到翌年1月水温下降到13℃以下时，摄食明显减少。到3月下旬至4月上旬，水温才回升到13℃以上，鱼种需3个月的越冬时间。搞好越冬培育，才能为来年的大黄鱼养殖提供健壮的鱼种。

（1）越冬前的管理操作　① 为准确掌握各网箱中鱼种的规格、数量与状态，为越冬及越冬后的鱼种放养、销售做准备。越冬前应对所有网箱中的鱼种进行全面清点与选别，并按不同规格与相应的密度，进行拼箱或分箱。② 越冬期间大黄鱼摄食量小，又要提供体能消耗，为此在越冬前要提高饲料质量，强化饲养，保证鱼种的体质健壮，体内积蓄足量的脂肪，以安全、顺利越冬。③ 鱼种在越冬期间不宜搬动，也不便于治疗鱼病。为此在海区水温降至16℃的越冬之前，要提早做好网箱的安全防患与防病工作。越冬前要认真检查网箱的固定、挡流及网具，若发现移动、断裂或破损，应及时修复，消除越冬过程中的隐患。同时，根据拼箱、分箱过程中发现鱼种的病、伤情况，即使不很严重，也要提早通过口服与浸浴的给药方法予以治疗，使鱼种在进入越冬之前处于健康的状态。

（2）越冬中的饲养管理　① 大黄鱼鱼种在越冬期间虽摄食量大减，但仍可小量摄食，因此要坚持晴天每天投喂1次，阴雨天气隔天1次。每天投饵率在1%左右，投喂时间宜选在当天水温较高的午后至傍晚前。越冬期间鱼种一般仅在水体中层缓慢摄食，应根据鱼种的“咕、咕”叫声而慢慢投喂。饲料应保证新鲜。为减少饲料散失，以投喂浮性的鱼肉糜或颗粒饲料为宜。② 越冬期间一般不换网箱，但要每天定时观测水温、水流，检查网箱状况。发现病害尽量以药物口服法与吊挂缓释剂予以治疗，还可定期投喂适量的营养增强剂。若一定要进行药浴处理，也应选择在晴暖天气的午后进行。

（3）*越冬后期管理*　经过约3个月的越冬，部分鱼种体质有所下降。若不精心管理，到后期易发生暴发性死亡。为此，越冬后期仍要加强管理。随着水温的回升，鱼种摄食强度明显增大，但投喂量应缓慢地逐日增加，让越冬鱼种的消化功能有一个逐步恢复的过程，避免突然增大投喂量而引发病害。这一阶段仍要尽量避免移箱操作。

三、大黄鱼的网箱养成与管理

（一）养成网箱设置

1. **网箱选择**　大黄鱼养成阶段，鱼体规格大活动空间大，宜使用规格较大的养殖网箱。兼顾管理方便的原则，养成阶段的网箱以3 ~ 9个通框为宜，面积48 ~ 144 m^2，深度4 ~ 8 m。对潮流较为畅通、水深条件较好的海域，也可选择12 ~ 24个通框、深度8 ~ 10 m的大网箱进行大黄鱼的养成。网箱规格较大，对增大鱼体生长空间、提高鱼体生长速度和产品品质有较大的帮助，但同时也会带来安全系数降低和管理的不便，对此应采取双层网衣等安全防护措施。网衣网目大小可根据不同阶段鱼体大小选择，一般为20 ~ 50 mm。

2. **海区条件**　养成阶段较鱼种培育阶段，鱼体的抗流能力有较大的增强，可适当提高网箱内的流速，控制在0.1 ~ 0.2 m/s；对养成后期鱼体规格较大的12 ~ 24个通框、深度8 ~ 10 m的大网箱养殖，控制在0.2 ~ 0.3 m/s。

（二）鱼种的选择与放养

1. **放养季节**　鱼种的放养季节要根据网箱养殖区海域的水温条件，一般在水温升至15℃以上就可以放养，在福建三都湾海域宜选择4月中旬至5月上旬，浙江中南部海域宜选择在5月中下旬。选择该季节进行放养，较适宜对大黄鱼鱼种的选别操作与运输操作，鱼种选别时不容易受伤，运输过程水温也较合适，能保证运输成活率。此外，放养季节要根据上一年的生产情况和当年的生产计划做适当调节，一般在上一年商品鱼已收获，网箱框位空出，网箱重新收起、洗净、修补张挂完好后就可放养。

2. **鱼种的选择**　宜选择上一年春季育出的经一年网箱培育的鱼种，其规格一般在50 ~ 250克/尾。放养的鱼种应选择体型匀称、体质健壮、体表鳞片完整、无病无伤的个体。尤其要认真检查是否携带病原体。搬运前若检测发现有“应激反应”症状，应强化培育，在症状消除后才能运输投放。同一网箱中放养的鱼种规格，应整齐一致。计划当年达到400克/尾以上商品规格的，放养的鱼种规格要在100克/尾以上。鱼种质量的具体要求可参照表4–1。

表4–1　鱼种质量标准

序　号	项　目	标　准
1	规格	整齐、大小均匀
2	体表	鳞片完整、光滑有黏液
3	体色	鲜亮
4	活力	游动活泼，无应激反应
5	畸形率、伤残率与死亡率之和	≤2%
6	病害	传染性细菌病不得检出，刺激隐核虫、本尼登虫等寄生虫及病毒性病害均不得检出。

3. 鱼种的运输

（1）运输工具　鱼种的运输工具有活水船、活水车、鱼篓、水箱、塑料袋充氧等。大黄鱼鳞片薄软，稍动易分泌黏液，特别是数量较大时，若采取封闭的容器运输，如氧气袋等，分泌的黏液易使运输水体黏稠，即使充气也很难达到增氧的目的，很难保证运输大黄鱼的成活率。因此，在生产上鱼种的运输方法多采用活水运输船、配合充气的方法进行批量长途运输，其运输成本相对较低，效果较好。

（2）运输水温和天气　运输鱼种一般在水温下降到18℃～16℃的秋季，或水温上升至14℃以上的春季进行。活水船运输要选择暖和且风浪小的天气进行。

（3）运输前准备　鱼种发病期间或饱食后的鱼种不宜运输。运输前需停食1～2 d，有利于减少其代谢产物对运输水质的影响和增强其抗应激能力。

（4）运输密度　鱼种的运输密度与运输方式、鱼种规格大小、运输水温、运输时间等有着很大关系。不同规格鱼种活水船运输可参照表4–2。

（5）运输管理　采用活水船运输时，运输过程要保证船舱内装载鱼的水体处于活水状态，即使用泵体不间断向船舱内连续加入海区新水，一般每小时保证舱内水体交换率达200%左右。运输途中采取遮光措施并保持微充气状态。鱼种分泌的黏液容易使水质黏稠、变坏，影响水体溶解氧，要经常用捞网清除；并观察鱼种及运输器具运转状态，确保进出水畅通和鱼种活力。

表4–2　不同规格鱼种活水船运输时的参考密度

序　号	鱼种规格（克/尾）	运输密度（尾/立方米）
1	50 ~ 100	200 ~ 300
2	100 ~ 150	150 ~ 200
3	150 ~ 250	100 ~ 150

注：运输条件为活水船30 T、运输水温15℃、运输时间12 h。

4. 鱼种的放养

（1）放养时间　位于潮流湍急海区的网箱，应选择在小潮汛平潮流缓时放养。晴热天气时，应选择在较凉爽的早晨与傍晚后投放；早春低温天气时，应选择在较暖和且无风的午后投放。

（2）放养密度　鱼种的放养密度应根据网箱内水流畅通情况、鱼种的规格和养殖网箱大小等综合情况来确定。一般情况下，鱼种的放养密度可参照表4–3。对于12 ~ 24个通框的大网箱，放养密度可在表4–3的基础上适当提高10% ~ 20%。

表4–3　不同规格鱼种的放养密度参考

序　号	鱼种规格（克/尾）	放养密度（尾/立方米）
1	50 ~ 100	30 ~ 35
2	100 ~ 150	25 ~ 30
3	150 ~ 250	20 ~ 25

（3）鱼种的消毒　为防止带入病原体，在鱼种运达网箱区后，可利用在搬运的（时间）间隙，用安全的含抗生素的淡水溶液对鱼种进行浸浴消毒后放养。

（4）注意事项　若使用氧气袋等封闭性水体运送鱼种的，在移入网箱时，要避免相对密度与水温等条件发生突变。放养时采取在运送水体中逐量添加网箱区海水的办法，使放养鱼种适应网箱区养殖水环境。

（三）饲料与投喂

1. 饲料

由于大黄鱼人工配合饲料的研发还相对滞后，其大部分品牌都无法达到全价大黄鱼配合饲料的要求，特别是在中成鱼养殖阶段尚无法达到投喂冰鲜杂鱼的养殖效果。目前，大黄鱼人工颗粒配合饲料应用较好的时期主要局限在苗种阶段、养殖高温期以及禁渔期，在冰鲜杂鱼饲料稀缺的情况下作为冰鲜杂鱼替代饵料。因此，目前大黄鱼商品鱼养殖阶段的饲料以冰鲜杂鱼饲料为主，人工配合饲料的推广比例仅占大黄鱼饲料总用量的20%左右。

大黄鱼配合饲料有3种形态，即颗粒饲料（普通和慢沉性）、浮性膨化颗粒饲料、湿颗粒饲料（又称软颗粒饲料，一般是用粉料加鱼浆或水按一定比例混合均匀，经绞肉机制成水分含量在30%～40%的软颗粒人工配合饲料）。目前，应用较广的是浮性膨化饲料，因其浮于水面较适合大黄鱼的摄食习性，既能避免营养流失和污染水质，又方便养殖者观察鱼的摄食情况，饲料转化率高、不易流失（图4–7）。而沉性颗粒饲料和软颗粒饲料或因沉降快、易流失，或因加工投喂较为费时和不易保存等原因，其应用范围受到较大限制。

图4–7　浮性膨化颗粒饲料网箱投喂效果

2. 投喂技术

养殖大黄鱼的投喂具体包括以下几方面。

（1）晚春初夏与秋季水温在20℃～25℃，是大黄鱼生长的较佳季节，一般每天早上与傍晚各投喂1次；水温10℃～15℃时，每天1次；阴雨天气时，可隔天1次；遇大风天气或大潮时，每天投喂1次，甚至不投喂。

（2）当天的投喂量主要根据前一天的摄食情况，以及当天的天气、水色、潮流变化，有无移箱操作等情况来决定。在投喂前及投喂中，尽量避免人员来回走动而惊扰鱼体影响其摄食。冰鲜饲料和配合饲料的日投饵率分别参考表4–4和表4–5。

表4–4　大黄鱼冰鲜饲料日投饵率参考（水温22℃）

大黄鱼体重（克/尾）	日投饵率（占鱼体重%）
50～150	8～10
≥151	6～8

表4-5　大黄鱼配合饲料日投饵率参考（水温22℃）

项　目	幼鱼配合饲料	中成鱼配合饲料
大黄鱼体重（克/尾）	50～150	≥151
日投饵率（占鱼体重的百分比，%）	2～4	1.5～3

（3）在高温期（水温29℃以上），应尽量选择合适的配合饲料进行投喂，少投或不投冰鲜饲料，并控制投喂量，不宜使大黄鱼摄食太饱。

（4）大黄鱼商品鱼养殖阶段的投喂方法同鱼种阶段。

（5）目前市场上的大黄鱼配合饲料品牌多，蛋白质含量差距较大，产品质量参差不齐，养殖户在选用养成阶段配合饲料时应选择蛋白质含量在45%左右或知名品牌的饲料企业生产的饲料。

（四）管理操作

大黄鱼商品鱼网箱养殖的管理操作，基本上同鱼种培育阶段，主要区别之处和注意事项有：① 晚春初夏与秋季是大黄鱼的适宜生长季节，但网箱上最容易附生附着生物，也是养殖病害的高发季节。因此，春、秋两季要经常检查网眼的堵塞情况，定期在网箱壁周围泼洒生石灰，减少生物附着，一般每隔30～50 d换洗1次。大网箱养殖由于网箱面积大，存鱼量大，换箱操作不便，原则上采取定期刷洗网箱的方式来保持网箱内水流的畅通，一般每隔2～3个月刷洗网箱1次。② 高温期间，鱼体抵抗力差，为避免应激反应，原则上不换网。鱼体活力不好或饱食后、箱内潮流湍急等情况下，也不宜进行换网操作。③ 换网时要防止鱼卷入网衣角内造成擦伤和死亡。④ 要坚持每天早、午、晚各1次检查鱼体动态，特别是在水流不畅或水质富营养化的连片网箱养殖区中央区域。尤其是在闷热天气、小潮汛的平潮无流以及夜间和凌晨，要加强巡视，并适时开动增氧设备，谨防缺氧死鱼。

（五）商品鱼的收获与运输

一般情况下，大黄鱼经4～6个月的网箱养成，即可达到300克/尾以上的商品鱼规格。随着大黄鱼市场的开拓，目前规格100克/尾以上的大黄鱼均有市场需求，均可作为商品鱼进行销售。一般情况下，商品鱼规格越大其价格就越高，相对成本就较低，经济效益就越大，有时也可根据市场价格预期选择较小规格适时收获。不同销售途径其收获方法有所差别。

1. **作为冰鲜鱼运销的收获**　大黄鱼的冰鲜鱼运销是指收获的大黄鱼以碎冰作为主要的保鲜措施进行运输和销售的方式。注意事项有：① 为保持大黄鱼原有的金黄体色，收获时间一般选择在傍晚天黑至黎明前起捕；② 收获前两天停止投喂，以便排除体内残饵与粪便，有利于保持大黄鱼的运销鲜度；③ 刚起捕的大黄鱼宜先置于冰水中浸泡片刻，再用碎冰进行保鲜运输；用冰水预先浸泡可快速降温，麻痹鱼体减少挣扎受伤，鱼体分泌出更多的黄色素，因而鱼体体色更加金黄，同时可起到提高保鲜效果的作用。

2. 作为活鱼运销的收获　大黄鱼作为活鱼销售，商品鱼价格较高，其技术要求也较高。大黄鱼的活鱼运销，其关键技术是如何保证活鱼运输的成活率。作为运输前的收获环节应注意：① 应事先检查鱼体是否有“应激反应”症状，若发现则不宜马上起捕，应使用鱼用多种维生素等营养强化数日，直至“应激反应”症状消失后才能起捕运输；② 起捕前应停饵2 ~ 3 d，可有效降低运输过程鱼体排泄物等对运输水质的影响；③ 批量运输大黄鱼活鱼可采用提箱赶鱼进活水舱的办法，少量运输则可用盆、桶等工具带水捞取，以避免鱼体受伤而影响外观与成活率。此外，活鱼运输的方式也是非常重要，以活水船运输为佳，且宜选择在风浪不大时进行。

四、网箱养殖的节能高效

目前，大黄鱼网箱养殖生产效率低，主要表现为养殖的单产很低，养殖直接经济效益差。2008年，大黄鱼平均水面单产和平均水体单产仅分别为23.19 kg/m^{2}和5.15 kg/m^3，与挪威等先进国家相比存在较大的差距。造成这种现状的主要原因是苗种质量没有保障、养殖网箱布局不合理、水质环境质量下降、饲养管理水平不高、病害频发等。对此，针对当前大黄鱼网箱养殖产业现状，应从以下几个方面出发，以实现大黄鱼网箱养殖的高效与节能减排。

（一）根据海区水域环境，调整和合理布局养殖网箱

养殖网箱布局是大黄鱼网箱养殖能否高效的基础，其直接影响养殖水域环境和生产效率。首先，养殖网箱应选择设置在水流通畅的海区。其次，养殖网箱要进行合理布局，即每个单元（约100口4 m × 4 m网箱）之间要有10 m以上的间隔；网箱区多个单元之间应分别设置数个20 ~ 50 m宽的主、次通道，以保持整个网箱区的水流通畅，使网箱养殖区的污染物转移和扩散，减少网箱养殖对水质和底质的影响。再者，设置网箱海域的水深最好在15 m以上，这样能有效加大网箱深度、挖掘单位面积网箱的增产潜力，同时对扩大残饵和粪便在底部的沉积范围、减轻对底质的污染具有重要意义。对此，要依据规划严控养殖证与海域使用证的发放，禁止无证养殖，对过度密集的网箱拆除；并根据海区养殖容量调查，重新科学布局养殖网箱密度。通过网箱的合理布局，保持网箱区水流畅通和良好水质，减少病害发生，降低养殖

死亡率，提高养殖饲料转化率，达到提高鱼体生长速度和产品质量的目的。

（二）保护网箱区养殖环境

1. 使用配合颗粒饲料投喂

目前大黄鱼网箱养殖以冰鲜饲料为主，对水环境污染大，饵料系数高，不利于大黄鱼网箱养殖的节能减排与健康养殖。在饲料投喂过程中，应转变成以使用优质适口的人工配合颗粒饲料为主的投喂方式，增加优质浮性人工配合饲料的投喂比例，减少冰鲜杂鱼肉糜投喂量及其对海区环境的污染。经观察比较，目前市场上已有不少品牌优质大黄鱼人工配合饲料，虽然其用在某个养殖阶段的生长效果不如冰鲜饲料，但其可结合冰鲜饲料混合投喂也可达到较好的养殖效果，同时也可达到节能减排的效果。此外，应加快大黄鱼全价人工配合饲料的研发，以最终替代冰鲜饵料。

2. 加强网箱区环境的日常保护

（1）网箱区底质环境的改良与保护　每个网箱区经连续数年的养殖，在水流不畅的情况下，大量的残饵、鱼粪以及海区淤泥将逐步在网箱区的底部沉积，有的该海底沉积物甚至达数米以上。网箱区底部沉积物，不仅蓄积了大量刺激隐核虫的胞囊，成为暴发“白点病”的温床，而且一旦遇到高温季节或台风天气，很容易造成整个养殖区的水质败坏。为此，建议每个网箱区连续养殖两年，应统一在冬季收鱼后休养1～3个月，并同时收起挡流装置及养殖网箱，使整个网箱区潮流足够畅通，从而达到清除网箱区底质和改善养殖环境的作用；或可在养殖3～4 a后，将网箱移位到网箱区预留的空闲海区，增加原网箱养殖区域底部的潮流畅通，有条件的可对其底质进行清理，加快其底质生态环境的修复。

（2）做好网箱区的环境卫生　渔排上的生活污水、废弃物、残饵、垃圾、病死鱼、油污等不得丢弃于海区，应配备收集容器予以分类收集。对于网箱养殖区，应设置专用船只和专人负责收集，统一集中上岸进行无害化处理。此外，换洗网箱应在彩条布箱内消毒后冲洗，并把冲洗网箱的污水进行收集和处理。

3. 推广鱼、贝、藻间养的生态养殖模式

在留足网箱之间通道和周边空间的前提下，推广海水鱼网箱与贝、藻类的综合生态养殖。利用各种养殖生物生态互补原理，即利用贝类滤食养殖区海水中悬浮的残饵颗粒和浮游植物，藻类吸收网箱养殖鱼类和贝类排放的氮、磷，增加和补充水体溶氧，在网箱区形成互利互补的良性生态系统（群落），保持良好养殖区的生态平衡，从而达到提高养殖产能和效率的目的。

（三）培育健壮鱼苗，加大良种开发与应用

鱼苗的质量是大黄鱼健康、高效养殖的基础。目前市场上销售的大黄鱼鱼苗大多是在亲鱼质量选择控制不严、以追求单位水体出苗量为目的的高育苗密度、以施用抗生素作为鱼苗病害防控主要手段的条件下培育出来的，其苗种质量难以保证，主要表现为抵抗力较差、易生病害、生长速度相对缓慢、饵料利用率低以及养殖成活率低下，特别是在鱼种培育阶段成活率非常低。实践证明，人工繁殖用的亲鱼需要经过严格筛选、控制适宜的育苗密度，并在健康和谐的生态育苗系统条件下培育出来的鱼苗，其鱼苗相对健壮，在后期的鱼种培育和养成阶段能表现出较大的优势，对提高养殖成活率、降低养殖发病率、提高养殖生长速度均有很大的帮助。在此基础上，应加大对大黄鱼良种的开发力度，通过选育手段培育出抗病力强、生长快、饵料利用率高的苗种，提高大黄鱼人工养殖的良种覆盖率。

第二节　池塘养殖

池塘环境比海区网箱更接近于大黄鱼原来栖息的生态环境。为此，池塘养殖的大黄鱼具有生长快、体形修长、体色金黄、肉质嫩、饲料系数低等优点。但若池塘换水条件差，水深不足2 m，或池塘的清淤、消毒不彻底，或养殖时间稍长，均易发生病害，且不易控制。20世纪90年代后期，福建省的大黄鱼池塘养殖面积曾达到600 ~ 700 hm^2，产量2 000余吨。但由于这些原因，后来大部分池塘都退出大黄鱼养殖。目前仍有个别新的池塘正在养殖大黄鱼，并获得很好效果。正由于上述原因，池塘适合于商品鱼养殖，且更适合于投放大规格鱼种而进行短周期养殖。

一、养殖池塘的条件

1. 养殖环境要求　养殖大黄鱼的池塘，要求池堤坚固无洞穴，无漏洞；池底平坦，池底以沙或沙泥底质为好；保水性好，平均水深在3 m以上；换水条件好，每次潮汛的15 d里，要求有12 d以上可在涨潮时开闸引潮水进池，或可抽水进池。池塘走向应与当地夏季季风方向平行。为便于排水捕鱼，池塘应以1%左右的坡度向排水口方向倾斜。池塘大小均可，以3 ~ 5 hm^2面积较好，太小了相对成本较高，太大了也不易管理。为预防池塘渗漏而引起水位下降，或小潮汛期间无法换水而引起水质恶化，要配备相应功率的抽水设备。养殖池最好选择在有淡水源的地方，以便调节水质。为防止大黄鱼受惊时跳上池滩而搁浅死亡，或进、排水时的逃鱼，在池的浅滩及进、排水闸门口均应用20～40目筛网围栏。

2. **要进行彻底清塘与严格消毒**　在放养鱼种前要对池堤进行全面清理，刨除杂草、堵塞漏洞、修整池壁。对池底要进行彻底的清塘与严格的消毒，尤其是上一季养殖过海水鱼的池塘。先排干池水，挖去有机沉积物和淤泥，并暴晒10 d以上后少量进水，每公顷约用1 500 kg生石灰，另加60 kg漂白粉，先后分别化水全池泼洒并充分搅拌。再经过7～10 d的太阳暴晒、待消毒药物毒性降解后，先进水2 m左右。经调节水质后即可投放鱼种，之后可根据实际情况继续加高水位。

3. **池塘水质的调节**　养殖商品鱼的池塘一般不需施基肥。但养殖过鱼虾的池塘，经过生石灰的氧化分解作用，会释放出肥分，待毒性降解与阳光照射后进水中的浮游植物首先会吸收养分快速繁殖，使池水呈黄绿色，透明度降到100～80 cm即可。随着将来养殖鱼的残饵与排泄物的积累，透明度还会降低。这种水色有利于保持池水的稳定。若透明度太大，可施用30～50 kg/hm^{2}的尿素，经3～5 d透明度下降后即可投放鱼种。

二、鱼种的放养

1. **鱼种的规格**　为避免养殖周期过长、导致池底沉积物过多而引发病害，投放的鱼种应以100 g以上的大规格为好，且力求整齐，以便当年全部达到商品规格。

2. **放养密度**　大黄鱼商品鱼池塘养殖的鱼种放养密度与鱼种的规格、池塘的深浅及换水条件有关。换水条件好的水深3 m左右的池塘，每公顷可放养100 g左右的鱼种7 500尾，或50 g左右的鱼种12 000尾。有设置增氧机增氧条件的池塘，放养密度可加倍。密度太大会影响生长，密度太小了会影响鱼的摄食。为清理、利用下沉池底的残饵与带动大黄鱼抢食，增加养殖效益，可混养少量底层鱼、虾、蟹类等。

3. **把好放养鱼种的消毒关**　大黄鱼在池塘中发病时，施药量大、成本高，把好鱼种放养时的消毒关特别重要。其消毒法同“网箱养殖”。

三、商品鱼池塘养殖的饲养

大黄鱼商品鱼池塘养殖的饲养管理基本上同网箱，不同之处简述如下。

1. **饲料种类**　最好投喂营养全面的人工配合颗粒饲料。

2. **投喂技术**　商品鱼池塘养殖期间，一般每天在早、晚各投喂1次，高温期间逢小潮汛换水困难时可投喂1次。若水质不好又无法进水时，也可以暂停投喂1～2 d。其投喂量相应比网箱的要偏少些。应设置固定的投喂点，且最好固定在靠近排水口的地方，以便把残饵排出池外。投喂的速度要慢一些，时间要长一些。若未见鱼群上浮抢食，或听不到鱼水中摄食时发出的叫声，就不宜继续投喂。为提高饲料转化率，已配备增氧机的，投喂前后各开机1 h以上。

四、池塘养殖的日常管理

1. 换水　水质好时，每天换水1次；反之，每天两次。高温季节，最好在下半夜换水，这样换进的新水水温较低。换水量依水质情况而定。大暴雨后池塘表层水的相对密度下降明显，换水时，应先把表层淡水排出，待海区潮位较高时再进水。为改善水质与防病，每隔10 d左右泼洒生石灰水1次，水深1 m的池塘施用浓度为150～225 kg/hm^2。每次泼洒生石灰水前应先换水。在水质不好且无法换水时不宜泼洒，以免增加氨的浓度而毒害养殖鱼。

2. 巡塘　要坚持每天的早、中、晚巡塘，尤其是在高温季节又逢小潮汛换水困难时，要特别注意做好晚上与凌晨前后的巡塘工作。认真观察鱼的活动情况，发现问题要及时处理。若发现鱼已浮头而不下沉的，要及时进水（或抽水）增氧，或开动增氧机。若发现病鱼、死鱼，或无特殊原因而摄食量明显下降的，要及时检查，并采取相应措施。

3. 观测与记录　每天要定时观测水温、相对密度、透明度、水位变化，观察鱼的集群摄食、病害情况，并详细记录。在水质变差或发现鱼的异常情况，还要监测池水的氨氮、酸碱度、硫化物和溶解氧等。

五、商品鱼的捕捞

池塘养殖的商品鱼在收获前，其要求基本同网箱，不同的是起捕前要停饵2～3 d，且每天要大量换水。捕捞时，先排去部分池水（30%～40%），使池中的大黄鱼密度变大后，即可用上纲布有浮子、下纲布有沉子的网片围捕；当密度变小后，继续降低水位而再次围捕。为保持大黄鱼天然的金黄色体色，商品鱼一般也是在夜间捕捞。池塘养殖的大黄鱼在起捕时“应激反应”较强烈，一般不宜用作活鱼输养与运输。

第三节　围网养殖

一、围网的设置

（一）围网对环境条件的要求

1. **围网设置海区的选择**　养殖大黄鱼的围网宜设置在风浪较小、沙底质或沙泥底质的潮下带，潮流畅通且滩地平坦的内湾海区；流向平直、流速在1 m/s内，围网内流速0.2～0.4 m/s；大潮汛低潮时围网内的水深能保持在2～3 m。完成3～4年养殖周期后要重新选址。

2. **围网区周围的环境条件**　围网养殖区的上游与周边无直接的工业、农业、生活与医疗废弃物等污染源。

3. **水环境因子**　围网养殖区的水质应符合NY 5052—2001《无公害食品　海水养殖用水水质》规定。海水水温8℃～30℃，盐度10～32，透明度0.5～3.0 m。

（二）围网的设置

1. **围网面积**　以3 000 m^2左右为宜。若太大了，目前设置所用的毛竹或玻璃钢等固定材料的强度与韧度还跟不上要求；若太小了，产量减少而管理费用无法降低，便增加了单位商品鱼的成本。

2. **围网结构**

（1）网衣与网目　以48丝的聚氯乙烯线织成的有结节网衣，网目长在35 mm左右。在海水较浑浊的海区，由于淤泥等附着与沉积，网线变粗、网目内径变小，如果网目太小，受淤泥等附着与沉积后网目会被堵而影响围网内的水流畅通，同时也增加了潮流对围网的压力。所以在这种情况下网目相对要大些，在较清澈的海区的网目相对要小些。网衣在张布之前要仔细检查，确认无破洞。

（2）围网的大小与形状　围网在海中固定后的平面形状略呈圆角的长方形状，长宽规格约为60 m×50 m，网高10 m。围网的下纲卷入直径12～16 mm的钢筋，并连同网片下纲埋入海泥中。

（3）出入围网的通道　围网在潮间带部分要留有管理船（或平台）出入围网的通道（即“门”），该“门”平常用细绳扎缝严实，进围网操作时解开缝绳而打开“门”，操作结束离开围网时顺手再用细绳把门扎缝严实，以防涨潮后鱼从“门缝”中逃出。

3. 围网的固定

（1）固定桩　每张围网用约100根尾径4 cm、长约15 m的毛竹制成的竹桩，以竹桩的头部打入底泥予以固定。相邻两竹桩的间距约2.2 m。竹桩打入滩地底泥约2 m深，竹桩上部（即尾部）露出高潮线2 ~ 3 m。第2 ~ 3年时，每年在紧挨原有的竹桩旁插入同样长度的新竹桩，并与原有的竹桩捆绑。针对原来毛竹固定桩易被附着生物腐蚀、破坏，需每年加固等问题，目前有的改以口径75 mm、管壁厚5 mm、长16 m的玻璃钢圆管代替。有的毛竹与玻璃钢管相互配合使用。这虽然增加了固定桩的建设成本，但延长了使用寿命，节省了维护成本，也增强了围网的抗流、抗浪能力。

（2）横向纲　为保持整个围网的稳定与牢固，围网应安装上、中、下的3条横向纲。该纲的直径为8 ~ 10 mm，计约600丝。上纲高度应在高潮线之上约1 m处，使上部各竹桩间保持均匀而固定的位置，并使围网网目自然张开；中纲位于各竹桩的上、下纲中间部位，它使中部各竹桩间保持与上、下部一样的距离。

（3）斜拉纲　设置在水流湍急海区的围网的垂直方向，在每根竹桩的上、中、下的3条横向纲上各扎上1根斜拉纲，拉紧后用桩固定在围网外围的滩地里。在水流较缓的方向，每根竹桩仅扎1 ~ 2根斜拉纲即可。

4. 围网的附属设施

（1）挡流网　在湍急潮流流来方向的围网之侧约5 m远，按该方向围网边长设置相应长度的挡流网衣。挡流网高3 m，网目10 mm，由48丝的聚氯乙烯线织成。用塑胶浮桶和锚固定，以使围网内的流速控制在0.2 ~ 0.4 m/s。

（2）防逃流刺网　以规格为长50 m、高3 m、网目35 mm，由单丝尼龙丝织成流刺网作为防逃网，沿着围网四周外围3 m远处布设。

（3）管理房及其饵料加工台　设置在围网附近，面积100 ~ 200 m^2，配备冰鲜饵料加工器械、仓库和生活等设施设备。

（4）管理操作台　在塑胶浮桶上捆绑2 m × 6 m的框架，框架之上铺钉木板。围网内、外各用锚固定一个管理操作台，以便人员、饵料与工具等在围网内、外的运送，以及在围网内的维护、投饵、捕捞等操作。围网内管理操作台一端可外伸的长0.8 m、宽0.6 m的底铺网目2 ~ 3 cm的尼龙筛网的投喂鱼肉糜的小方框，以使倒在上面的鱼肉糜被切割成直径2 ~ 3 cm的适口条块状，以让大黄鱼整块吞食。

（5）投饵框　由于围网面积大，水流急，投饵量大，而大黄鱼又是属于摄食缓慢的鱼类，许多还没来得及被摄食的饵料常被潮流冲出围网外而造成浪费，整个围网中每次数百千克的饵料只能长时间缓慢地投喂。为方便投喂操作与避免饵料流失，也便于管理和观察养殖大黄鱼的生长动态与摄食状况，需在围网内设置投饵框。目前的投饵框有两种形式，均设置在围网内的中央区域。一种是在塑胶浮桶上捆绑宽20 cm的木板而制成10 m（长）×6 m（宽）×5 cm（厚）的“田”字形的框架式投饵框（图4–8–A）。从投饵框的四角引出绳子以“活结”分别固定在围网的四角内的“竖绳”上。引出的绳子不宜过长，以免该框触及围网内的任何一边。投饵框上部离水面20 cm，框内四周挂有由40目筛绢网片围成的无底、高70 cm（其中入水50 cm）的拦网。饵料就投在投饵框的“格子”里。这样既可拦住漂浮在水面上的肉糜饵料或浮性配合饲料而减少流失，又可让鱼从拦网底部进入网内表层水体摄食。另一种是由20 cm厚的浮性泡沫塑料条粘夹70 cm高、60 ~ 100 m周长的筛绢拦网上纲而组成的浮绳式投饵框（图4–8–B）。该投饵框在围网中的布设与使用方法同前者一样，其主要区别是后者框的面积大，更便于投饵，框材质全部是软性的，即使鱼碰

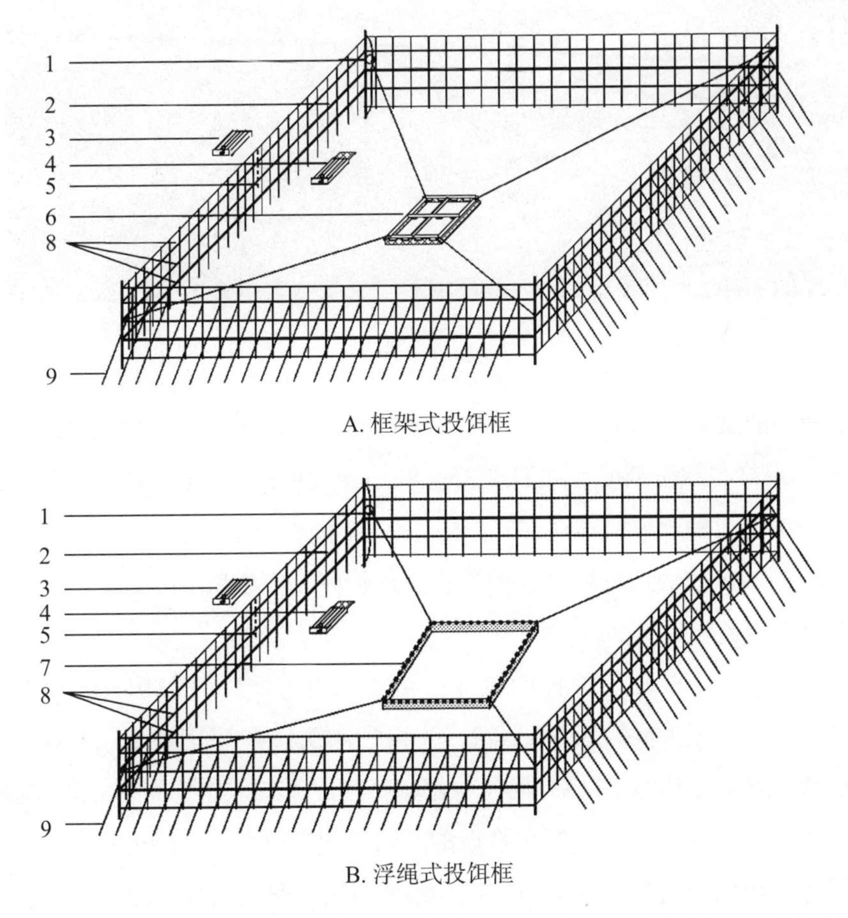

1. 活结式固定环；2. 固定桩；3. 外操作台；4. 内操作台；5. 入口；6. 框架式投饵框；7. 浮绳式投饵框；8. 横向纲；9. 斜拉纲。

图4–8　围网养殖示意图

及围网内壁，对围网也无大的影响。

（6）交通船只　用于安全巡视、运送饲养管理人员与饵料等物资，为小马力机动船只。若只在管理房与围网区之间使用，可在围网外的管理操作台上安装小马力柴油机挂桨，以兼作交通船。

5. 围网养殖区的布局　连片布局3 000 m^2左右规格的海区，其围网数量宜在10口以内，两口围网之间的距离应在80 m以上（图4–9）。距离太近了，不利于各围网中养殖大黄鱼的残饵、排泄物的转移与氧化，影响围网养殖区溶解氧等水质，使病原体的流行相对容易；距离太远了，将浪费有限的潮下带2～3 m深度的可布设围网的海域，也不便于管理。

图4–9　围网养殖实景

二、鱼种的投放

1. 鱼种规格与质量要求　鱼种要符合SC/T 2049.2—2006《大黄鱼鱼苗鱼种》水产行业标准。鱼种规格要求在50克/尾以上，若投放150克/尾以上的大规格鱼种更好。同一口围网投放的鱼种要求大小整齐。鱼种应无应激反应症状，游动活泼，保证正常搬移无明显死亡的。

2. 投放季节与时间　鱼种的投放一般在每年的4～6或10～11月份水温在15℃～25℃进行，并选择在小潮汛期间，以低平潮的流缓时间段为佳。气温较低时，宜选择在晴好而无风天气的午后进行；气温较高时，宜选择在阴凉天气或早晚进行。

3. 放养前的准备工作　最好在临近围网的海区设置暂养鱼种的网箱，以便就近投放，提高在围网中的投放成活率。投放前要检测鱼种的健康状态，若有应激反应症状，要采取强化培育措施，待应激反应症状消失后才能投放。投放前要停止投喂1～2 d。放养前或放养时可用含抗生素的安全淡水溶液对鱼体进行消毒。

4. **投放密度**　根据围网区水流情况与鱼种来源而定，一般50克/尾以上规格鱼种的投放密度为35～40尾/平方米。

三、饲养与管理

（一）饲料与投喂

1. **饲料种类**　人工配合饲料为主，饲料应符合NY 5072—2002《无公害食品　渔用配合饲料安全限量》农业行业标准规定。

2. **投喂**　每天早上或傍晚投喂一次，日投饵率约3%；越冬期间可隔天投喂一次，日投喂率小于1%；起捕前1个月内可隔1～2 d投喂一次。

（二）日常管理

1. **常规监测**　每天定时观测水温、相对密度、透明度与水流等理化因子，观察鱼的集群、摄食、病害与死亡情况，并注意饵料的保鲜和质量安全检查，杜绝购买、投喂已氧化的饲料或饵料。发现问题应及时采取措施。每天详细记录养殖日志。

2. **围网的维护**　围网投放鱼种后，每隔1个月检查一次围网网体及各种纲绳的固定、捆绑情况。发现网眼破洞或纲绳松动等，要及时缝补与加固。根据水温和网衣的污损生物附着情况，至少每隔3个月洗刷网衣一次。每隔4个月由潜水人员潜入水下一次，检查围网有无破损，若有破损要及时修复。

四、捕捞

围网养殖的大黄鱼一般作为大规格的特色鲜活产品捕捞出售。日常多是根据客户的规格要求现捕现卖，不符合要求的大黄鱼要重新放回围网中继续饲养。为此，在捕捞过程中对操作要求较高，尽量不让鱼体受伤。根据大黄鱼在低潮时具有顶流集群的特性，使用操作台和捞网逐尾选择捞取，这就要求饲养、捕捞人员具有准确判断大黄鱼规格与体形等经验。经过2～3年的轮捕后，当围网中的所有大黄鱼都达到捕捞规格，或所剩数量不多时，可一次性全部捕捞。这时，若数量较多，可先用流刺网在围网内围捕，最后再用小对网拖捕，这样一般可以全部捕捞完。

五、围网养殖的优点

围网养殖的主要优点在于大黄鱼的养殖品质接近野生。由于围网养殖的大黄鱼具有个体大、体形修长、体色金黄、肉质结实、含脂量低，蛋白质、呈味氨基酸与鲜味氨基酸的含量均很高，味道鲜美、营养丰富等优势（表4-6、4-7、4-8、4-9），已成为人们的高档消费品，市场价格达400～600元/千克，是普通养殖大黄鱼的10～15倍。为此，其产品一般作为直销商品，几乎是每日现捞、现装、现售。据此，捕鱼前的停饵与捕鱼等操作，是在几口围网之间轮流进行。围网养殖过程中的大黄鱼基本上是不用药的。

表4-6　围网与普通网箱养殖大黄鱼肌肉营养成分比较（%，n=4）

组别	蛋白质	粗脂肪	水分	粗灰分
普通网箱	16.90 ± 0.29	4.75 ± 0.18	66.1 ± 0.42	1.19 ± 0.06
围网	19.37 ± 0.22	3.15 ± 0.11	67.8 ± 0.71	1.35 ± 0.11

资料来源：韩坤煌等，2011。

表4-7　围网与普通网箱养殖的大黄鱼肌肉氨基酸含量比较（%）

氨基酸组成	围网	普通网箱
天门冬氨酸	1.74** ± 0.04	1.55 ± 0.03
苏氨酸▲	0.78** ± 0.05	0.69 ± 0.05
丝氨酸	0.64 ± 0.07	0.58 ± 0.06
谷氨酸	2.23** ± 0.05	1.97 ± 0.09
甘氨酸	0.84 ± 0.02	0.86 ± 0.05
丙氨酸	1.05* ± 0.03	0.98 ± 0.06
胱氨酸★	0.10 ± 0.03	0.11 ± 0.04
缬草氨酸▲	0.85 ± 0.13	0.76 ± 0.02
甲硫氨酸▲	0.53* ± 0.05	0.47 ± 0.05
异亮氨酸▲	0.80* ± 0.06	0.70 ± 0.08
亮氨酸▲	1.37** ± 0.02	1.21 ± 0.05
酪氨酸★	0.57** ± 0.03	0.50 ± 0.04
苯丙氨酸▲	0.71 ± 0.05	0.62 ± 0.08
赖氨酸▲	1.55** ± 0.07	1.36 ± 0.05
组氨酸	0.36* ± 0.02	0.31 ± 0.05
精氨酸	1.07** ± 0.03	0.98 ± 0.05
脯氨酸	0.72* ± 0.03	0.67 ± 0.04
氨基酸总量	15.91*	14.32

资料来源：韩坤煌等，2011。

注：▲表示必需氨基酸，★表示半必需氨基酸；色氨酸未检出；**，$P<0.01$；*，$P<0.05$。

表4-8　围网与普通网箱养殖的大黄鱼肌肉呈味氨基酸含量比较（%）

呈味氨基酸	围网	普通网箱
天门冬氨酸	1.74** ± 0.04	1.55 ± 0.03
谷氨酸	2.23** ± 0.05	1.97 ± 0.09
甘氨酸	0.84 ± 0.02	0.86 ± 0.05
丙氨酸	1.05* ± 0.03	0.98 ± 0.06
呈味氨基酸总量	5.86	5.36

资料来源：韩坤煌等，2011。

注：**，$P<0.01$；*，$P<0.05$。

表4-9　围网与普通网箱养殖的大黄鱼肌肉鲜味氨基酸含量比较（%）

鲜味氨基酸	围网	普通网箱
天门冬氨酸	1.74** ± 0.04	1.55 ± 0.03
谷氨酸	2.23** ± 0.05	1.97 ± 0.09
鲜味氨基酸	3.97	3.52

资料来源：韩坤煌等，2011。

注：**，$P<0.01$。

六、由围网养殖模式源生的几种其他类型的养殖模式

根据围网养殖模式的优势，为达到优化大黄鱼体形、提升品质等目的，开发了如下几种养殖模式，其养殖方法和管理等同网箱养殖。

1. 大黄鱼港汊网拦养殖

该养殖模式海区实景图如图4-10所示。

图4-10　大黄鱼港汊网拦养殖

2. 大黄鱼港汊网拦套围网养殖

该养殖模式海区实景图如图4-11所示。

图4-11 大黄鱼港汊网拦套围网养殖

3. 大黄鱼湾外大网箱养殖

该养殖模式海区实景图如图4-12所示。

图4-12 大黄鱼湾外大网箱养殖

4. 大黄鱼钢筋水泥筒桩铜质围网养殖

该养殖模式实景图如图4-13所示。

图4-13　大黄鱼钢筋水泥筒桩铜质围网养殖

第四节　深水网箱养殖

大黄鱼抗风浪深水网箱养殖模式，目前仍在探索之中，离规模化养殖还有较长的路要走。为促进该种养殖模式的开发，以下做些简单的介绍，以引起讨论。

一、抗风浪深水网箱发展现状

20世纪70年代以来，大型深水网箱养殖业在挪威、日本、希腊、英国、美国、加拿大、澳大利亚、韩国等国发展起来。挪威的深水网箱养殖从20世纪70年代开始起步，目前已发展到1 300只网箱，养殖产量达50万吨，养殖三文鱼的年出口量达40万吨。挪威政府将深水网箱养殖提高到非常重要的地位，实行严格的许可证制度，限制无度发展。一个养殖网箱被看作一个系统工程，新的材料技术、电子技术、生物技术被广泛应用，如洗网机、吸鱼泵、水下监视器、声波接收器、残饵收集器、投饵机、工作平台、高压储饵仓、残饵监视多普勒系统等。在管理方面实行企业化，挪威80%的网箱养鱼产量是由20家公司生产的，其中7家公司的产量就占了40%的产量，国家鼓励实行先进的生产管理，提高生产率，加强对外销售，增加竞争兼并机会。另外，重视加工技术的开发，取得显著的效果，最大的养殖场一天可生产50 t 加工品。日本、希腊、英国及我国的台湾主要开发浮绳式网箱，靠浮绳的作用来减少或缓冲水流的冲击。国外深水网箱养殖发展基本具有以下几个特点：一是深水网箱养殖已成为海水鱼类养殖的主要方式；二是深水网箱养殖的箱体向大型和超大型化发展，从周长60 m的网箱，发展到周长120 m的大网箱，目前正在开发周长180 m的超大网箱，使养殖的环境更接近自然，养殖的产品更接近天然鱼；三是向大型企业化方向发展；四是高新技术的大量渗透，提高了网箱养殖的科技含量；五是更加重视环境保护和食品安全。

我国抗风浪深水网箱试养海水鱼起始于1998年。海南省从挪威REFA公司引进一组周长50 m和40 m的圆形大型抗风浪深水网箱，主要养殖品种为石斑鱼、军曹鱼、鲳鲹等，网衣网目尺寸20～40 mm，获得了一定的经济效益，推动了各省大型抗风浪深水网箱养殖业的发展。到2000年年底，广东、浙江、山东、海南等省相继引进，全国共有7组大型网箱。其中，山东省于2000年8月引进3组，浙江海洋学院引进美国蝶形网箱2个，先后在大陈岛、南麂山进行养殖试验。到2003年我国共计进口抗风浪网箱35个，国产超过2 000个（广东100个、福建200个、浙江1 200个、山东300个、海南30个、辽宁100个）。但由于种种原因，这些深水网箱除了海南省仍在正常运行外，其他的约90%以上未正常运行或被闲置。

（一）国外深水网箱的类型

深水网箱根据其材料、结构、规格大小、性能等的不同而分为许多类型。

1. 挪威HDPE圆形网箱（分为全浮式和沉降式） 该网箱使用高密度聚乙烯管材和尼龙网衣制成，目前正向大型化发展，一般直径在16～35 m，周长50～110 m。其最大网箱周长可达180 m，网深40 m。单箱养鱼产量200 t，使用寿命10 a以上，设计抗风能力12级，抗浪能力5 m波高，抗流能力小于1 m/s。目前，挪威全国已有5 300个此类网箱，该网箱已出口到日本、澳大利亚、意大利、我国等国家（图4-14）。

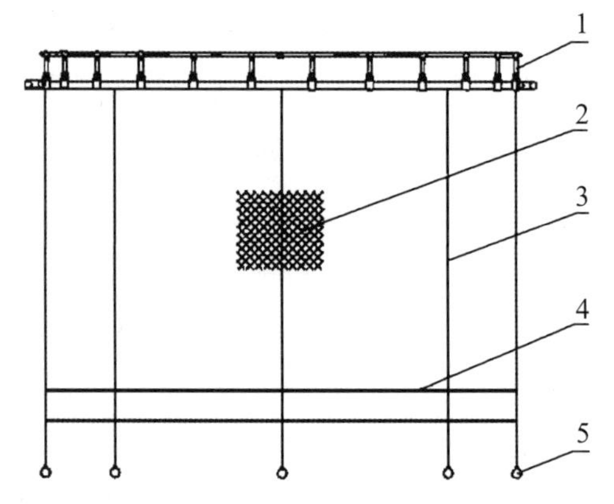

1. 圆形框架；2. 网衣；3. 网筋；4. 网底圈；5. 沉石。

图4-14 挪威HDPE圆形网箱

（资料来源：关长涛，2005）

2. 挪威TLC张力框架网箱 该网箱（图4-15）类似传统网箱的倒置形式。底部用绳索拉紧固定于海底，箱体在水面5 m以下，受风浪影响甚少，抗流能力1 m/s，在强风浪条件下，网箱容积损失率小于25%。

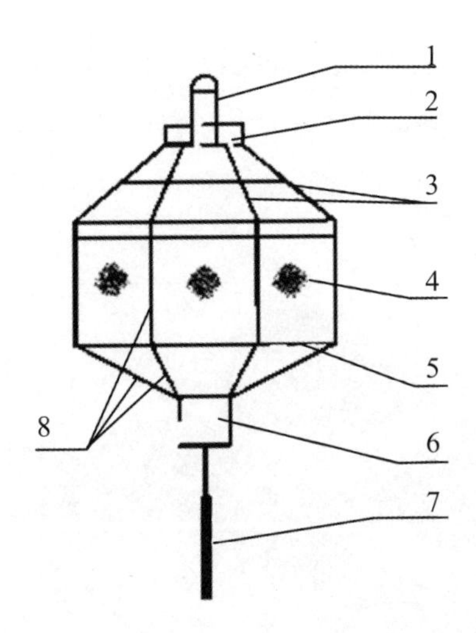

1. 自动投饵设备；2. 工作平台；3. 网箱罩形网状主框架；4. 网具；5. 网箱支撑环；6. 平衡块；7. 配重链；8. 连接绳索。

图4-15　挪威TLC张力框架网箱

3. 瑞典FARMOCEAN网箱（沉降式网箱）（图4-16）　该网箱外观呈腰鼓形，上部圆圈最大直径11 m，底圈直径9 m，顶圈至中圈高度10 m，底圈至中圈高度12 m，总容量3 500 m^3。利用8根空管进排海水，控制网箱升降。顶部设管理平台和饵料仓，每周添加饵料1次，自动投饵。

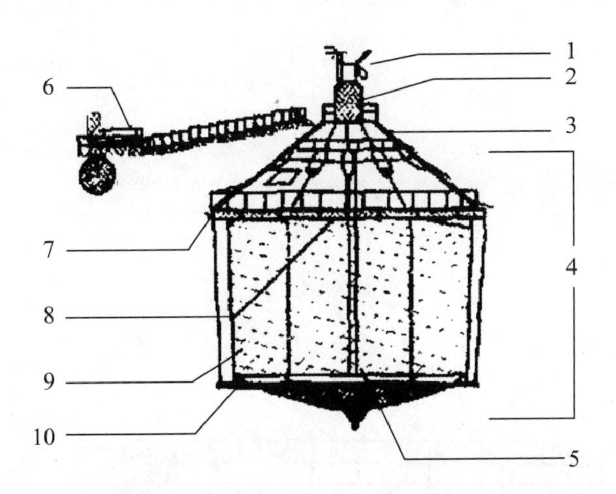

1. 风力发电机；2. 微机集在控制和饲喂系统；3. 网盖；4. 主网箱；5. 网衣吊索；6. 上下通道；7. 主降环；8. 吊绳；9. 网衣；10. 沉环。

图4-16　瑞典FARMOCEAN网箱（沉降式网箱）

（资料来源：吴子岳，2003）

4. 美国海洋平台式网箱 该网箱（图4–17）由4根长15 m钢柱和8根80 m长的钢丝围成圆柱形，靠锚和网直立固定，使用DSM网衣。依靠圆柱浮力变化，30 s时间完成升降。

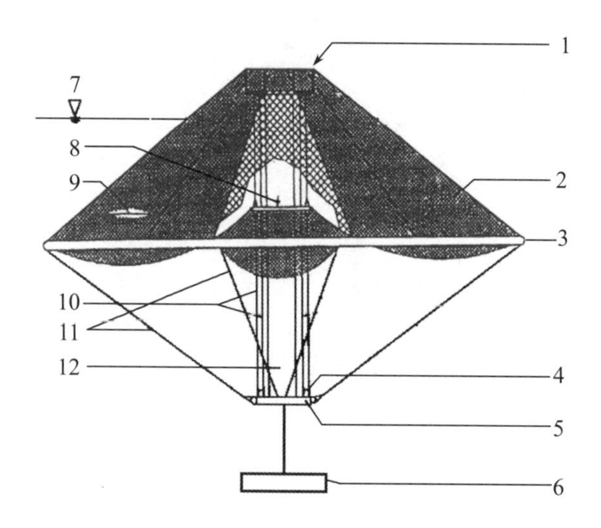

1. 工作平台；2. 网衣；3. 浮环；4. 滑轮；5. 定环；6. 沉子；7. 常规水平线；8. 滑环；9. 拉链通道；10. 吊纲；11. 辐绳；12. 浮管。

图4–17 美国海洋站深海网箱

（资料来源：施鲲译，2001）

5. 日本船形组合网箱 该网箱（图4–18）用防腐材料（橡胶）组成框架，每组方形网箱6个，每个网箱为15 m × 15 m，网箱之间设有3 m、2 m和1 m过道。固定在一边，类似船抛锚，可360° 旋转，抗浪能力4.3 m。

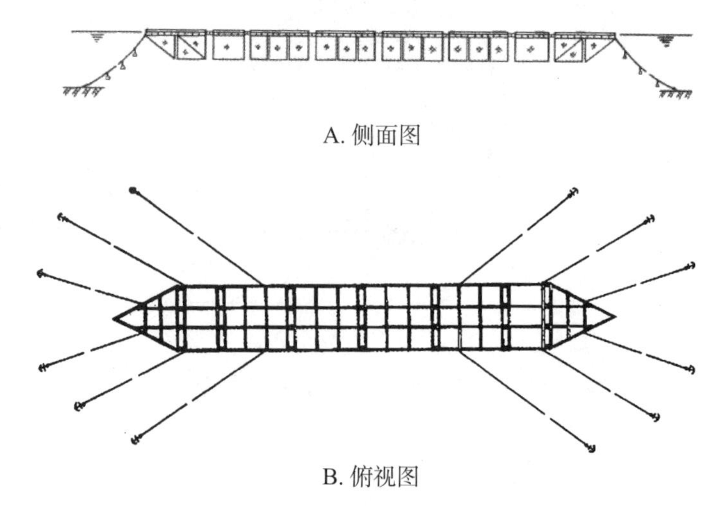

A. 侧面图

B. 俯视图

图4–18 日本船形组合网箱

（资料来源：陈志海，2002）

6. **日本和我国台湾近海浮绳式（柔性）网箱**　该网箱（图4–19）整体呈柔性结构，用高强度朝鲜麻绳索拉成框架，网箱整体可随波浪上、下起伏。

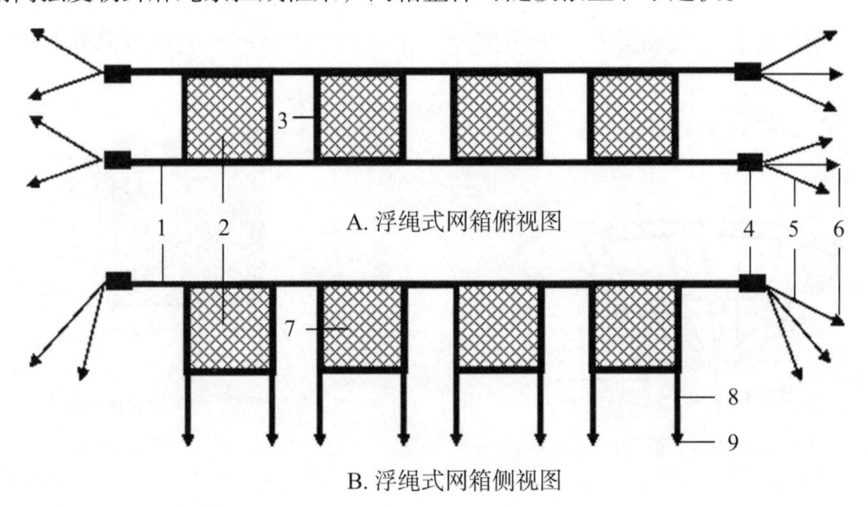

1. 主浮绳；2. 投料口；3. 副浮绳；4. 浮体；5. 主锚绳；6. 主铁锚；7. 网衣；8. 副锚绳；9. 副铁锚。

图4–19　日本和我国台湾近海浮绳式（柔性）网箱

（资料来源：王如芳，2009）

（二）我国抗风浪深水网箱的类型

1. **浮体式框架+聚乙烯（或尼龙）网衣箱体**　这种类型的网箱，其网箱框架采用高密度聚乙烯（HDPE）管材，管材的直径达到200～250 mm，采用双管式结构来提供浮力。1998年夏季，海南省临高县首次引进挪威REFA公司一组5个网箱。目前国内已引进该网箱7套，其中海南省2套，广东省1套，浙江省1套，山东省3套，价格约24万元/套。我国“九五”攻关期间，国家“863”项目由上海交通大学和无锡七〇二所研制的网箱类型都是属于这一类。科技部“十五”攻关计划“863”项目中中国水产科学研究院黄海水产研究所与寻山水产集团等单位联合开发的国产网箱，在技术上进行改进和创新。青岛胜邦海水网箱工程技术有限公司生产的圆形全浮式网箱，主要由聚乙烯框架、浮绳框、张网架、锚（或桩、重块）、缆绳及浮球等组成。其主要特点是：抗风浪能力较强，结构相对简单，设计上比较灵活，成本低，安装相对来说比较容易，养殖维护方便。这种网箱在国内市场上较受欢迎，其网箱系统的质量和结构科学合理，特别是安全系数大，能够有效地保证养殖生产的顺利进行（图4–20）。

2. **沉降式网箱**　浮体式方型钢管框架+聚乙烯（或尼龙）网衣箱体采用镀锌钢管焊接成正方形框架，规格为6 m×6 m，网箱高度为6 m。该网箱由充气胶囊提供浮力支持，平时浮于水面，当强风到来时，利用气囊排气和进水而沉降至水下5～10 m

处，风浪过后，用充气排水上浮至水面。双管式圆形框架+聚乙烯（或尼龙）网袋组成的沉降式网箱（图4-21）框架结构与浮体式框架结构相同，但在管材上增加安装8个阀门，用于管材充气和排水。采用排放气和充水来控制网箱整体沉降和起浮。

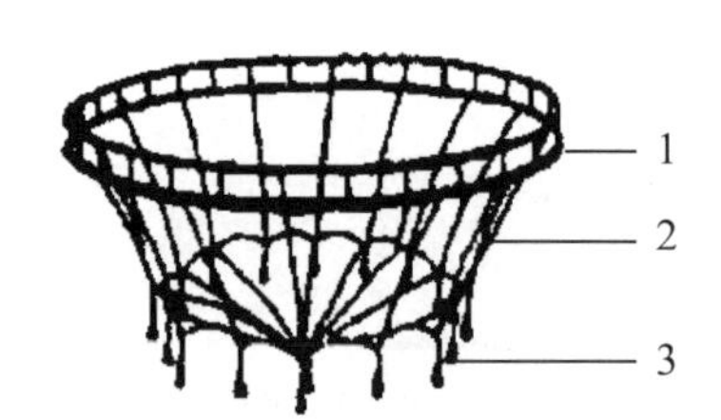

1. 网箱主框架；2. 网筋；3. 沉石。

图4-20　重力式全浮网箱

（资料来源：胡保友，2008）

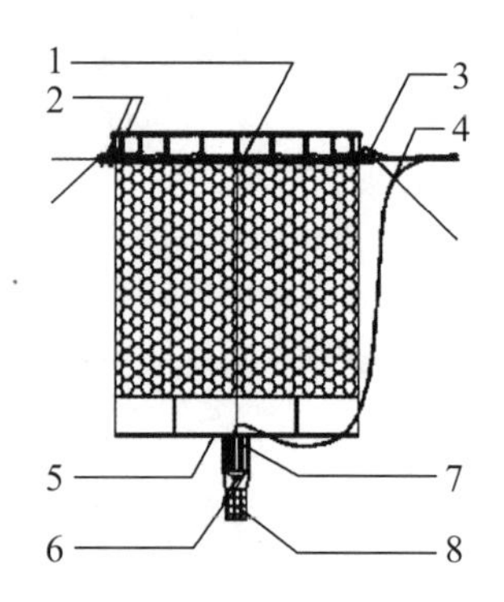

1. 网箱主框架；2. 高强度软管；3. 排气阀门；4. 浮管仓进水管口；5. 网底钢结构支撑框架；6. 主浮筒进水口；7. 水下可调控主浮筒；8. 钢制沉石筐。

图4-21　沉降式网箱

（资米来源：黄滨，2009）

3. 网箱材料的物理性能

（1）网箱框架材料　目前国内大型网箱的框架材料，双管圆形浮式网箱使用高强度聚乙烯（HDPE），飞碟形沉降式网箱使用高强度特制钢管。HDPE管具有质轻（相对密度0.95）、韧性好、抗拉抗弯曲的性能好，并能随波浪起伏于海面，缓解了波浪对网箱的直接作用力，从而利用材料本身的物理性能达到抗风浪的作用。HDPE管材优于聚氯乙烯（PVC）管材，特点在于高压状况条件下，PVC管的破损是一条大缝，而HDPE管仅为一个洞孔点。

（2）网箱网衣材料　大型网箱一般铺设于水深大于20 m的海区，受风、浪、流作用力强。国产网箱使用的一般材料有聚乙烯、尼龙网衣二种，但根据尼龙聚乙烯网线的物理性能来看，大型网箱的网衣应使用尼龙网线为好，但线的粗度至少要保证210D/60。网片的强度分为纵向强度（N向）和横向强度（T向）两个方向。国产的尼龙网片的纵向强度比挪威的高1.9%～10.7%，但横向强度比挪威的低5.8%～14.2%。分析其原因主要是拉舍尔织网机在织网过程中的网线张力不均所致。但根据4年多的海上使用实践，国产尼龙网衣强度已满足网箱网衣扎制使用。

（3）锚泊系统材料　大型网箱设计十分重要的问题是如何保证网箱在海区水下固泊，从而保证网箱网形和最佳的网箱容积。目前采用打桩和下锚固定两种方式，但下锚方式较好。如采用打桩方式，在强风浪和台风天气情况时，一旦其中一根桩移动，会引起整个打桩锚泊系统松动，使网箱悬空，无依无靠，而引起框架材料变形和网衣破损。使用铁锚进行固泊，优点在于锚和锚链始终抓卧于海底，即使产生锚移位，也是局部的，但永远不会悬空。根据4年的使用情况建议锚的重量为400 kg，锚链为200 kg。锚缆材料建议使用朝鲜麻（PP/HDPE），该材料强力大，且相对密度大，宜于下水。而聚乙烯锚缆强力小，相对密度小于1，易浮于水面。使用铁锚固泊时，爪锚的抓驻力可用下列经验公式$P=KG$（K为锚的爬驻系数，沙底质为5～6，泥底质为10～12，G为锚在空气中的重量，P为锚的爬驻力）。

（三）深水网箱养殖的优点和缺点

深水大网箱（深水大型抗风浪网箱）的特点为：科技含量与自动化程度高，使用年限长，防污和防生物附着能力强，抗风浪能力强，应用海域广阔；养殖容量大，效益高；污染海洋环境的程度小，降低养殖风险和成本。但其缺点除了配套的工艺与设备不完善外，最致命的缺点是抗流能力差。

1. 深水网箱养殖的优点　主要包括以下五方面。

（1）*拓展养殖海域，减轻环境压力*　在20～200 m深度的海域都适合于深水大网箱养殖。开展深水大网箱养殖有利于海域的有效利用，并能够开发较深的海区，有助于改变目前沿岸浅海和内湾养殖过密、环境趋于恶化的现状。

（2）*改善养殖条件，改进养殖鱼类的品质*　网箱内环境稳定，水体大，水流交换好，更接近于鱼类自然生长的环境。鱼类的活动范围广，成活率高，生长快，鱼病少。天然饵料数量多，投喂的饲料用量少。生产的鱼类在体形上和质量上都接近天然鱼，养殖鱼类的品质得到了有效的改善。

（3）*优化网箱结构，抵御风浪侵袭*　深水网箱采用的均是抗拉力强、柔韧性好的新型材料，可以抵御11～12级的台风和5～6 m高的大浪。还有的材料经过防紫外线抗老化处理，使用寿命更长。网衣经过高效无毒的防污损生物处理，使用寿命在5年以上。有的结构可自动升降，更加保证了网箱和养殖生产的安全。

（4）*扩大养殖容量，提高生产效益*　一个周长50 m的深水大网箱，可以生产鱼类20多吨，而管理人员只有几个人即可。深水网箱养殖无论是在养殖容量、养殖产量、劳动生产率等方面都是比较先进的。

（5）*科技含量高，管理规范有序*　先进的深水大网箱，一般都配置有自动投饵设备、自动分鱼收鱼设备、鱼苗自动计数器、死鱼自动收集设备等自动化设施，科技含量高，集多种科技成果之大成，更有利于规范管理、强化管理。

2. **存在的问题** 最大缺点是抗流能力差或网箱内的水流环境不适于养殖鱼。其他还包括配套的苗种、养殖品种、产品储运和精深加工、病害防治、颗粒饲料等方面存在的问题。这些问题目前都严重制约了我国海水鱼抗风浪深水大网箱养殖业的发展。

（四）对我国海水鱼抗风浪深水网箱结构的一些探讨

我国在海水鱼抗风浪深水网箱养殖技术研究与开发方面曾投入了大量的人力、物力与财力，还列入了国家的“863”科技计划，曾拥有过2 000多口深水大网箱。但目前除了海南省外，其他各省的推广效果均不佳。为究其原因就下列一些问题进行探讨。

1. **网箱结构不适应潮流条件与养殖鱼习性** 目前我国开发的抗风浪深水网箱本身性能仅局限于1 m/s以下的流速，还暂不考虑一些鱼类（如大黄鱼）能否适应这么大的流速。抗风浪深水网箱养殖开发较好的海南岛东海岸，在潮汐上属于全日潮，一般的潮差仅2～3 m，潮流多在1 m/s以下，这是海南省抗风浪深水网箱能坚持至今的自然因素。而从黄海经台湾海峡至琼州海峡的大陆沿海均属于半日潮，潮差大（多为5～6 m）且港湾众多，深度梯度大，所以潮流急，一般都在1～2 m/s，这些海域历来遍布着靠潮流捕鱼的定置张网的桁位。在这样的海域设置网箱养鱼，养殖鱼就相当于定置张网中的渔获物很容易被潮流压在网壁上鳞片被刮脱落，或成堆的鱼被潮流压在网角中窒息而死。事实表明，在上述海域的抗风浪深水网箱取得较好养殖效果的例子几乎都是利用其岛礁阻挡使潮流影响不到的个别“角落”。这也仅仅是个别，而从整个海域来说是不适合设置这种深水大网箱的。即使像真鲷、鲈鱼等鳞片结构紧密的较不怕刮伤、鳞片不易脱落的海水鱼类，经常顶流游动需消耗大量能量，鱼也不易长大。至于大黄鱼这类鳞片结构疏松、极易脱落，且极易继发感染细菌、“应激反应”很强的石首鱼类，就更不适合在目前这种抗风浪深水网箱中养殖了。大黄鱼在普通养殖网箱中对潮流的要求是在0.2 m/s以内。

2. **缺少配套的技术与设施设备** 挪威把一个养殖网箱看作一个系统工程和远离陆地的养鱼平台，新的材料技术、电子技术、生物技术被广泛应用。对比之下，我国目前开发的抗风浪深水网箱多缺少这些配套的技术与设施设备，这就很难形成高的生产能力。

3. **台风多发给抗风浪深水网箱发展更增加了难度** 我国沿海是台风多发区，每年都要受到7～10个台风的正面袭击。如果真像挪威那样把每组抗风浪深水网箱配套成1个平台，那是上亿元的投资。若遇上一场12级台风，网箱可以沉入水中，这个平台的撤离就有一定的困难。

二、发展深水网箱养殖的对策

1. **加强抗流网箱的研制**　针对我国大陆沿岸潮流急和一些主要养殖鱼类抗流能力差的实际，研制出不但自身会抗2 m/s以上潮流而不会变形，而且能保证某种养殖鱼类可安全栖息的抗风浪深水网箱。

2. **加强抗风浪深水网箱的配套技术与设施设备的研究**　围绕抗风浪深水网箱养殖工艺流程，开展各环节的技术研究，进而研制出适合于我国抗流、抗台风灾害等沿海海况与养殖实际的设施设备。

第五节　低盐养殖

大黄鱼养殖产业经过了30多年的迅猛发展，面临着海岸带土地局限性、水环境污染和病虫害等问题。因此，发展大黄鱼的低盐养殖技术，将可能使大黄鱼养殖业在内陆地区开展起来，解决大黄鱼养殖所面临的问题。但目前大黄鱼低盐养殖尚属研究阶段，现将大黄鱼在低盐养殖时胚胎发育、早期苗种对盐度的耐受性、降盐方法、组织结构受盐度变化影响、低盐养殖成活率与温度的关系、低盐养殖生长速度和营养的研究进展进行简要介绍，为日后开展该方面的科学研究提供依据。

一、盐度对大黄鱼受精卵胚胎发育的影响

大黄鱼在水温24℃、盐度4～28时，受精卵均能完成胚胎发育的整个过程，所需的时间在31 h 5 min至41 h 35min，孵化率为（9.4 ± 1.03）%～（89.3 ± 1.12）%。随着盐度的降低，完成胚胎发育所需要的时间越来越长，孵化率显著降低（$P<0.05$），初孵仔鱼的活动能力逐渐减弱，且在盐度4～8时初孵仔鱼无法成活（表4-10）。

表4-10　不同盐度下大黄鱼受精卵的胚胎发育、孵化率及初孵仔鱼成活情况

项目	盐度4	盐度6	盐度8	盐度10	盐度12	盐度14	盐度16	盐度18	盐度28
2细胞期	1 h 49 min	1 h 28 min	1 h 26 min	1 h 23 min	1 h 21 min	1 h 13 min	1 h 5 min	1 h 4 min	52 min
4细胞期	3 h 58 min	3 h 39 min	3 h 8 min	2 h 49 min	2 h 35 min	2 h 5 min	1 h 47 min	1 h 23 min	1 h 8 min
8细胞期	5 h 23 min	5 h 18 min	4 h 33 min	4 h 3 min	3 h 39 min	3 h 13 min	2 h 59 min	2 h 21 min	1 h 32 min
16细胞期	8 h 31 min	7 h 13 min	5 h 58 min	5 h 39 min	5 h 3 min	4 h 51 min	4 h 11 min	3 h 56 min	2 h 49 min

续表

项目	盐度4	盐度6	盐度8	盐度10	盐度12	盐度14	盐度16	盐度18	盐度28
32细胞期	9 h 10 min	8 h 16 min	8 h 5 min	7 h 47 min	6 h 59 min	5 h 31 min	5 h 8 min	4 h 3 min	3 h 21 min
64细胞期	10 h 32 min	9 h 21 min	8 h 59 min	8 h 31 min	7 h 44 min	6 h 26 min	6 h 15 min	5 h 37 min	3 h 58 min
多细胞期	11 h 49 min	10 h 28 min	10 h 6 min	9 h 32 min	8 h 57 min	7 h 18 min	7 h 14 min	6 h 29 min	4 h 44 min
高囊胚期	12 h 33 min	11 h 43 min	11 h 16 min	10 h 59 min	9 h 48 min	9 h 7 min	8 h 12 min	7 h 17 min	5 h 39 min
低囊胚期	15 h 22 min	14 h 3 min	13 h 40 min	13 h 28 min	12 h 16 min	11 h 41 min	9 h 37 min	8 h 46 min	6 h 51 min
原肠早期	16 h 13 min	15 h 21 min	14 h 55 min	14 h 39 min	13 h 7 min	12 h 39 min	10 h 44 min	10 h 18 min	7 h 17 min
原肠中期	18 h 21 min	17 h 19 min	16 h 58 min	16 h 47 min	15 h 56 min	15 h 22 min	12 h 53 min	12 h 43 min	9 h 41 min
原肠后期	21 h 11 min	20 h 48 min	20 h 31 min	20 h 4 min	18 h 39 min	18 h 7 min	14 h 57 min	14 h 11 min	11 h 22 min
眼泡出现期	25 h 14 min	24 h 17 min	24 h 4 min	23 h 41 min	22 h 48 min	22 h 31 min	18 h 17 min	17 h 39 min	14 h 48 min
肌节出现期	27 h 31 min	26 h 21 min	26 h 10 min	25 h 53 min	24 h 47 min	24 h 12 min	19 h 38 min	18 h 27 min	15 h 34 min
晶体出现期	29 h 9 min	29 h 49 min	29 h 8 min	28 h 46 min	27 h 56 min	27 h 31 min	22 h 35 min	21 h 13 min	19 h 19 min
尾芽形成期	32 h 13 min	32 h 52 min	31 h 33 min	31 h 17 min	30 h 32 min	30 h 11 min	25 h 13 min	23 h 56 min	21 h 24 min
心跳期	33 h 1 min	33 h 55 min	32 h 57 min	32 h 3 min	31 h 48 min	31 h 9 min	26 h 55 min	25 h 2 min	23 h 30 min
肌肉效应期	34 h 31 min	34 h 46 min	33 h 18 min	33 h 31 min	32 h 51 min	32 h 38 min	28 h 4 min	26 h 48 min	25 h 16 min
出膜前期	37 h 27 min	36 h 39 min	36 h 22 min	36 h 15 min	35 h 47 min	35 h 23 min	31 h 39 min	30 h 14 min	28 h 32 min
出孵期	41 h 35 min	40 h 56 min	40 h 32 min	39 h 41 min	39 h 13 min	38 h 45 min	35 h 53 min	34 h 35 min	31 h 5 min
孵化率/%	9.4 ± 1.03[a]	18.6 ± 1.52[b]	28.3 ± 2.64[c]	37.9 ± 2.83[d]	52.3 ± 3.11[e]	59.8 ± 2.19[f]	64.8 ± 3.54[g]	75.9 ± 1.87[h]	89.3 ± 1.12[i]
初孵仔鱼成活情况	–	–	–	+	++	+++	+++	+++	+++

注：不同字母表示显著性差异（$P<0.05$）；–表示不成活，+表示活动能力弱，++表示活动能力较强，+++表示活动能力强。

二、大黄鱼早期苗种对盐度的耐受性

李兵（2012）报道了大黄鱼早期各发育阶段在不同盐度下的死亡率见图4–22。参考半数死亡率分析，初孵仔鱼在盐度5、10、40及45条件下72 h内的死亡率都比较高（均超过50%）；而在盐度25条件下，72 h内的死亡率为16.1%。这说明初孵仔鱼不适应较高和较低盐度环境。开口仔鱼在72 h内的死亡率除在盐度10和25下未超过20%外，其他均超过50%，说明仔鱼在开口后对低盐环境（盐度10）适应性有所增强。卵黄囊消失的仔鱼，72 h内除盐度10下的死亡率未超过20%以外，其他盐度下死亡率都超过了50%，说明卵黄囊消失的仔鱼更适应于盐度10左右的低盐环境。油球消失的仔鱼24 h后在各个盐度下的死亡率都比较高，说明油球消失的仔鱼处于一个比较脆弱的时期。在稚鱼期，盐度10和25条件下24 h的死亡率为20%左右，72 h的死亡率仍未超过50%，而其他盐度下24 h的死亡率均超过50%，说明稚鱼期的渗透压调控功能较弱，死亡率较高。30日龄幼鱼，在盐度10和25条件下，96 h的死亡率未超过10%，而其他盐度下死亡率均超过50%，说明30日龄幼鱼的渗透压调控功能明显增强，具有较高的低盐耐受能力。

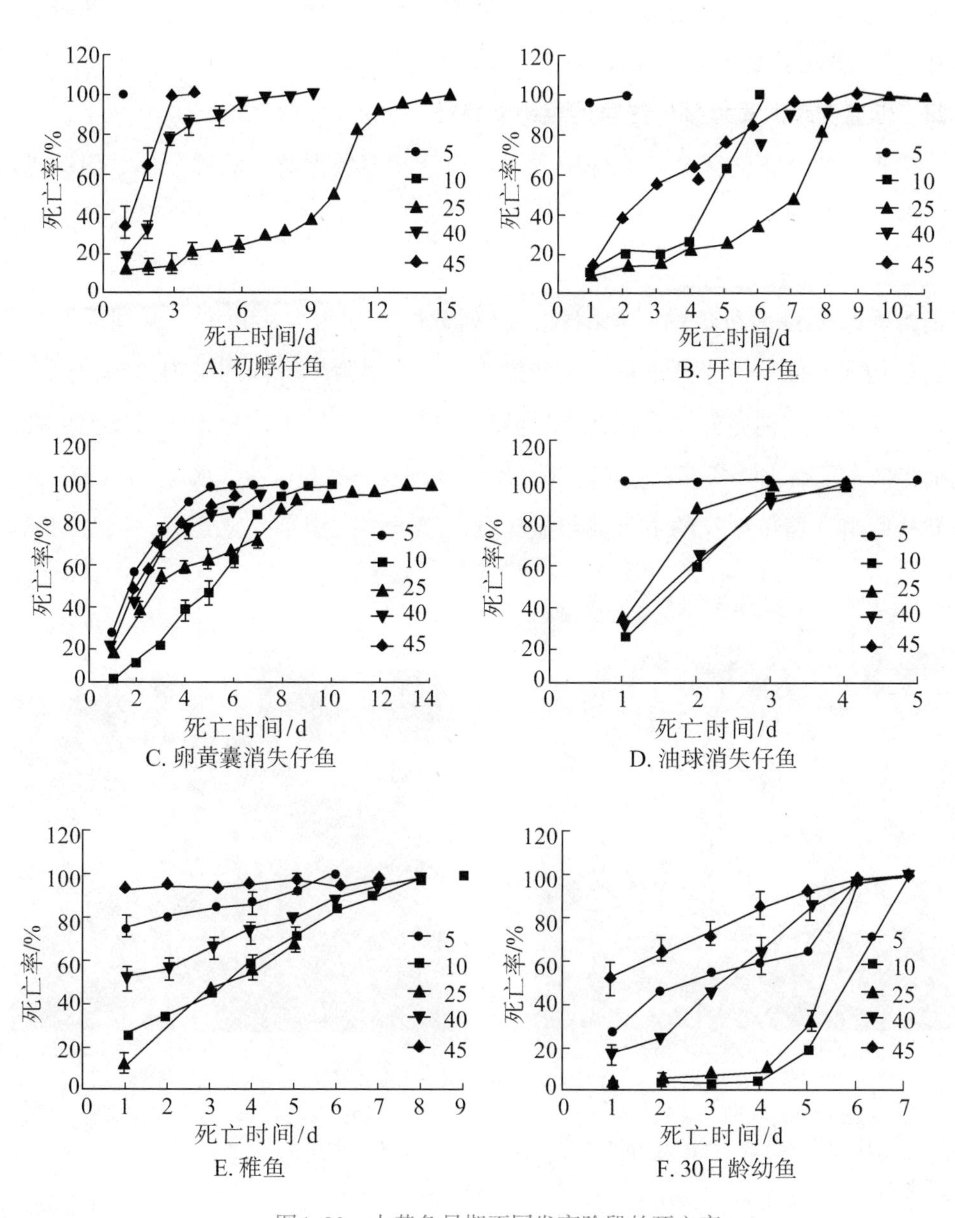

图4-22　大黄鱼早期不同发育阶段的死亡率

三、降盐幅度与速率对低盐养殖大黄鱼的影响

黄伟卿（2015）将23日龄的大黄鱼苗种，从自然海水盐度28.46直接降至8.00，然后以2.00/d的降盐幅度，再将盐度降至4.00，紧接着以1.00/d的降盐幅度，继续将盐度降至2.00，最后以0.50/d的降盐幅度，将盐度降至0时发现：大黄鱼对盐度的变化具有较强的适应性，从自然海水盐度为28.46直接降至8，成活率均为100%。但是，随着盐度的进一步降低，降盐幅度的快慢直接影响了大黄鱼苗种在低盐乃至淡水环境中养殖成活率的高低，降盐幅度越慢，成活率越高，降盐幅度越快，成活率越低，在盐度为2时出现了大量死亡的现象。

四、低盐养殖大黄鱼部分器官的组织学特征

金希哲（2015）对正常海水养殖大黄鱼与低盐养殖大黄鱼的部分器官组织进行观察，得出以下结论。

（一）鳃组织学特征

正常海水养殖大黄鱼的鳃丝细长，排列宽松，细胞大小正常，胞间无明显间隙。鳃丝均向两侧伸出半圆形扁平囊状鳃小片，鳃小片平行排列与鳃丝纵轴垂直，鳃小片上皮细胞结构完整，无损伤。黏液细胞稀少，胞体小，分布于鳃丝上皮中。泌氯细胞散布于鳃小叶基部，胞体较小，呈近椭圆状且数量较少（图4-23-1）。

低盐度组大黄鱼鳃丝的主干部明显较宽，鳃丝上的鳃小片宽且短，彼此间隔变

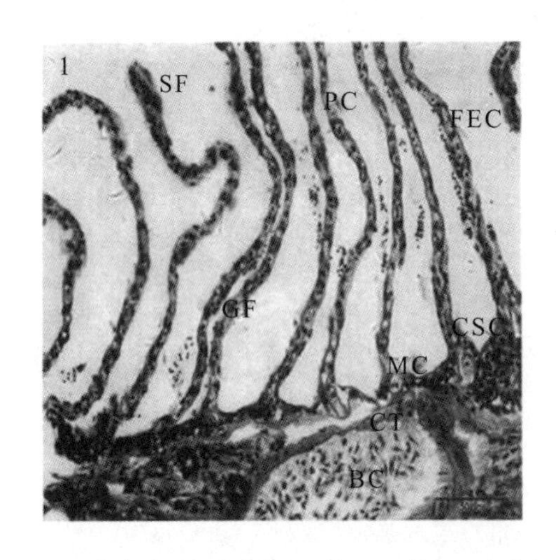

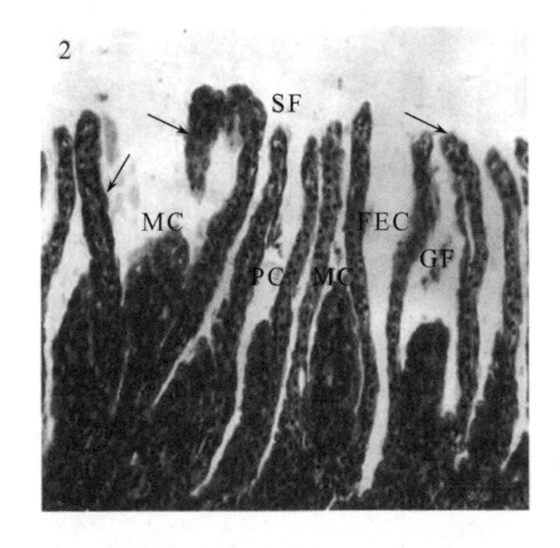

1. 海水对照组大黄鱼鳃组织；2. 低盐组大黄鱼鳃组织，示鳃小片上皮细胞增大，肥厚，隆起，脱落（箭头）；BC. 红细胞；CSC. 泌氧细胞（鳃小片基部）；CT. 软骨组织；FEC. 鳃丝上皮细胞；GF. 鳃丝；PC. 柱细胞；SF. 鳃小片；MC. 黏液细胞。

图4-23　海水对照组大黄鱼与低盐组大黄鱼鳃的组织学比较

大，均匀分布在鳃丝两侧，鳃小片上皮变厚，鳃小片上皮细胞发生增生、肥大，部分鳃小片上皮明显隆起，上皮细胞脱落、坏死。黏液细胞主要分布在鳃小片之间的鳃丝上皮中，鳃丝上皮中的黏液细胞数量与对照组相比则体积变大，且数目大量增多，充斥于鳃丝基部之间（图4–23–2）。

（二）肾脏的组织学特征

海水对照组大黄鱼的肾脏器官中，肾小球发达，大多数均较饱满，形状规则，肾小管的颈端部分较细，形状规则，上皮细胞呈立方形，胞界清楚，核中位，球形，染色较深，肾小体和各级肾小管外围出现不同的空白隔离区。第一近曲小管（PⅠ）发达，管径较大，管腔大多呈扁卵形，顶部内腔游离面具有发达的刷状缘，上皮细胞呈柱状，细胞界线模糊，核较大，略呈椭圆形，染色较浅，居中位，胞体较充实。第二近曲小管（PⅡ）管径逐渐缩小，呈圆形，刷状缘不及第一近曲小管发达，上皮细胞锥柱形，胞间分界亦不清晰，核近圆形，染色深，居中位。远曲小管大多呈近圆形，无刷状缘，管壁上皮为单层立方上皮。肾间质内有许多纵横交错的微血管（图4–24–1）。

低盐组肾脏器官的基本结构与海水对照组一致，只是在肾小体及上述各级肾小管的结构上出现了不同程度的肿胀现象。肾小体体积膨大，成不规则形状。各级肾小管管径变大，第一部分近曲小管（PⅠ）与第二部分近曲小管（PⅡ）变化较大，表现为细胞体积增大，管径变大（图4–24–2）。

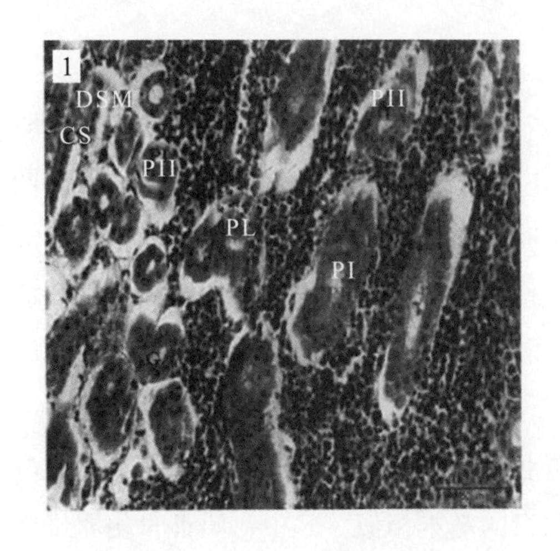

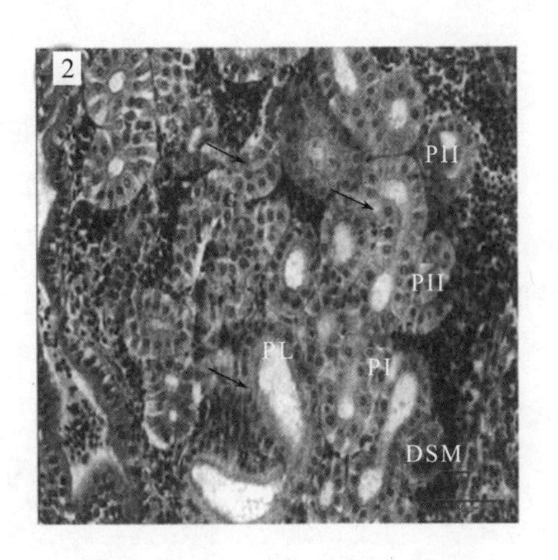

1. 海水对照组大黄鱼肾组织；2. 低盐组大黄鱼肾组织，示肾小管，肾小球体积膨胀（箭头）；CS. 集合管；DSM. 远曲小管；G. 肾小球；PⅠ. 第一近曲小管；PⅡ. 第二近曲小管。

图4–24　海水对照组大黄鱼与低盐组大黄鱼肾的组织学比较

（三）肝脏的组织学特征

海水对照组肝细胞胞质均匀，偶有细胞质空泡，细胞核成规则圆形，位于细胞核中央，肝细胞索相互交错，结构清晰（图4–25–1）。与对照组相比，低盐组大黄鱼的肝细胞肿大、变形，出现大量空泡。部分肝细胞还出现细胞形状不规则、细胞核偏离细胞中心的情况（图4–25–2）。

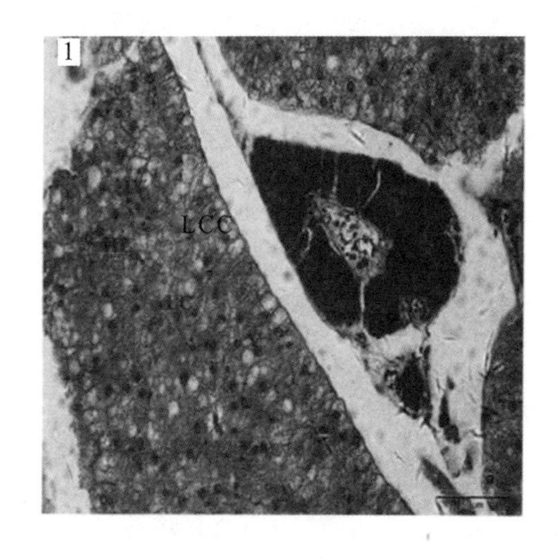

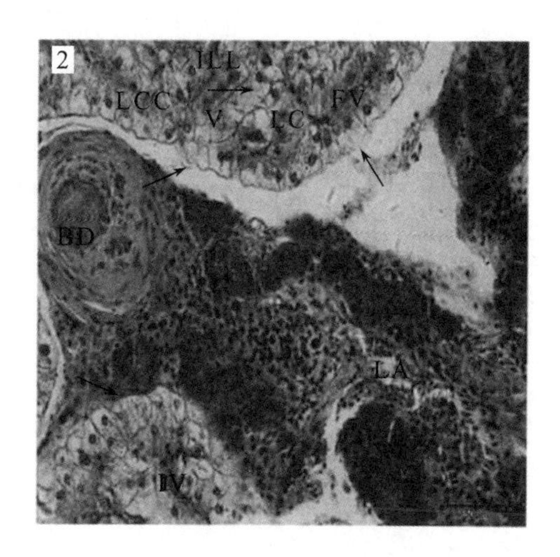

1. 海水对照组大黄鱼肝组织；2. 低盐组大黄鱼肝组织，示肝细胞肿大、变形，出现大量空泡（箭头）；BD. 胆管；CV. 中央静脉；LA. 肝小动脉；LCC. 肝细胞素；V. 空泡；IV. 小叶间静脉；HL. 肝小叶；LC. 肝细胞。

图4–25　海水对照组大黄鱼与低盐组大黄鱼肝的组织学比较

（四）性腺发育及组织学特征

海水对照组大黄鱼性腺中，切片所得多为第Ⅱ时相卵母细胞，第Ⅲ、第Ⅳ时相卵母细胞相对较少，第Ⅱ时相卵母细胞体积相对较小，多呈多边形，核型卵圆形，核质透亮，核仁明显，染色较深；第Ⅲ时相卵母细胞体积增大，体型饱满近圆球形，核外周边出现脂肪滴，后向细胞质扩增为数层，同时在细胞膜内缘出现卵黄粒，多而密，且逐渐向细胞质内发展；第Ⅳ时相卵母细胞体积进一步增大，细胞质中充满卵黄，并与脂肪滴混杂（图4–26–1）。

低盐组大黄鱼性腺中，切片所得多为第Ⅱ、第Ⅲ时相卵母细胞，第Ⅳ时相卵母细胞几乎不可见，卵母细胞结构与海水对照组的基本相似。其中，第Ⅲ时相卵母细胞呈多边形，不够饱满，脂肪滴小而密，且卵黄集中在细胞膜内缘，相对于海水对照组明显偏少（图版4–26–2）。

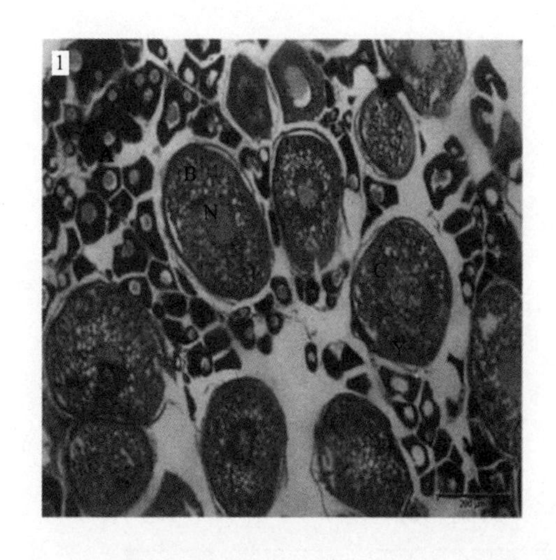

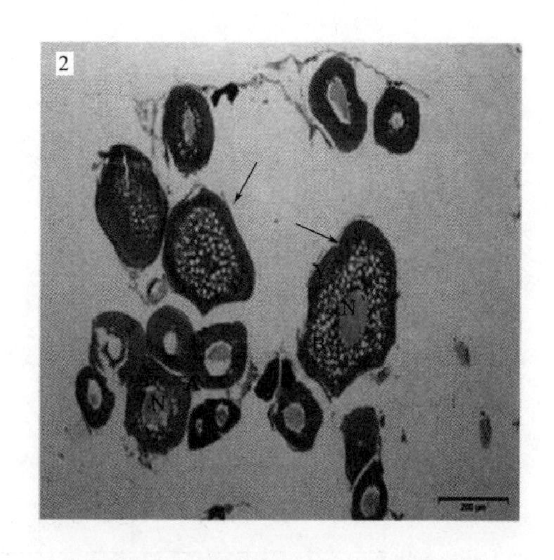

1. 海水对照组大黄鱼性腺；2. 低盐组大黄鱼性腺，示卵母细胞呈不规则多边形，不饱满（箭头）；A. 第2时相卵母细胞；B. 第3时相卵母细胞；C. 第4时相卵母细胞；N. 细胞核；Y. 卵黄。

图4–26　海水对照组大黄鱼与低盐组大黄鱼性腺的组织学比较

五、低盐养殖大黄鱼的成活率与水温的关系

在大黄鱼产业迅猛发展的30多年中，渔民为追求产量和利润不断扩张养殖规模，养殖密度逐渐增加，致使养殖海区水体富营养化日益加剧，恶化的养殖环境导致大黄鱼极易感染寄生虫，继而感染继发性细菌病使鱼致死。有研究表明，水温在18℃～30.5℃时，大黄鱼容易感染刺激隐核虫，死亡率达80%以上；水温20℃～25℃时是感染本尼登虫的高峰期，死亡率在50%以上；水温在23℃～30℃时，室内养殖的大黄鱼极易感染淀粉卵甲藻，死亡率可达80%以上（杨文川等，2002；刘家富，2013；邹峰等，2013）。罗朋朝（2002）认为大黄鱼感染寄生虫病时，采用淡水浸泡治疗的方法效果较佳。

黄伟卿（2018）证实室内养殖大黄鱼的成活率随着水温的升高而降低。盐度24的组，大黄鱼在水温20℃时先后检测到感染刺激隐核虫、淀粉卵甲藻、布娄克虫3种寄生虫，虽用甲醛、灭虫精、土霉素等药物进行灭虫和消炎，效果依旧不佳，试验过程也采取了淡水浸泡，但还是无法治愈，最终在水温28℃时，大黄鱼因感染寄生虫导致继发性感染细菌而全部死亡。盐度2、4、6、8的低盐组，当水温高于26℃时出现大量死亡，水温达到30℃，盐度2的养殖组成活率为（68.8±2.89）%，极显著高于其他养殖组（$P<0.01$）；盐度2、4、6、8的低盐组在水温为20℃～22℃时成活率显著高于盐度24的组（$P<0.05$），水温达22℃后，盐度2、4、6、8的低盐组的成活率很显著高于盐度24的组（$P<0.01$）（图4–27）。

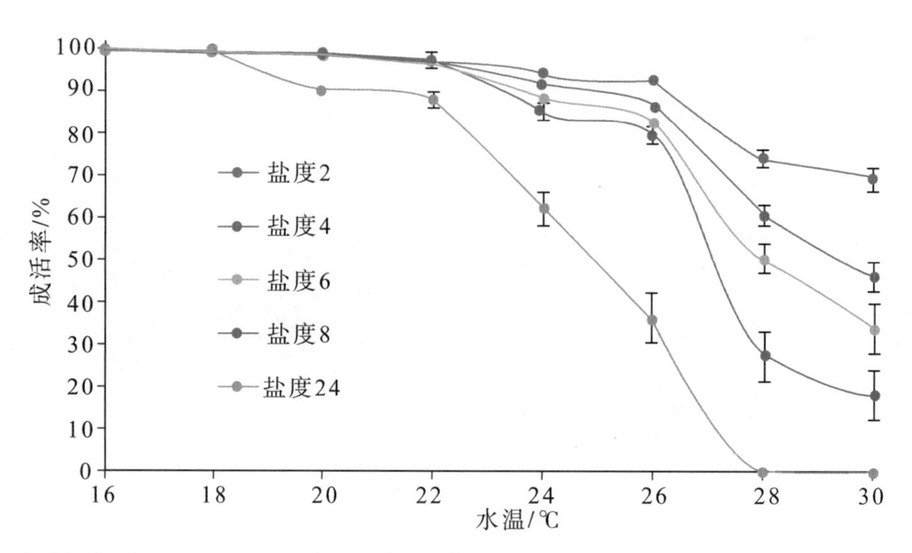

注：*表示相关显著（$P<0.05$）；**表示相关极显著（$P<0.01$）。

图4–27　不同盐度对大黄鱼成活率和水温的影响

（资料来源：黄伟卿，2018）

六、低盐养殖大黄鱼的生长性能

经黄伟卿（2018）统计，室内养殖大黄鱼每组之间的体重绝对增长率均呈现不规则的变化。盐度6的养殖组，试验第30 d的绝对增长率最大，达0.085 ± 0.002 cm/d；盐度4的养殖组，试验第90 d的绝对增长率最小，仅0.003 ± 0.003 cm/d。随着养殖时间的延长，低盐度组的绝对增长率逐渐高于盐度24的组。试验第30天，盐度6和盐度8的养殖组的绝对增长率高于盐度24的组；试验第60 d，盐度2和盐度4的养殖组绝对增长率高于盐度24的组；试验第90天，盐度2、6、8的低盐养殖组的绝对增长率高于盐度24的组（图4–28）。

盐度24养殖组的体重绝对增加率随着养殖时间的延长而降低；盐度4养殖组在第90～180 d，体重绝对增加率随时间的变长而增加，第180 d达到最大，为0.145 ± 0.013 g/d；盐度6养殖组第90 d的体重绝对增加率最小，仅为0.009 ± 0.003 g/d。低盐组的体重绝对增加率随着养殖时间的延长，出现了赶超盐度24的组的现象，养殖至第90 d，盐度2和盐度8的养殖组极显著高于盐度24的组（$P<0.01$），盐度6的养殖组显著高于盐度24的组（$P<0.05$）（图4–29）。

除盐度4的养殖组外，其他各组的增积量在前90 d随着养殖时间的延长而降低；在后90 d，随着养殖时间的延长而增加，盐度4的养殖组第180 d的增积量最大。低盐养殖组的增积量随着养殖时间的延长，超越了盐度24的组，养殖至第90 d，低盐

（2、4、6、8）的养殖组均高于盐度24的组（图4–30）。

除试验前30 d，盐度4的养殖组的肥满度显著高于其他各组（$P<0.05$）；养殖后期，盐度24的组第90d的肥满度显著高于其他各组（$P<0.05$）。整体上看，低盐度2、4、6、8的组和高盐度24的组的肥满度差异不大，维持在（1.61 ± 0.21）~（2.74 ± 0.17）（图4–31）。

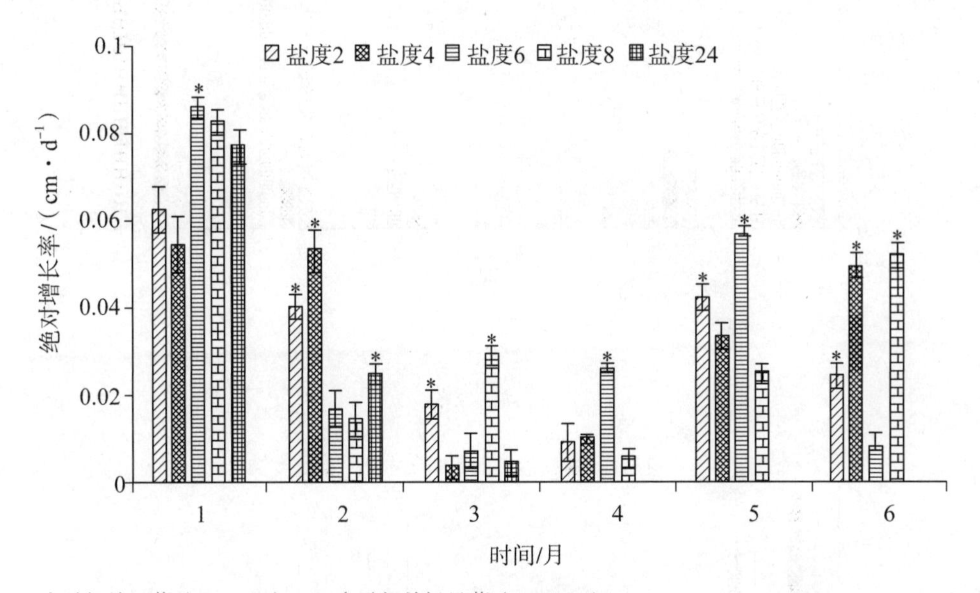

注：*表示相关显著（$P<0.05$）；**表示相关极显著（$P<0.01$）。

图4–28　不同盐度对大黄鱼绝对增长率的影响

（资料来源：黄伟卿，2018）

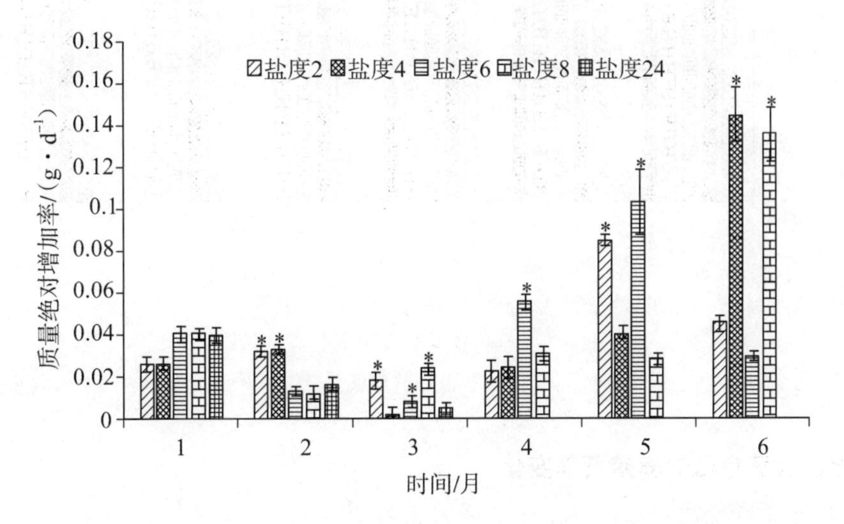

注：*表示相关显著（$P<0.05$）；**表示相关极显著（$P<0.01$）。

图4–29　不同盐度对大黄鱼体重绝对增加率的影响

（资料来源：黄伟卿，2018）

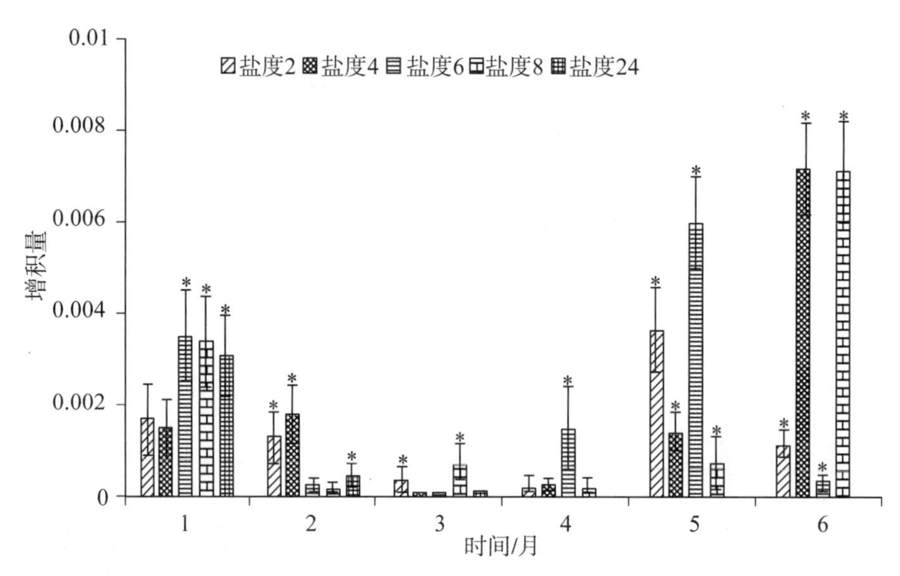

注：*表示相关显著（$P<0.05$）；**表示相关极显著（$P<0.01$）。

图4-30　不同盐度对大黄鱼养殖增积量的影响

（资料来源：黄伟卿，2018）

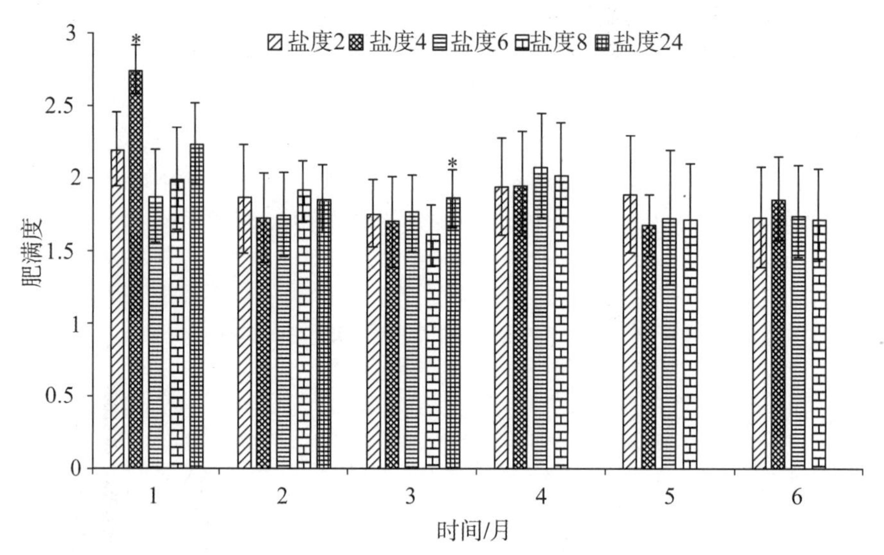

注：*表示相关显著（$P<0.05$）；**表示相关极显著（$P<0.01$）。

图4-31　不同盐度对大黄鱼肥满度的影响

（资料来源：黄伟卿，2018）

七、大黄鱼低盐养殖营养变化

（一）不同盐度养殖的大黄鱼肌肉基本成分

不同盐度养殖的大黄鱼粗蛋白含量为（12.47 ± 0.25）% ~（14.32 ± 0.19）%，粗脂肪含量为（1.09 ± 0.15）% ~（1.14 ± 0.11）%，粗灰分为（1.06 ± 0.07）% ~

（1.12 ± 0.05）%，三者之间随养殖盐度的变化，差异不显著（$P>0.05$）。水分含量为（67.8 ± 0.42）% ~（77.4 ± 0.71）%，随着盐度的降低，水分含量增大，试验组S2、S4、S6与试验组S8、S10和对照组S24之间呈现显著性差异（$P<0.05$）（表4–11）。

表4–11　不同盐度养殖大黄鱼肌肉基本成分比较（%）

项目	S_2	S_4	S_6	S_8	S_{10}	S_{24}
粗蛋白	12.79 ± 0.21^a	12.55 ± 0.23^a	14.32 ± 0.19^a	12.76 ± 0.18^a	12.47 ± 0.25^a	13.13 ± 0.14^a
粗脂肪	1.13 ± 0.17^a	1.14 ± 0.11^a	1.10 ± 0.13^a	1.13 ± 0.13^a	1.11 ± 0.18^a	1.09 ± 0.15^a
水分	77.4 ± 0.71^c	76.8 ± 0.65^c	76.2 ± 0.77^c	73.4 ± 0.63^b	71.3 ± 0.35^b	67.8 ± 0.42^a
粗灰分	1.06 ± 0.07^a	1.11 ± 0.05^a	1.09 ± 0.03^a	1.07 ± 0.03^a	1.08 ± 0.05^a	1.12 ± 0.05^a

注：不同字母表示显著性差异显著（$P<0.05$）。

（二）不同盐度养殖大黄鱼肌肉氨基酸成分

不同盐度养殖大黄鱼肌肉氨基酸总量为（9.26 ± 2.1）% ~（11.37 ± 3.4）%，必需氨基酸含量为（3.38 ± 0.7）% ~（4.34 ± 0.1）%，呈味氨基酸为（3.81 ± 0.9）% ~（4.51 ± 1.5）%，试验组S6的肌肉氨基酸总量、必需氨基酸和呈味氨基酸含量均显著高于其他组（$P<0.05$）。不同盐度养殖组必需氨基酸与呈味氨基酸占氨基酸总量比值基本一致，差异不显著（$P>0.05$）（表4–12）。

表4–12　不同盐度养殖大黄鱼肌肉氨基酸成分比较（%）

项目	S_2	S_4	S_6	S_8	S_{10}	S_{24}
天门冬氨酸◆	1.04 ± 0.03^a	1.02 ± 0.03^a	1.15 ± 0.04^a	0.96 ± 0.03^a	1.00 ± 0.03^a	1.11 ± 0.03^a
苏氨酸★	0.47 ± 0.03^a	0.46 ± 0.02^a	0.55 ± 0.02^b	0.43 ± 0.04^a	0.45 ± 0.02^a	0.50 ± 0.05^a
丝氨酸	0.48 ± 0.03^a	0.46 ± 0.03^a	0.51 ± 0.03^a	0.44 ± 0.03^a	0.46 ± 0.05^a	0.50 ± 0.02^a
谷氨酸◆	1.67 ± 0.04^c	1.59 ± 0.04^b	1.99 ± 0.02^e	1.50 ± 0.04^a	1.61 ± 0.04^b	1.79 ± 0.05^d
甘氨酸◆	0.80 ± 0.05^d	0.78 ± 0.05^c	0.73 ± 0.03^a	0.72 ± 0.05^b	0.73 ± 0.03^b	0.72 ± 0.05^b
丙氨酸◆	0.70 ± 0.04^{ab}	0.70 ± 0.02^{ab}	0.74 ± 0.02^b	0.63 ± 0.03^a	0.66 ± 0.04^a	0.71 ± 0.02^{ab}
半胱氨酸	0.07 ± 0.01^a	0.10 ± 0.01^a	0.08 ± 0.01^a	0.06 ± 0.01^a	0.07 ± 0.01^a	0.06 ± 0.01^a
缬草氨酸★	0.49 ± 0.02^a	0.48 ± 0.02^a	0.56 ± 0.03^c	0.44 ± 0.02^a	0.47 ± 0.04^a	0.52 ± 0.03^b
甲硫氨酸★	0.18 ± 0.03^a	0.18 ± 0.02^a	0.26 ± 0.03^c	0.22 ± 0.02^b	0.26 ± 0.02^c	0.17 ± 0.03^a
异亮氨酸★	0.40 ± 0.03^a	0.40 ± 0.03^a	0.48 ± 0.02^b	0.37 ± 0.02^a	0.39 ± 0.04^a	0.43 ± 0.02^a
亮氨酸★	0.78 ± 0.05^a	0.76 ± 0.05^a	0.93 ± 0.05^c	0.71 ± 0.05^a	0.76 ± 0.04^a	0.85 ± 0.02^b

续表

项目	S_2	S_4	S_6	S_8	S_{10}	S_{24}
酪氨酸	0.34 ± 0.04^a	0.32 ± 0.04^a	0.43 ± 0.03^b	0.32 ± 0.04^a	0.34 ± 0.04^a	0.37 ± 0.02^a
苯丙氨酸★	0.43 ± 0.03^a	0.42 ± 0.02^a	0.48 ± 0.03^a	0.40 ± 0.03^a	0.42 ± 0.02^a	0.46 ± 0.03^a
赖氨酸★	0.88 ± 0.02^a	0.86 ± 0.03^a	1.08 ± 0.05^b	0.81 ± 0.03^a	0.85 ± 0.03^a	0.96 ± 0.02^b
组氨酸	0.22 ± 0.01^a	0.21 ± 0.01^a	0.24 ± 0.03^a	0.20 ± 0.02^a	0.21 ± 0.01^a	0.23 ± 0.01^a
精氨酸	0.66 ± 0.03^a	0.64 ± 0.04^a	0.74 ± 0.04^b	0.61 ± 0.04^a	0.64 ± 0.04^a	0.69 ± 0.02^a
脯氨酸	0.50 ± 0.03^a	0.47 ± 0.03^a	0.52 ± 0.03^a	0.44 ± 0.03^a	0.47 ± 0.03^a	0.48 ± 0.03^a
氨基酸总量（TAA）	10.11 ± 2.6^b	9.85 ± 1.8^a	11.37 ± 3.4^c	9.26 ± 2.1^a	9.79 ± 1.6^a	10.55 ± 1.9^b
必需氨基酸（EAA）	3.63 ± 0.9^b	3.56 ± 0.8^b	4.34 ± 1.1^d	3.38 ± 0.7^a	3.60 ± 0.8^b	3.89 ± 0.9^c
呈味氨基酸（DAA）	4.21 ± 0.7^b	4.09 ± 0.8^a	4.51 ± 1.5^c	3.81 ± 0.9^a	4.00 ± 0.9^a	4.33 ± 0.8^b
EAA/TAA	0.36 ± 0.02^a	0.36 ± 0.03^a	0.38 ± 0.01^a	0.37 ± 0.02^a	0.37 ± 0.02^a	0.37 ± 0.02^a
DAA/TAA	0.42 ± 0.03^a	0.42 ± 0.02^a	0.40 ± 0.02^a	0.41 ± 0.02^a	0.41 ± 0.02^a	0.41 ± 0.02^a

注：不同字母表示显著性差异显著（$P<0.05$）；★表示必需氨基酸；◆表示呈味氨基酸。

根据AAS评价模式，不同盐度养殖的大黄鱼肌肉中的必需氨基酸中不存在限制性氨基酸。根据CS评价模式，试验组S_2和对照组S_{24}的限制氨基酸为亮氨酸、甲硫氨酸+半胱氨酸、缬草氨酸和苯丙氨酸+酪氨酸；试验组S_4和S_6的限制氨基酸为亮氨酸、甲硫氨酸+半胱氨酸和苯丙氨酸+酪氨酸；试验组S_8的限制氨基酸为异亮氨酸、亮氨酸、甲硫氨酸+半胱氨酸和苯丙氨酸+酪氨酸；试验组S_{10}的限制氨基酸为亮氨酸和甲硫氨酸+半胱氨酸。试验组S_6的EAAI最大（73.88），试验组S_2的EAAI最小（63.28），除试验组S_6外，其他盐度的EAAI均小于对照组S_{24}（表4-13）。

表4-13　不同盐度下养殖大黄鱼的必需氨基酸含量、AAS、CS和EAAI

项目		异亮氨酸	亮氨酸	赖氨酸	甲硫氨酸+半胱氨酸	苏氨酸	缬草氨酸	苯丙氨酸+酪氨酸	EAAI
S2	ASS	78.19	87.12	125.10	55.85	91.87	76.62	100.34	63.28
	CS	57.92	70.91*	98.29	34.29*	78.19	58.05*	64.73*	

续表

项目		异亮氨酸	亮氨酸	赖氨酸	甲硫氨酸+半胱氨酸	苏氨酸	缬草氨酸	苯丙氨酸+酪氨酸	EAAI
S4	ASS	79.68	86.51	124.59	63.75	91.63	76.49	98.27	69.53
	CS	59.02	70.42*	97.89	39.14*	77.99	99.83	63.40*	
S6	ASS	83.80	92.78	137.13	67.84	96.02	78.21	105.91	73.88
	CS	62.07	75.52*	107.74	41.65*	81.72	102.25	68.33*	
S8	ASS	72.49	79.49	115.42	62.70	84.25	68.97	94.04	70.05
	CS	53.70*	64.70*	90.69	38.50*	71.70	88.18	60.67*	
S10	ASS	78.19	87.07	123.93	75.61	90.22	75.38	101.58	72.18
	CS	57.92	70.87*	97.38	46.43*	76.78	109.30	105.08	
S24	ASS	81.87	92.48	132.94	50.05	95.20	79.21	105.36	70.29
	CS	60.65	75.28*	104.45	30.73*	81.02	65.53*	67.97*	

注：*表示限制性氨基酸。

（三）不同盐度养殖大黄鱼的肌肉脂肪酸成分

不同盐度养殖的大黄鱼肌肉的饱和脂肪酸以棕榈酸甲酯（C16：0）为主，不饱和脂肪以油酸甲酯（C18：1n9c）和亚油酸甲酯（C18：2n6c）为主。低盐养殖试验组总的饱和脂肪酸（∑SFA）和总的单不饱和脂肪酸（∑MUFA）显著大于对照组（$P<0.05$），试验组S_8总的多不饱和脂肪酸（∑PUFA）为（39.1 ± 2.96）%和必需脂肪酸（∑EFA）为（26.8 ± 1.63）%显著大于其他组（$P<0.05$）。不同盐度养殖的大黄鱼肌肉的EPA+DHA的含量在（9.8 ± 0.41）%～（13.0 ± 0.21）%（表4–14）。

表4–14　不同盐度下养殖大黄鱼肌肉的脂肪酸成分比较（%）

项目	S_2	S_4	S_6	S_8	S_{10}	S_{24}
C14：0	1.8 ± 0.05^a	2.4 ± 0.04^a	2.1 ± 0.05^a	2.5 ± 0.03^a	1.8 ± 0.06^a	1.7 ± 0.04^a
C15：0	0.3 ± 0.02^a	0.3 ± 0.02^a	0.3 ± 0.02^a	0.4 ± 0.02^a	0.3 ± 0.02^a	0.2 ± 0.01^a
C16：0	16.3 ± 0.22^a	18.5 ± 0.26^d	17.5 ± 0.21^c	18.2 ± 0.25^d	16.3 ± 0.21^a	15.7 ± 0.20^a
C16：1n7c	2.8 ± 0.17^a	3.6 ± 0.13^b	3.4 ± 0.15^b	3.6 ± 0.14^b	2.8 ± 0.13^a	2.6 ± 0.11^a
C17：0	0.5 ± 0.03^a	0.6 ± 0.02^a	0.6 ± 0.03^a	0.7 ± 0.02^a	0.5 ± 0.03^a	0.7 ± 0.02^a
C17：1n7c	0.4 ± 0.02^a	0.4 ± 0.02^a	0.4 ± 0.02^a	0.4 ± 0.02^a	0.4 ± 0.02^a	0.4 ± 0.02^a

续表

项目	S_2	S_4	S_6	S_8	S_{10}	S_{24}
C18：0	6.3 ± 0.09^a	5.8 ± 0.08^a	5.8 ± 0.09^a	5.4 ± 0.07^a	6.3 ± 0.10^a	5.9 ± 0.09^a
C18：1n9c	16.8 ± 0.42^a	19.9 ± 0.41^b	18.9 ± 0.47^b	19.8 ± 0.043^b	16.8 ± 0.44^a	16.0 ± 0.61^a
C18：2n6c	19.1 ± 0.31^a	22.8 ± 0.33^b	20.8 ± 0.51^b	24.1 ± 0.49^b	19.1 ± 0.39^a	19.4 ± 0.41^a
C18：3n3c	1.5 ± 0.07^a	2.0 ± 0.05^b	1.8 ± 0.05^b	2.0 ± 0.08^b	1.5 ± 0.07^a	1.6 ± 0.07^a
C20：0	0.4 ± 0.01^a	0.3 ± 0.01^a	0.4 ± 0.01^a	0.4 ± 0.01^a	0.4 ± 0.01^a	0.4 ± 0.01^a
C20：1n9c	2.1 ± 0.11^b	1.3 ± 0.32^a	1.8 ± 0.14^b	2.4 ± 0.17^b	2.1 ± 0.13^b	2.4 ± 0.11^b
C20：2n6c	0.7 ± 0.03^a	0.3 ± 0.03^a	0.5 ± 0.02^a	0.3 ± 0.05^a	0.7 ± 0.01^a	0.8 ± 0.01^a
C20：3n6c	0.2 ± 0.01^a	0.1 ± 0.01^a	0.1 ± 0.01^a	0.1 ± 0.01^a	0.2 ± 0.01^a	0.3 ± 0.01^a
C20：4n6c	1.0 ± 0.07^a	0.8 ± 0.06^a	0.8 ± 0.03^a	0.7 ± 0.06^a	1.0 ± 0.07^a	1.0 ± 0.08^a
C22：0	0.2 ± 0.01^a	0.2 ± 0.01^a	0.3 ± 0.01^a	0.3 ± 0.01^a	0.2 ± 0.01^a	0.3 ± 0.01^a
EPA（C20：5n3c）	3.6 ± 0.23^a	3.4 ± 0.22^a	3.4 ± 0.23^a	3.3 ± 0.21^a	3.6 ± 0.22^a	3.8 ± 0.21^a
C22：1n9c	0.8 ± 0.04^a	1.2 ± 0.04^a	1.1 ± 0.05^a	1.3 ± 0.04^a	0.8 ± 0.05^a	1.0 ± 0.03^a
C22：2n6c	0.2 ± 0.01^a	0.1 ± 0.01^a	—	0.1 ± 0.01^a	0.2 ± 0.01^a	—
C23：0	0.4 ± 0.03^a	0.1 ± 0.03^a	—	0.1 ± 0.03^a	0.4 ± 0.01^a	0.2 ± 0.04^a
C24：0	0.4 ± 0.03^a	0.2 ± 0.03^a	0.3 ± 0.03^a	0.2 ± 0.03^a	0.4 ± 0.03^a	0.3 ± 0.03^a
C24：1n9c	0.5 ± 0.02^a	0.5 ± 0.02^a	0.4 ± 0.02^a	0.4 ± 0.03^a	0.5 ± 0.03^a	0.4 ± 0.03^a
DHA（C22：6n3c）	9.1 ± 0.21^b	6.8 ± 0.23^a	7.3 ± 0.21^a	6.5 ± 0.22^a	9.1 ± 0.25^b	9.2 ± 0.20^b
其他	14.7 ± 0.52^c	8.3 ± 0.51^a	12.1 ± 0.52^b	8.0 ± 0.54^a	14.7 ± 0.53^c	15.5 ± 0.55^c
总饱和脂肪酸（∑SFA）	26.6 ± 1.37^b	28.4 ± 1.48^d	27.3 ± 1.41^c	28.2 ± 1.39^d	26.6 ± 1.51^b	25.4 ± 1.43^a
总的单不饱和脂肪酸（∑MUFA）	23.4 ± 2.13^b	26.9 ± 2.22^c	26.0 ± 2.31^c	25.9 ± 2.12^c	23.4 ± 2.35^b	22.8 ± 2.17^a
总的多不饱和脂肪酸（∑PUFA）	35.4 ± 2.66^a	36.3 ± 2.61^a	34.7 ± 2.75^a	39.1 ± 2.96^b	35.4 ± 2.43^a	36.1 ± 2.71^a
必需脂肪酸（∑EFA）	21.6 ± 1.27^a	25.6 ± 1.25^c	23.4 ± 1.33^b	26.8 ± 1.63^c	21.6 ± 1.73^a	22.0 ± 1.82^a
EPA+DHA	12.7 ± 0.27^b	10.2 ± 0.31^a	10.7 ± 0.34^a	9.8 ± 0.41^a	12.7 ± 0.23^b	13.0 ± 0.21^b

注：不同字母表示显著性差异显著（$P<0.05$）；—表示未检出。

第五章

大黄鱼主要病害及防控

近年来，随着养殖规模不断扩大和养殖水环境质量下降，大黄鱼养殖病害问题越来越严重，并呈现出病害种类多、危害面广、经济损失严重等特点，已成为制约大黄鱼养殖产业可持续健康发展的瓶颈之一。大黄鱼病害不仅直接影响大黄鱼养殖的成活率与产量，而且还间接关系到大黄鱼产品的品质和质量安全问题，进而影响其市场价值。据不完全统计，福建省大黄鱼养殖面积已占全国养殖总面积的95%以上，近年因大黄鱼病害而造成的经济损失每年都达2亿～3亿元；另外，还常发生药物残留事件，不但给养殖和加工企业造成重大经济损失，也可能影响人们的身体健康。

目前大黄鱼人工育苗及养殖过程出现的病害种类达30多种，病原种类涵盖病毒、细菌和寄生虫等，病害发生领域涉及大黄鱼人工育苗、成鱼养殖等各个阶段。大黄鱼各种不同的养殖模式都不同程度地发生病害，只是不同阶段和不同养殖模式发生的病害种类有所区别与侧重。大黄鱼的病害防治工作涉及养殖环境、养殖技术与管理、苗种的种质与体质等诸多方面，是一个系统的工程。特别是在集约化的养殖模式下，由于环境条件、鱼体密度、饵料质量等因素都与天然状况下差别很大，如管理不善极易引起各种病害。做好大黄鱼的病害防控工作，应树立“重在预防”“综合防控”和“健康养殖”的防治理念，在养殖之前和养殖过程中都要非常重视病害的预防工作。

第一节　病害检查与判断

一、病害发生原因

了解病害发生原因是制定预防病害的合理措施、做出正确诊断和提出有效治疗方法的根据。养殖大黄鱼病害发生的具体原因虽然多种多样，但基本上可以归纳为以下4类。

（一）病原体生物因素

寄生于宿主机体并引起疾病的生物称为病原体生物或病原体。养殖大黄鱼的病原体种类很多。病原体一般寄生在大黄鱼一定的器官或组织内，有的专寄生在消化道内，有的专寄生在肝脏内，有的专寄生在肌肉中，有的必须在血液中才能生活，有的则生活在大黄鱼的鳃或体表。寄生在体内组织或器官及体腔内的称作内寄生物，寄生在体表（包括皮肤和鳃）的称作外寄生物。

据不完全统计，大黄鱼从育苗阶段开始到养成为止，可能发生的病害就达到30余种。这些病害根据不同的划分标准可以分为不同的类型。

1. **按病原体生物分类**　可分为病毒性疾病、细菌性疾病、真菌性疾病、寄生虫性疾病等。

（1）*由病毒引起的疾病称为病毒性疾病*　病毒必须在活细胞中才能生长增殖，寄生条件十分严格。病毒感染是基因水平的感染。病毒在大黄鱼细胞内增殖，影响大黄鱼细胞的核酸及蛋白质代谢。有的病毒在大黄鱼细胞中复制成熟后，短时间内一次性大量释放，细胞裂解死亡，释放出的病毒侵入其他细胞，开始又一个感染周期。当细胞死亡达到一定数量而造成组织损伤，或毒性产物积累到一定程度时，鱼体出现患病症状，严重者甚至死亡。相对毒性较低的病毒在相对易感性较低的细胞中可能形成稳定状态感染，在相当长的一段时间内细胞和病毒并存，同时增殖，病毒可以传给子代细胞，或通过直接接触感染临近细胞。

（2）*由细菌引起的疾病称为细菌性疾病*　细菌的致病性由侵袭力和产毒素能力构成。侵袭力是指致病菌突破宿主防御功能，并在其中进行生长繁殖和实现蔓延扩散的能力，主要包括吸附和侵入能力、繁殖与扩散能力以及抵抗宿主防御功能的能力。细菌毒素可分为外毒素和内毒素两大类。细菌在生长过程中合成并分泌到胞外的毒素称外毒素，如肠毒素、溶血毒素等。外毒素通常为蛋白质，可选择作用于各自特定的组织器官，其毒性作用强。内毒素即革兰氏阴性菌细胞壁脂多糖，于菌体裂解时释放，作用于白细胞、血小板、补体系统、凝血系统等多种细胞和体液系统，引起发热、白细胞增多、血压下降及微循环障碍，有多方面复杂作用，但相对毒性较弱。

（3）由真菌引起的疾病称为真菌性疾病　当鱼体表皮肤受损伤时，真菌侵入损伤部位，在其内外生长繁殖，引起表皮组织坏死。菌丝进一步侵入真皮、皮下和肌肉，蔓延到组织细胞间院。菌丝有时可以侵入脑、心脏、主要血管、肝脏等器官，引起病鱼死亡。 抗真菌药物对机体有一定的毒副作用，而抗体又经常无法发挥作用，因此真菌性疾病较难治疗。

（4）由寄生虫引起的疾病称为寄生虫性疾病　寄生虫可分为原虫和蠕虫。原虫是单细胞生物，多数于细胞内寄生，在感染过程中破坏宿主组织细胞，连同其毒性代谢产物，引起急性或慢性传染病。蠕虫是多细胞生物，种类极多，通常会引起体外感染。寄生虫寄生在鱼体，吸收大黄鱼的营养成分，造成大黄鱼营养不良，同时寄生虫还导致鱼体表面创伤和应激，引起细菌性继发感染，严重者导致其大规模死亡。

2. 按发病部位分类　可分为全身性感染和局部性感染。

（1）全身性感染　是指病原体侵入鱼体血液循环，并在体内生长繁殖或产生毒素而引起全身多个器官、部位出现异常，或者一个器官病变引发了全身病变的状态，引发全身性感染或中青症状，如败血症。败血症是病原体菌（如弧菌）侵入大黄鱼血液并在其中大量生长繁殖，产生的毒性代谢产物包括外毒素或内毒素等毒力因子引起的全身性严重中毒的症状。

（2）局部性感染　是指病原体有明确的靶器官或靶组织，病原体感染只引起鱼体某器官或组织出现病变。

（二）鱼体免疫因素

同种生物的不同个体，与相同的病原体接触后，有的患病，有的安然无恙，其原因就是不同个体间的免疫力不同。免疫是机体识别和排除抗原性异物的一种保护性功能（图5–1），在正常的条件下对机体有利，在异常条件下可能损伤机体。

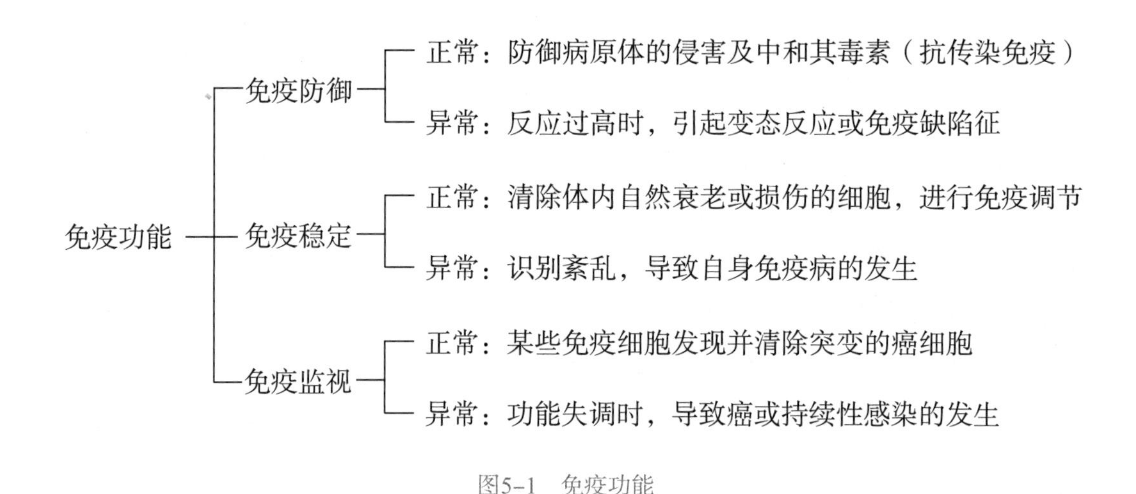

图5-1　免疫功能

大黄鱼的免疫可分为非特异性免疫和特异性免疫。

非特异性免疫是大黄鱼在长期进化过程中形成的，是先天即有、相对稳定、无特殊针对性的对付病原体的天然抵抗力。大黄鱼的非特异性免疫由宿主的屏障结构、吞噬细胞的吞噬功能、正常组织和体液中的抗菌物质以及有保护性的炎症反应四个方面组成。

特异性免疫是大黄鱼在生活过程中接受抗原性异物刺激，如微生物感染或接种疫苗后产生的，又称获得性免疫，具有获得性、高度特异性和记忆性等特点。特异性免疫的功能是识别非自身和自身的抗原物质，并对它产生免疫应答，从而保证机体内环境的稳定状态。

总之，如果大黄鱼的免疫力强，就不容易发生疾病；如果免疫力低下，就很容易发生多种疾病。在养殖生产中要采取多种措施提高鱼体的免疫力。

（三）环境应激因素

病害的发生与发展除了取决于病原体和大黄鱼的免疫力外，还取决于对以上因素都有影响的环境因素。良好的环境因素有助于提高机体的免疫力，也有助于限制、消灭自然疫源和控制病原体的传播。

大黄鱼是变温动物，水体的各种理化因素对其生活、繁殖具有特殊的作用，其中，水温、溶解氧、pH以及水中的化学成分、有毒物质及其含量的变化等多种因素与大黄鱼养殖密切相关。

（1）水温　大黄鱼对水温有一定的要求。在适温范围内，水温变化的影响主要表现在鱼类呼吸频率和新陈代谢的改变。即使在适温范围内，如遇寒潮、暴雨、转池等使水温发生巨大变化时，也会给大黄鱼带来不良影响，轻则发病，重则死亡。

水温突变对幼鱼的影响更大，如初孵出的鱼苗只能适应±2℃范围的温差，体长6 cm左右的小鱼能适应±5℃范围的温差，超过这个范围就会发病或死亡。

（2）溶解氧　水中的溶解氧为大黄鱼生存所必需。一般情况下，溶解氧需在5 mg/L以上，大黄鱼才能较好地生长。实践表明，溶解氧含量高，鱼类对饲料的利用率高。当溶解氧不足时，大黄鱼会因缺氧而浮头，长期浮头的鱼生长不良，还会引起下颌的畸变，严重者导致窒息死亡。但溶解氧亦不宜过高，水体中溶解氧达到过饱和时，就会产生游离氧，形成气泡，从而引发鱼的气泡病。

（3）pH　大黄鱼适合的pH在8左右，pH过低和过高对鱼类都不利。pH偏低，即在酸性的水环境下，细菌、大多数藻类和浮游动物发育受到影响，代谢物质循环强度下降，大黄鱼虽可以生活，但生长缓慢，物质代谢降低，鱼类血液中的pH下降，其载氧能力下降，从而影响大黄鱼的产量。pH过高的水体会腐蚀鱼体的鳃和皮肤，影响鱼的新陈代谢，甚至造成鱼的死亡。

（4）氨氮和亚硝酸盐　养殖海区中氨氮的主要来源是沉入海底的饲料、鱼排泄物、肥料和动植物死亡的遗骸等，氨氮浓度过高会影响大黄鱼的生长速度，甚至发生中毒并表现为与出血性败血症相似的症状，引起死亡。养殖水体中的亚硝酸盐主要来自水环境中有机物分解的中间产物，当氧气充足时可转化为对鱼毒性较低的硝酸盐，当缺氧时转为毒性强的氨氮。亚硝酸盐对大黄鱼的危害主要是其能与鱼体血红素结合成高铁血红素，由于血红素的亚铁被氧化成高铁，失去与氧结合的能力，致使血液呈红褐色，随着鱼体血液中高铁血红素的含量增加，血液颜色可以从红褐色转化成巧克力色。由于高铁血红蛋白失去运载氧气的能力，大黄鱼可能因缺氧而致死。

（5）水中化学成分和有毒物质　钠、钾、钙、铁、镁、铝等常见元素和SO_4^{2-}、NO_3^-、PO_3^{3-}、HCO_3^-、SiO_3^{2-}等阴离子，是生物体生活、生长的必需成分；而汞、锌、铬等元素若含量超过一定限度，就会对大黄鱼产生毒性。一些有机农药和厂矿废水中，往往也含有某些有毒有害物质，一旦进入水体，会使养殖大黄鱼受到损害。

（四）人为管理因素

人为管理因素对养殖大黄鱼的病害发生情况也有重大影响。比如：

养殖密度过高，容易引起鱼体应激、水质变坏、病原体增加等，增加了病害发生的概率。

投喂饲料的数量或饲料中所含的营养成分不能满足大黄鱼维持生存的最低需要时，大黄鱼往往生长缓慢或停止生长，身体瘦弱，抗病力降低，严重时就会出现明显的患病症状甚至死亡。营养成分中容易发生问题的是缺乏维生素、矿物质、氨基酸，其中最容易缺乏的是维生素和必需氨基酸。腐败变质的饲料也是致病的重要因素之一。

在捕捞、运输和饲养管理过程中，往往由于工具不适宜或操作不小心，使大黄鱼身体受到摩擦或碰撞而受伤。受伤处组织破损、机能丧失，或体液流失，渗透压紊乱，引起各种生理障碍以致死亡。除了这些直接危害以外，伤口又是各种病原微生物侵入的途径。

这些病因对大黄鱼的致病作用，可能是单独一种病因的作用，也可能是几种病因混合的作用，并且这些病因往往有互相促进的作用。

二、病鱼和健康鱼的鉴别

通常情况下，受感染的病鱼和健康鱼在外观上会出现明显的差异，如果仔细观察就可以在感染的早期发现病鱼，及早采取措施，减少病害造成的损失。

（一）活动状态

大黄鱼是集群性鱼类，通常网箱中的大黄鱼集群在离水面一定距离的水层游动。有的病鱼长时间浮在水面游动；有的病鱼会离群独游；有的病鱼活力下降，游动速度慢；有的病鱼表现得焦躁不安，游动速度比其他鱼明显加快；有的病鱼平衡出现问题，出现侧翻等症状。

（二）体表变化

健康大黄鱼全身被鳞，侧线完全，鱼体背面和上侧面为淡青褐色或淡黄褐色，下侧面和腹面为淡金黄色，鳍条完整。有的病鱼受到外力创伤，出现鳍条、鳞片不完整；有的被寄生虫感染，体表出现白点、白斑等；有的受弧菌感染，鳍条基部和腹部等充血变红；有的病鱼腹部异常肿大；有的病鱼体表出现溃疡症状。

（三）摄食情况

养殖大黄鱼摄食情况受养殖水温的影响很大。冬季水温降到14℃以下时，大黄鱼很少摄食甚至停止摄食。春节水温达到15℃以上时开始摄食，18℃～25℃时摄食旺盛，生长最快，水温超过30℃时大黄鱼的摄食量又明显减少。有许多细菌性感染引起的疾病在早期体表没有明显症状，但病鱼经常会出现厌食现象。如果在本该正常摄食的季节出现大黄鱼摄食明显减少的现象就该引起注意。

（四）脏器病变

病鱼的体表检查完毕以后，有的还要进行解剖检查内部器官。首先肉眼观察内部各器官组织的颜色和形状有无变化，有无炎症、充血、肿胀、溃疡、萎缩退化、肥大增生、体腔积水等病理变化，有无大寄生虫及其包囊，然后用显微镜检查各器官组织。对内部器官组织的检查，应首先从心脏抽取血液镜检，然后刮取体腔或其他器官腔中的黏液检查。对于肝脏、肾脏等实质性器官可取一小块组织用压片法进行检查，注意有无病理变化和病原体，必要时进行冰冻切片观察其病理变化。

三、鱼病的现场调查

对养殖大黄鱼疾病进行诊断时，现场发病情况调查对疾病的准确诊断具有重要的作用。现场调查主要有以下几方面的内容。

（一）病害情况调查

了解养殖史，新的养殖区发生传染病的几率小；近几年的常发病害，它们的危害程度和所采取的治疗及其效果；本次发病的时间、范围，病鱼的规格、典型症状、死亡数量、死亡速度、活动状况等均应仔细了解清楚。

（二）饲养管理调查

鱼类发病，常与管理不善有关。例如，投喂的饲料不新鲜或不按照“四定”（定量、定质、定时、定位）投喂，鱼类很容易患肠炎；由于运输、拉网和其他操作不小心，也很容易使鱼体受伤、鳞片脱落，使细菌和寄生虫等病原体侵入伤口，引发多种鱼病，如烂尾病等。因此，对投饲量、放养密度、放养规格和品种等都应有详细了解。此外，对气候变化、敌害（水鸟、水生昆虫等）的发生情况也应同时进行了解。

（三）环境因素调查

发病海区环境包括周围环境和内环境。前者是指了解海区附近有哪些工厂，工厂排放的污（废）水含有哪些对鱼类有毒的物质，这些污（废）水是否经过处理后排放，等等。后者是指海区水体环境，水的酸碱度、溶解氧、氨氮、亚硝酸盐变化等。周围环境和内环境都是造成鱼病发生的主要原因之一。因此，调查水源、水深、水流、潮汐、淤泥情况，测定海水的pH、溶解氧、氨氮、亚硝酸盐、硫化氢含量等都是必不可少的工作。测定时应参照国家环境保护局和国家海洋局1998年7月1日发布的《中华人民共和国海水水质标准》（GB3097—1997）进行。

四、病鱼的检查与诊断

（一）病鱼的肉眼检查（目检）

在野外调查和生产实践中，目检是检查鱼病的主要方法之一，目检可以从鱼体患病部位找出大型病原体，观察由病原体对机体刺激后引起的反应——表现出的各种现象，即通常所称的症状，为诊断鱼病提供依据。

对鱼体要进行检查的部位，包括体表、鳃、内脏三部分。按照以下顺序和方法检查鱼体。

体表　将病鱼或刚死的鱼置于白搪瓷盘中，按顺序仔细观察头部、嘴、眼、鳃盖、鳞片、鳍条等。在体表上的一些大型病原体很容易看到，但有些用肉眼看不出来的小型病原体，则根据所表现的症状进行判断：一般会引起鱼体分泌大量黏液，或者是头、嘴以及鳍条末端腐烂，但鳍条基部一般无充血现象；细菌性赤皮病，则鳞片脱落，皮肤充血。

鳃　鳃部的检查，重点是鳃丝，首先注意鳃盖是否张开，然后用剪刀把鳃盖除去，观察鳃片的颜色是否正常，黏液是否较多，鳃丝末端是否有肿大和腐烂等现象。如是细菌性烂鳃病，则鳃丝末端腐烂，黏液较多；鳃霉病，则鳃片颜色比正常鱼的鳃片颜色较白，略带血红色小点；如果是车轮虫病等寄生虫性疾病，则鳃片上有较多黏液，严重者出现鳃盖张开等症状。

内脏　检查以肠为主，先把一边的腹壁剪掉（勿损坏内脏），首先观察是否有腹水和肉眼可见的大型寄生虫；其次对内脏的外表仔细观察，看是否正常；最后用剪刀将靠咽喉部分的前肠和靠肛门部位的后肠剪掉，取出内脏，置于白搪瓷盘中，把肝脏、胆、鳔等器官逐个分开，再把肠道中的食物和粪便去掉，然后进行观察，在肠道中比较大的寄生虫如吸虫、线虫等容易看到，如果是肠炎，会出现肠壁充血、发炎。其他内部器官，如果在表面上没有发现病状，可不用检查。

由于目检主要是以症状为依据，所以往往有这样的情况：① 一种病由几种症状同时表现出来，例如肠炎病，具有鳍条基部充血、蛀鳍、肛门红肿、肠壁充血等症状；② 一种症状在好几种病中都同样出现，如体色变黑、鳍条基部充血、蛀鳍等。这种症状是细菌性赤皮病、疥疮、烂鳃、肠炎等病所共有。因此，在目检的时候，应做到认真检查，全面分析，并做好记录，为诊断鱼病提供正确的依据，也为今后的诊断工作积累资料。

检查时应注意的事项

（1）活的或刚死的鱼，病变症状明显，随着鱼的死亡，寄生虫也很快死去，寄生虫死后往往改变形状或崩解腐烂。死了过久的鱼，由于腐烂分解，原来所表现的症状已无法辨别。因此，检查时尽量选择活的或刚死的鱼。

（2）检查的鱼要保持鱼体湿润，因为如果鱼体干燥，寄生在鱼体表的寄生虫，会很快死去，症状也变得不明显或无法辨别。因此，病鱼标本应该放在水桶里（最好用原来的海水）或用湿布或塑料布将鱼包着。

（3）取内部器官时，要保持器官的完整；检查内部器官时，要小心地把各个器官逐一取出，并分开放在解剖盘或其他适当的干净器皿内，避免寄生虫从一个器官转移到另一个器官上。对肠管、胆囊、膀胱等器官，更要注意勿使其破损导致内含物和寄生物外流，污染其他器官无法查明寄生虫和寄生部位，从而影响对疾病诊断的正确性。

（4）整个检查过程需要经过相当长的时间，因此对于解剖取出、分开的、器官以及解剖开的鱼体，最好用湿布或洁净的白纸盖在上面，保持一定的湿润状态。

（5）为了防止污染，在每检查完一个器官时，都要把使用过的剪刀、镊子和吸管之类的工具洗干净后再用其进行另一器官的检查。

（6）检查每一器官时，首先用肉眼仔细观察它的外部，如发现寄生虫，可用镊子或解剖针拣出，放到器皿里，并标明是从哪个器官取下的。如发现可能因寄生虫或其他寄生物引起的病象（白点、溃烂等）而肉眼无法判定时，可利用显微镜检查，如仍无法确定则应把这部分组织剪下，保存起来，以便进一步做病理检查（如果器官不大，可把整个器官保存）。

（二）病鱼的光学显微镜检查（镜检）

仅凭目检，对鱼病的正确诊断是不够的，因此，除一般较明显而情况又比较单纯的，凭目检可以有把握诊断外，一般来说，都有必要进行镜检。

镜检一般是在目检的基础上，根据目检时所确定下来的病变部位进一步全面检查。

1. 检查方法　在检查比较大的病原体时，如贝尼登虫、刺激隐核虫等，用双目解剖镜比用低倍显微镜便利的多，因为双目解剖镜视野大，较容易操作，但检查比较小的寄生虫时，需用显微镜才能看清楚。

在检查寄生虫时，对一些较大的寄生虫，除了可直接放在小玻璃皿或玻片上观察外，目前一般采用以下两种方法进行检查。

（1）*玻片压缩法*　取两片厚度3～4 mm、大小为6 cm×12 cm的玻片（用普通的玻璃板切成适当大小，边缘磨平即可），先将要检查的器官或组织的一部分（如果器官不大，可将整个器官进行压缩），或将从体表刮下的黏液、肠里取出的内容物等，放在玻片上，滴入适量的海水或生理盐水（检查体表器官或黏液用普通海水，体内器官或组织用0.85%的生理盐水），用另一玻片将它压成透明的薄层即可放在解剖镜或低倍显微镜下检查。检查时把玻片从左到右或从右到左慢慢地移动，仔细地观察，如发现有寄生虫的虫体或胞囊以及某些可疑的病象，停止移动，集中视力，将上面的玻片一点一点地平行移开，不要把器官组织或内含物的薄层翻乱，或发生其他大的变化，影响原来看到的寄生虫或病象所在的位置，然后用镊子或解剖针、微吸管等把要取出的寄生虫或出现可疑病象的组织从薄层中取出来，按照寄生虫的种类分别放在盛有海水或生理盐水的培养皿里，以后加以进一步处理。

但是有一点要加以注意，压缩法对于鱼体外或体内所有的器官、组织或内含物等一般都可适用，但对鳃的检查却不大适宜，因为鳃组织经过压缩，当发现寄生虫而把玻片移动后，反而不容易找到和取出里面的寄生虫。

（2）载玻片法　载玻片法适用于低倍或高倍显微镜检查，方法是用小剪刀或镊子取出一小块组织或一小滴内含物放在一干净的载玻片上，滴入一小滴海水或生理盐水（滴入的水，以盖上盖玻片后水分不溢出盖玻片的周围为宜）。盖上干净的盖玻片轻轻地压平后，先在低倍显微镜下检查，如发现有寄生虫或可疑现象，再用高倍镜观察。

2. 检查步骤　检查鱼病时，要有步骤地进行，才不致手忙脚乱，顾此失彼。

（1）编号　首先要将进行检查的鱼标本，在记录表(或记录本)上标定一个号码。解剖的第一条大黄鱼可以编号1，第二条编号为2，以此类推。

（2）记录时间和地点　时间是指检查的月份和日期。地点是指检查的鱼是从什么海区、什么网箱中取样的。

（3）称重　称鱼的重量时，要注意避免鱼因跳动而落在地上，把鱼体弄脏。弄脏的鱼，要用海水轻轻洗干净，不要用手或器具刮擦鱼的体表，防止弄掉体表上的黏液或寄生虫。称250 g左右以上的大鱼，可用弹簧秤或普通的秤钩住鳃盖，不要把鳃弄破，妨碍检查；250 g以下的小鱼，最好利用普通天平或有秤盘的秤。

（4）测量　测量鱼的大小，包括全长、标准长和体高三项。

（5）记录年龄鱼的年龄　鱼的年龄，可按如下的方法记录：

当年鱼：① 春苗（多少天的）；② 秋苗（多少天的）。

第二年鱼：① 春苗（多少天的）；② 秋苗（多少天的）。

第三年以后的鱼：按三年鱼、四年鱼……记录。

（6）记录性别　在性未成熟时，从外观不易辨别大黄鱼的雌雄性，可解剖观察性腺，做出鉴定。

（7）肉眼检查鱼的体表　放在解剖盘上的大黄鱼标本，首先要观察鱼的颜色和肥瘦等情况，并注意明显的可辨别的病象。例如皮肤上是否有擦伤或腐烂，是否长水霉，肌肉是否浮肿，鳃盖是否充血和穿孔，鳍和尾巴是否蛀烂等；再观察表皮和鳞片有无黏附着肉眼可见的寄生虫，用镊子把鳍拉开，对着光仔细检查。在体表各部分，常发现有白色的寄生虫囊泡，如果用肉眼不能决定时，就应利用显微镜检查。

（8）逐个器官检查　检查各个器官，通常按照下列的顺序进行：黏液*、鳍*、鼻腔、血液、鳃*、口腔、脂肪组织 、胃肠*、肝*、脾、胆囊*、心脏 、鳔 、肾*、性腺、眼*、脑 、脊髓、肌肉。（注：标“*”是重点检查器官）。

黏液　在鱼的体表，除在上面肉眼检查一部分中已说过的肉眼可见的寄生虫、寄生虫胞囊或症状外，往往还有许多肉眼看不见的寄生虫，例如车轮虫等。可用解剖刀刮取体表的黏液（附带检查一些鳞片），用显微镜或解剖镜检查。

鼻腔　首先用肉眼仔细观察有无大型寄生虫或病状，然后用小镊子或微吸管从鼻腔里取少许内容物，用显微镜检查，是否存在车轮虫等原生动物。随后用吸管吸取少许海水注入鼻腔中，再将液体吸出，放在培养皿里（要多吸几次），用低倍显微镜或解剖镜观察。

血液　检查血液时，可用如下方法取出。

从鳃动脉取血——先用剪刀将一边鳃盖剪去，左手用镊子将鳃瓣掀起，右手用微吸管插入动脉或腹动脉吸取血液，如吸取的血液不多，可直接放在载玻片上，盖上盖玻片，在显微镜下检查。如果是比较大的鱼，吸取的血液较多，可先把血液吸出，放在玻皿里，然后吸取一小滴检查。血液比较多的大鱼，要尽量把血液吸出，否则残余的大量血液流出，沾染鳃瓣，会影响检查鳃。当用吸管取血时，必须避免吸管与鳃接触，防止鳃上的寄生虫被带到血液里影响鉴定的准确性。

从心脏直接取血——心脏的位置在鱼体腹面两鳃盖之间的最狭处，将这部位的鳞片除去，用尖的微吸管插入心脏，吸取血液，用医用的注射器插入抽血亦可，但用的针头要粗，否则往往因血液凝固而抽不出来。

在显微镜下检查血液，可发现瓣体虫等原生动物。这些原生动物的身体都很小，一般要用高倍显微镜才容易辨别。

鳃　检查鳃时，要用剪刀将左右两侧的鳃完整地取出，分开放在培养里，并附上标有“左”“右”的字签。首先仔细观察鳃上有无肉眼可见的寄生虫，鳃的颜色和其他病象，并尽量详细地把情况记录下来（左、右鳃要分别说明）。肉眼检查完毕，用小剪刀剪取一小块鳃组织，放在载玻片上，滴入适量的海水，盖上盖玻片，在显微镜下观察。鳃瓣是特别容易被寄生物侵害的器官，细菌性或寄生虫性烂鳃、车轮虫、瓣体虫、刺激隐核虫等，在鳃上往往都可以看到，用显微镜检查时，为了得到比较准确的程度，每片鳃至少要检查两遍。之后可把整个鳃放在一块大玻片上，加入海水，在解剖镜（或低倍显微镜）下观察，观察时用两根解剖针，把鳃丝逐条拉开，仔细检查，或用镊子把每片鳃片上的内含物完全刮下，放在培养皿里，用海水稀释搅匀后，在镜下观察。

口腔　口腔检查，先用肉眼仔细观察上、下腭，然后再用镊子刮取上面的黏液，在显微镜下检查，有时可发现车轮虫。

体腔　体腔检查，首先要将鱼剖开，具体做法是用左手将鱼握住（如果是比较小的鱼，可在解剖盘上用粗硬镊子把鱼夹住进行解剖，使腹面向上，右手用剪刀头的一支向肛门插入），先从负面中线偏向准备剪开的一边腹壁，向横侧剪开少许，之后沿腹部中线一直剪至口的后缘。剪的时候，要将插入的一枝剪尖稍微向上翘起，避免将腹腔里面的肠或其他器官剪破，沿腹线剪开后，再将剪刀移至肛门，朝向侧线，沿体腔的后边剪断，再与侧线平行地向前一直剪到鳃盖的后角，剪断其下垂的肩带骨，然后再向下剪开鳃腔膜，直到腹面的切口，将整块体壁剪下，体腔里的器官即可显露出来。这时候不要急于把内脏取出或弄乱，首先要仔细观察显露出来的器官，有无可疑的病象，同时注意肠壁上、脂肪组织、肝脏、胆囊、脾等有无寄生虫。肉眼检查完后，接着把腹腔液（如果是患重病的鱼，体腔内还往往有许多半透明状的液体叫腹水）用吸管吸出，置于培养皿里，在显微镜或解剖镜下检查。

检查完腹壁，用剪刀小心地从肛门和咽喉两处，将整条肠的两端剪断，轻轻地把整个消化器官（包括胃、肠、肝脏、胆囊等）以及脾脏、脂肪组织取出来，放到解剖盘上，并将其分开，依次进行检查。

先用肉眼观察在胃、肠外壁的脂肪组织，如果发现白点，肉眼无法确定内含物时可用镊子取出，放在载玻片上，盖上盖玻片，轻轻地将其压破，用显微镜检查是否有原生动物。同时还可用压缩法把脂肪组织压成薄层，在解剖镜下检查。

胃肠　检查胃、肠时，首先要把肠的外壁上所有的脂肪组织尽量除干净，否则，许多脂肪油滴混进肠的内含物里，会妨碍观察。除净脂肪组织后，把肠前后伸直，摆在解剖盘上，先用肉眼检查，肠外壁上往往有许多小白点，通常是寄生虫的胞囊。肉眼检查完后，通常分前、中、后三部分检查，不要把肠全部剪开，而要在前肠（胃）、中肠和后肠三段上，各取一点，用尖的剪刀从与肠平行的方向剪开一个小小的切口，用镊子从切口取一小滴内含物放在载玻片上，滴上一小滴生理盐水，盖上盖玻片，在显微镜下检查，每一部分检查两片。当检查完每一部分的肠时，要把镊子洗干净后，才可再用来取另一部分的肠内含物。检查各部分内含物的目的是检查原生动物，如果发现其中某一部分的肠里有些原生动物，需要把该部分的肠固定保存一小段的标本，以后可作组织切片，观察它的病理或寄生虫的生活史，注意要保持肠的横切面切片的完整。

此外，在剪开前肠（胃）检查时，同时要注意观察鱼的食物，尽可能记录下来，必要时把食物的残余收集些作为标本保存。了解鱼的食物，对解决某些寄生虫的中间寄主问题有很大的帮助。

肝　检查肝，先用肉眼观察外表，注意它的颜色，有无溃烂、病变、白点和瘤等。如果有白点，往往是寄生虫。外表观察完毕，用镊子从肝上取少许组织放在载玻片上，盖上盖玻片，轻轻压平，在低倍和高倍显微镜下观察，可发现寄生虫。肝的每一叶要检查两片，用压缩法检查。

脾　检查脾的方法和检查肝相同。

胆囊　取出胆囊时要特别小心，不要把它弄破，否则胆汁溢出，既会沾染其他器官，造成寄生虫寄生部位判断不准确。取出胆囊后，放在培养皿里，先观察外表，注意它的颜色有无变化，有无其他可疑的病象等，然后取一部分胆囊壁，放在载玻片上，盖上盖玻片，压平，放在显微镜下观察。

心脏　用小剪刀剪开围心腔，剪下心脏，最好能把心脏和大的血管一起取下，放在盛有生理盐水的培养皿里。检查完外表之后，把心脏剪开，检查是否有寄生虫。

鳔　取出鳔时，不要把它弄破，先观察它的外表，再把它剪开，检查是否有寄生虫。

肾　肾紧贴在脊柱的下面，取出肾时，要尽量把整个肾完整地取出，也像检查肝和脾等器官一样检查是否有寄生虫。

性腺　性腺有左、右两个，把它们小心地取出来，先用肉眼观察外表，如果有很小的白点，往往是寄生虫。

眼　用弯头镊子或小剪刀从眼窝里挖出眼放在玻璃皿或玻璃片上，剖开巩膜，放出玻璃体和水晶体，在低倍显微镜或解剖镜下检查是否存在寄生的吸虫幼虫。鱼体严重感染这种寄生虫时，水晶体变成白色，混浊不透明，使眼变盲。

脑　要取出脑，可用尖锐的解剖刀或剪刀，按水平方向，从后面向前在后脑和眼睛之间剪开头盖骨上壁，可见充满着淡灰色泡沫状的油脂物质，用吸管把它吸出，放在玻皿里检查，吸净油脂物质后，灰白色的脑即显露出来，用剪刀把它完整地取出来，按检查肝、脾等器官一样的方法检查是否有寄生虫。

脊髓 要取出脊髓，可从头部与躯干交接处把脊椎骨剪断，再把身体的尾部与躯干交接处的脊椎骨也剪断，用镊子从前段的段口插入脊髓腔，把脊髓夹住，慢慢地把脊髓整条拉出来，然后按检查肠和肾一样，分前、中、后三部分检查是否有寄生虫。

肌肉 检查肌肉，首先要用锐利的解剖刀，从身体的一侧前剖，割开一部分皮肤，再用镊子把皮肤剥去；或用一根小棍棒（玻璃棒或竹棒）像卷纸筒一样，慢慢地把皮肤卷剥，剥取皮肤后，肌肉即露出来，用肉眼检查后，先在前、中、后等部分各取一小片肌肉放在载玻片上，盖上盖玻片，轻轻压平，在显微镜下观察，再用压缩法检查。

肌肉也常常是许多寄生虫的寄生部位，例如刺激隐核虫。创口部位还常发现有一些细菌。

3. 病原体的计数标准 在鱼病的诊断过程中，除了确定病原体之外，还要进一步辨别疾病的轻重，因此对病原体的数量，必须加以计算。但是在具体计算中难免有不少困难，因为有许多病原体特别是原生动物，肉眼无法看到，即使是在显微镜下，也不可能把所有病原体的个数数清，只能采用估计法。我们根据过去几年来有关鱼病的资料，拟出以下的统一计数标准。

（1）计数符号用“+”表示，“++”表示多，“+++”表示很多。

（2）各种病原体的计数：

细菌、肠管炎、烂鳃、蛀鳍、赤皮等病，均按所表现的症状，用文字描述。

水霉、鳃霉，按感染的情况、比例、大小，用文字或数字说明。

鞭毛虫、变形虫、球虫、黏孢子虫、微孢子虫、单孢子虫，在高倍显微镜视野下，有1～20个虫体或孢子时记“+”，21～50个时记“++”，50个以上时记“+++”。

纤毛虫及毛管虫：在低倍显微镜视野下有1～20个虫体时记“+”，21～50个虫体时记“++”，50个以上的虫体时记“+++”。小瓜虫除按上面标准计算虫体的数量外，若计算囊胞时，则用数字说明。

单殖吸虫、线虫、绦虫、棘头虫、蛭类，甲壳类、软体类的幼虫：在50个以下均以数字说明，50个以上者则说明估计数字。

［注］：a. 检查时所用的接目镜及接物镜倍数都应注明，一般以接目镜“10×”为准；b. 计算病原体的数量，用载片法镜检时，都是以同一片中观察的3个视野的平均数为准。

第二节　安全用药与病害防治

一、常用药物

1. **高锰酸钾**　细长的黑紫色菱形结晶或颗粒，带有金属光泽；无臭，能溶于水；与某些有机物或易氧化物接触会发生爆炸。

用途：高锰酸钾为强氧化剂，还原时所形成的二氧化锰与某些蛋白结合成蛋白盐类的复合物而起到杀灭作用，并且高锰酸钾与蛋白质结合形成的复合物对伤口有收敛作用。抗菌效力在酸性环境中增强，但易被有机物所减弱。其强氧化作用可使生物碱、氰化物、磷、草酸盐等失活，具有解毒作用。高锰酸钾常用于杀灭鱼体外不形成孢囊的原虫、单殖吸虫、蠕虫，如指环虫、三代虫、嗜子宫线虫，以及寄生甲壳类动物，如锚头鳋等。此外，高锰酸钾还有杀菌、消毒、防腐、防治细菌性疾病及改良水质的作用。

用法：① 水体遍洒：2 ~ 3 g/m^3浓度遍洒，可对鱼体寄生虫、细菌、真菌具有一定的杀灭作用，对鱼体伤口具有消毒作用，或抑杀网箱上的海葵等附着生物。② 鱼体浸浴：苗种用20 ~ 50 g/m^3水体浸浴10 ~ 15 min，可预防细菌性疾病和真菌性疾病。

2. **福尔马林**　即40%体积比或37%质量比的甲醛溶液。甲醛溶液为无色或几乎无色的澄清液体，有刺激性臭味；能与水或乙醇任意混合，水溶液呈弱酸性；挥发性很强，有腐蚀性。本品是强还原剂，在碱性溶液中还原力更强。因含有杂质，长期储存特别是在温度过高或过低以及强光的作用下会形成白色聚合物沉淀，有效成分降低。通常加入10% ~ 12%甲醇或乙醇可防止其聚合变性。

用途：本品能与蛋白质作用，与蛋白质的氨基部分结合，使其烷基化而呈现杀菌作用。消毒杀菌杀虫能力强，对寄生虫、藻类、真菌、细菌、芽孢和病毒均有杀灭效果。常用于杀灭鱼、虾等水生生物的细菌、真菌以及寄生原虫、小瓜虫、车轮虫、本尼登虫、指环虫、锚头鳋等致病性生物，也可用于大黄鱼育苗或越冬设施、工具等的消毒，或与其他药物配合对立体空间熏蒸消毒。

用法：① 水体遍洒：50 ~ 100 mL/m^3浓度遍洒，可驱杀寄生虫、真菌和细菌等病原体生物。② 鱼体浸浴：200 ~ 250 mL/m^3福尔马林海水浸浴20 ~ 330 min，可防治激隐核虫病、布类克虫病、淀粉卵涡鞭虫病、贝尼登虫病和海盘虫病等寄生虫病害。

3. **硫酸铜**　深蓝色的结晶或是蓝色透明结晶性颗粒或粉末。无臭，具金属味，在空气中易风化，可溶于水（1：3），微溶于乙醇（1：500）。水溶液呈酸性。

用途：硫酸铜中的铜离子与蛋白质中的巯基结合，干扰巯基酶的活性，因而可杀灭寄生于鱼体上的鞭毛虫、纤毛虫、斜管虫、指环虫、三代虫等，对伤口也有收敛作用。硫酸铜除了用作杀虫剂和控制藻类生长或无脊椎动物病害外，也可杀灭真菌和某些细菌，如水霉病、丝状细菌病、柱状粒球黏菌病等。

用法：① 水体遍洒：0.5～1 g/m^3浓度遍洒，可防治海水鱼的淀粉卵状甲藻病。② 网箱挂袋：硫酸铜与硫酸亚铁合剂（5∶2）挂袋，可预防或治疗某些轻度的细菌性和寄生虫性鱼病。

4. 敌百虫　白色结晶，有芳香味，易溶于水及醇类、苯、甲苯、酮类和氯仿等有机溶剂，难溶于乙醚、乙烷等。在酸性溶液中（pH 5.0以下），甲烷酯键断裂而引起水解生成去甲基敌百虫；在中性或碱性溶液中发生水解，生成敌敌畏；进一步水解，分解成无杀虫活性的物质。

用途：本品是一种低毒、残留时间较短的神经毒性杀虫药，广泛用于防治鱼体外寄生虫的吸虫、肠内寄生的蠕虫和甲壳类引起的鱼病，并能杀死对鱼苗、鱼卵有害的剑水蚤、水蜈蚣等。

用法：① 水体遍洒：90%晶体用0.5～1 g/m^3浓度遍洒，可驱杀海盘虫等寄生虫。② 鱼体浸浴：10 g/m^3敌百虫浸浴10～20 min，可防治海盘虫等单殖吸虫类寄生病害。③ 口服投喂：0.3～1.0 g/kg体重，每天一次，连用3～5 d，可杀灭线虫、绦虫等体内寄生虫。

5. 大蒜素　固体剂为白色至浅黄色流动性粉末，液体剂为淡黄色到棕色挥发性油状液体，具有浓烈的大蒜气味，蒸馏时分解。水溶液放置形成油状沉淀，不溶于甘油、丙二醇等，可与乙醇、氯仿、醚、苯混合。对碱不稳定，对酸稳定，溶液遇热时很快失效。

用途：可作为抗微生物药物和调节水生动物代谢及生长的药物。大蒜素有较强的抗菌作用，在低浓度时即可抑制多种革兰氏阳性球菌和革兰氏阴性杆菌，对霉菌、病毒、原虫、蛲虫等也有抑制作用，对大肠杆菌、痢疾杆菌抑制效果明显。大蒜素也可作为饲料添加剂加速动物的生长。水产上用于防治鲐鱼类细菌性肠炎、细菌性败血症、细菌性烂鳃病、鱼类弧菌病等。大蒜素还能够提高动物摄食量及免疫力，促进动物生长。

用法：作为抗微生物药时口服，鱼类依据每千克体重每天的量为20 mg，分两次投喂，连用4～6 d，可防治大黄鱼肠炎病、肝胆综合征等病害。作调节生长代谢的药物时混饲，每千克体重的添加量为6～9 g。

6. 土霉素　黄色结晶粉末，无臭，熔点181℃ ~ 182℃。在空气中稳定，强光下颜色变浓，在pH 2以下的溶液中变质，在氢氧化钠溶液中很快被破坏。土霉素饱和水溶液接近中性（pH 6.5），难溶于水，微溶于乙醇，易溶于稀盐酸溶液。

用途：可用于防治鱼类细菌性疾病如细菌性烂鳃病、细菌性败血症、细菌性肠炎、链球菌病等。

用法：① 口服投喂：常用于防治养殖鱼类的肠炎、溃疡等的细菌性疾病，每千克体重每天的投喂量为50 ~ 80 mg，两次投喂，连用5 ~ 10 d。② 鱼体浸浴：使水体中土霉素浓度达50 ~ 100 g/m^3，每次1 ~ 2 h，每天一次，连用2 ~ 3次。

7. 磺胺甲基异恶唑（SMZ）　白色结晶性粉末，无臭，味微苦。在水中几乎不溶，在稀盐酸、氢氧化钠试液或氨试液中易溶。

用途：用于防治养殖鱼类的气单胞菌病、假单胞菌病、爱德华菌病、弧菌病、屈挠杆菌病、巴斯德氏菌病、链球菌病、诺卡氏菌病、分歧杆菌病等细菌性疾病。

用法：鱼类每千克体重每天的投喂量为150 ~ 200 mg，分两次口服投喂，连用5 ~ 7 d。

8. 庆大霉素　白色或类白色粉末，无臭，有吸湿性。在水中易溶，在乙醇、氯仿中不溶。对光、热、空气及广泛的pH溶液均稳定，其稳定性与灭菌的温度、时间、溶液的pH、氧气浓度等有关。

用途：可用于防治鱼类烂鳃病、败血症、肠炎等细菌性疾病。

用法：① 口服投喂：鱼类每千克体重每天的投喂量为50 ~ 70 mg，分2次投喂，连用3 ~ 5 d。② 腹腔注射：大黄鱼亲鱼每千克体重每次的投喂量为10 ~ 20 mg，每天一次，连用2 ~ 3 d。

9. 多西环素　黄色结晶粉末，无臭，味苦，在水和甲醇中易溶，在乙醇或丙酮中微溶，在氯仿中几乎不溶。多西环素的盐酸半醇合物与半水合物为盐酸多西环素。

用途：多西环素可用于防治养殖鱼类细菌性败血症、肠炎病、烂鳃病以及罗非鱼、香鱼、虹鳟、大黄鱼等鱼类的链球菌病、诺卡氏菌病、内脏白点病、溃烂病弧菌病等。

用法：① 口服投喂：鱼类每千克体重每天的投喂量为30 ~ 50 mg，分两次投喂，连用3 ~ 5 d。② 肌肉注射：大黄鱼亲鱼每千克体重每次的投喂量为5 ~ 10 mg，每天一次，连用2 ~ 3 d。

10. 四环素　黄色结晶性粉末，无臭；在空气中较稳定，暴露在阳光下颜色变深，在pH小于2的溶液中效价降低，在氢氧化钠溶液中很快被破坏；微溶于水，易溶于稀硫酸及氢氧化钠溶液，微溶于乙醇，不溶于氯仿及乙醚。

用途：主要用于防治海水鱼类细菌性烂鳃病、烂鳍病、肠炎病、内脏白点病、爱德华菌病、溃疡病等。

用法：鱼类每千克体重每天的投喂量为50 ~ 100 mg，分两次口服投喂，连用5 ~ 7 d。

11. 氟苯尼考（氟甲砜霉素）　白色或类白色结晶性粉末，无臭，微溶于水，在冰醋酸中稍溶，在甲醇中溶解，在二甲基甲酰胺中极易溶解。

用途：氟苯尼考为动物专用的广谱抗生素，主要用于防治鱼类由气单胞菌、假单胞菌、弧菌、屈挠杆菌、链球菌、巴斯德氏菌、诺卡氏菌、爱德华菌、分歧杆菌等细菌引起的疾病，如大黄鱼、鰤、真鲷、鲈鱼、黑鲷、罗非鱼等养殖鱼类的细菌性病害。

用法：鱼类每千克体重每天的投喂量为7 ~ 15 mg，分两次口服投喂，连用3 ~ 5 d。

12. 恩诺沙星　微黄色或类白色结晶性粉末，无臭，味微苦。易溶于碱性溶液中，在水、甲醇中微溶，在乙醇中不溶，遇光颜色渐变为橙红色。

用途：对嗜水气单胞菌、荧光假单胞菌、弧菌、屈挠杆菌、链球菌、巴斯德氏菌、卡诺氏菌、爱德华菌等绝大多数水生动物致病菌都有较强的抑菌作用。可用于防治海水鱼类烂鳃病、溃疡病、弧菌病、肠炎病，链球菌病、类结节病等。

用法：鱼类每千克体重每天的投喂量为30 ~ 50 mg，拌饵投喂，连续投喂3 ~ 5 d。

13. 诺氟沙星（氟哌酸）　类白色至淡黄色结晶性粉末，无臭，味微苦。在空气中能吸收水分，遇光颜色渐渐变深。在水或乙醛中微溶，在醋酸、盐酸或氢氧化钠溶液中易溶。

用途：主要用于防治鱼类由气单胞菌、假单胞菌、弧菌、屈挠杆菌、链球菌、巴斯德氏菌、诺卡氏菌、爱德华菌、分歧杆菌等细菌引起的疾病，如大黄鱼、真鲷、石斑鱼、鲈鱼等海水养殖鱼类的弧菌病、类结节病和链球菌病等。

用法：石斑鱼、鲷鱼、大黄鱼、鲈鱼等鱼类每千克体重每天的投喂量为30 ~ 50 mg，分两次拌饵投喂，连用3 ~ 5 d。

14. 阿维菌素　白色或微黄结晶粉末，无味。易溶于乙酸乙酯、丙酮、三氯甲烷，微溶于甲醇、乙醇，在水中几乎不溶。

用途：阿维菌素为广谱、高效、低毒杀虫剂，能驱杀鱼类棘头虫、指环虫、三代虫等蠕虫。

用法：1.8%的阿维菌素溶液水体遍洒。每千克体重每天的投喂量为0. 1 ~ 0.2 mg，拌饵投喂3～5 d。

15. 维生素C　酸性己糖衍生物，产品形式有抗坏血酸、抗坏血酸钠、抗坏血酸钙。维生素C水溶液不稳定，有强还原性，遇空气、碱、热变性失效，干燥时较稳定。与维生素A、维生素D有拮抗作用。

用途：维生素C具有解毒及免疫功能。缺乏时，鱼类出现肠炎、贫血、瘦弱、食欲不振、抵抗力下降等。多用于增强免疫功能，提高抗病能力，为非特异性辅助用药。

用法：在鱼类饲料中添加，每千克饲料每天的添加量为3～5 g。

二、用药常识

1. 用药方法　以下介绍全池泼洒法、悬挂法等六种方法。

（1）全池泼洒法　全池泼洒法（或称水体遍洒法）是疾病防治中最常使用的一种方法。一般选用木质、塑料或陶瓷容器，在容器中加入大量的水，使药物应充分溶解，中草药则应先切碎，经浸泡或煎煮，然后将药液一边加水稀释，一边均匀地全池泼洒。泼药时间一般选在上午9时至下午2时前的平潮时段，对光敏感的药物，宜在傍晚进行。雨天和雷雨低气压时不宜泼药，泼药前应做好一些应急准备措施，泼药后应现场观察一段时间（2～4 h），注意是否有异常情况。

此法只要用药正确和药量计算准确、泼洒均匀，各群体中几乎所有个体都能较彻底地杀死体表、鳃上及养殖水体中的病原体生物，具有见效高、疗效高的优点，特别适用于小型水体（面积在0.5 hm^2左右）。

（2）悬挂法　悬挂法又叫挂篓袋法。即将药物装在有微孔的容器中，悬挂于食场周围或网箱中，利用药物的较缓溶解速度，形成药物区，通过养殖动物到食场摄食的习性达到消毒和驱杀的目的。目前常用的悬挂药物有含氯消毒剂、硫酸铜、敌百虫等，悬挂的容器有竹篓、布袋和塑料编织袋等。

漂白粉挂篓　漂白粉挂篓用于防治鱼、虾类等体表或鳃部的细菌性疾病。具体做法是首先在养殖水体中选择适宜的位置，然后用竹竿、木棒或轻便塑料棒扎成三角形或方形，药篓即以此作为固着基（网箱以四周木框架为固着基），根据养殖对象的摄食习性或潮流方向，将药篓悬挂于所要求位置的水层中或近池底。药篓装漂白粉100 g，以6～12 h内能溶解完毕为宜。药篓的数量可灵活掌握，通常是3～6只。生产实践证明，常发生在每年的5～10月的细菌性皮肤病和鳃病，使用漂白粉食场挂篓法可有效地防止或减少这些疾病的发生。有的养殖场以二氯异氰尿酸钠（优氯净）或三氯异氰尿酸（强氯精）代替漂白粉，效果也很好，但药量应相应减少。

硫酸铜挂袋 硫酸铜挂袋用于防治由鞭毛虫、纤毛虫、斜管虫、指环虫、三代虫、车轮虫等引起的寄生虫性鳃病和皮肤病。挂袋的数量一般为3个，每袋内装硫酸铜100 g，但也应视池塘或网箱的大小和食场水的深度有所调整，基本操作方法同漂白粉挂篓。

敌百虫挂袋 敌百虫挂袋用于预防和治疗鱼类体表和鳃部的寄生虫病害、甲壳类动物病。其基本操作方法同漂白粉挂篓，但应注意池塘或网箱中如果同时养殖了虾、蟹类，则不能使用敌百虫挂袋。

悬挂法利用药物的缓慢扩散而发挥防治作用。适用于流行病季节到来之前的预防或病情轻时采用，具有用药量少、成本低、方法简便和毒副作用小等优点，但杀灭病原体不彻底，只有当鱼、虾游到挂袋食场吃食及活动时，才有可能起到一定作用。

（3）*浸洗法* 也称浸浴法或洗浴法。将养殖动物集中在较小的容器或水体内，配制较高浓度的药液，在较短时间内强制受药，以杀死其体表和鳃部的病原体生物。通常在流水养殖池或网箱中，或苗种放养前，或分箱、转换养殖池时采用，对一些不适宜全池泼洒的昂贵药物，或毒性大、半衰期长容易引起水环境污染的药物也可以采用，以降低成本和保护水域环境。浸洗法常用的药物有福尔马林、高锰酸钾、漂白粉、二氯异氰尿酸钠、聚乙烯吡咯烷酮碘等；杀体外寄生虫药有硫酸铜、敌百虫等。常用的容器为玻璃钢水槽、帆布桶、木制或塑料盆及桶等。

在实施浸洗法预防或治疗大黄鱼疾病时，其浸洗时间一般是1～20 min，如果超过0.5 h以上则应准备好充氧机，以便向容器内或网箱中充气增氧。浸洗法用药量少，时间可人为控制，治疗效果好，不污染水体，对养殖水体中的其他生物无影响。但需要捕捞和搬运患病鱼体，只适用于体表和鳃上病原体生物的控制，放回原水体后可能重复感染，对大型水体不宜使用。此外，强制性高浓度药浴可能导致应激反应并影响患病鱼类的摄食能力。

（4）*涂抹法* 涂抹法也叫涂擦法。此法适用于皮肤溃疡病及其他局部感染或外伤，是直接将药物用在养殖动物的表面，是一种最直接、简单的用药方法。此法通常是使用高浓度药液，例如一些消毒剂、防腐剂或氧化剂涂抹在病灶处，以杀死病原体生物防止伤口被感染。但这类药液或药膏易被水溶解、冲掉或漂浮于水面，故其应用受到一定限制。对水生养殖动物具有良好使用价值的涂抹剂应具备足够的黏附力，能较牢固地附着于鱼体表，在水中溶解缓慢，一经使用，效果快而明显。涂抹法主要用于少量鱼、蛙等养殖动物以及因操作、长途运输后身体受损伤或亲鱼等体表病灶的处理。具有用药少、安全、副作用小等优点，但适用范围小。

（5）*口服法*　口服法又叫投喂法。此法通常用于增强机体抵抗力、流行病季节疾病的预防，或一些内脏器官的疾病和病情轻微尚未失去摄食能力的鱼、虾类，以及尚未感染疾病的养殖群体。由于不能强迫养殖动物来吃食，所以只能将药物均匀地混合到饲料（饵料）中，制成适口的药物饵料后投喂。目前常用的口服药物有维生素、微量元素、抗生素、中草药等营养添加剂、抗感染药和一些驱虫药。给药的剂量一般是根据养殖种类和品种的体重（mg/kg），然后按养殖水体中群体的总体重计算药量，也有按饵料重量计算的。使用口服法，至少要投喂3～5 d作为一个疗程；观察效果，停药1～3 d，视病情决定是否连续投喂。药饵的制作要根据不同养殖种类品种的摄食习性和个体大小，用机械或手工加工。大多数鱼类以吞食法摄食，药饵的制作是将药物、商品饲料、黏合剂（如小麦粉、大米粉、淀粉、鱼粉等）等按比例均匀地混合（如果不是粉末状，应先粉碎、过筛），然后依据鱼体的大小，用饵料机加工成适口的颗粒状或短杆状，直接投喂或晒干后备用。

口服法是一种能发挥较强吸收作用的投药方式，常用于增加营养、病后恢复及体内病原体生物感染，用药量少，操作方便，不污染环境，对不患病鱼、虾类不产生应激反应等。但其治疗效果受池养鱼类病情轻重和摄食能力的影响，另外应注意减少所投药饵有效成分在水中的散失。

（6）*注射法*　鱼病防治中常用的注射法有两种，即肌肉注射法和腹腔注射法。治疗细菌性疾病用抗生素药物，预防病毒病或细菌感染用疫苗、菌苗。注射用药的合适对象是那些数量少又珍贵的种类，或是用于繁殖后代的亲本。具有用药量准确、吸收快、疗效高（药物注射）、预防（疫苗、菌苗注射）效果佳等优越性。但操作麻烦，容易损伤鱼体。

2. 用药注意事项　根据不同给药方法，提出下列注意事项。

（1）在全池泼洒药物时首先应正确测量水体，对不易溶解的药物应充分溶解后，均匀地全池泼洒。

（2）泼洒药物一般在晴天的上午进行，便于用药后的观察。光敏感药物则在傍晚进行。

（3）泼药时一般不投喂饲料，最好先喂饲料后泼药；泼药应从上风处逐渐向下风处泼，以保障操作人员安全。

（4）水体缺氧、鱼类浮头时不应泼药，因为容易引起死鱼事故；如鱼池设有增氧机，泼药后最好适时开动增氧机。

（5）药物泼洒后一般不应再人为干扰，如拉网操作、增放苗种等，宜待病情好转并稳定后进行。

（6）投喂药物饵料和悬挂法用药前应停食1～2 d，使养殖动物处于饥饿状态下，急于摄食药饵或进入药物悬挂区内摄食。

（7）投喂药物饵料时，每次的投喂量应考虑同水体中可能摄食饵料的混养品种，但投饲量要适中，避免剩余。

（8）浸洗法用药，捕捞患病动物时应谨慎操作，尽可能避免患病动物受损伤，对浸洗时间应视水温、患病体忍受度等灵活掌握。

（9）注射用药，应先配制好注射药物和消毒剂，注射用具也应预先消毒，注射药物时要准确、快速，勿使病鱼受伤。

（10）在使用毒性较大的药物时，要注意安全，避免人、畜、鱼等中毒。

以上是使用药物防治疾病时应注意的一些方面，但不是全部，更应注意的是在生产现场实施用药时，须根据实际情况灵活运用。

3. **药物用量计算方法** 鱼类养殖水体测量及用药量的计算如下。

（1）养殖水体的水面面积测量与计算 ［均以米（m）和平方米（m^2）为单位］

a. 长方形或正方形水面，只丈量水体水面的长和宽。

面积计算公式为：长方形或正方形水面面积（m^2）=水面长（m）×水面宽（m）

b. 三角形水面，丈量任一边作底长，用丈量和这边的对角顶端的垂直高度面积计算。

公式为：三角形水面面积（m^2）=高（m）×底（m）÷2

c. 菱形水面，丈量边长和它的高度。

面积计算公式为：菱形水面面积（m^2）=边长（m）×高（m）

d. 梯形水面，丈量上、下底边和它们之间的垂直高度。

面积计算公式为：梯形水面面积（m^2）=［上底长（m）+下底长（m）］÷2×高（m）

e. 圆形水面，丈量水面直径。

面积计算公式为：圆形水面面积（m^2）=［水面直径（m）÷2］^{2}×3.141 6

f. 形状不规则的水面，用割补的方法，要求补出的部分与补入的部分大致相等，将水面分为若干长方形或三角形来测量，然后计算出各部分的面积，将它们的面积加起来，就是水面的面积。

（2）养殖水体水深的测量　测量养殖水体的平均水深，首先在水体内选择有代表性的测量点数个，深水区和浅水区的测量点数的比例要适当，然后测量各点的水深（m）。各点深度相加，除以测量的总点数，即得平均水深。

（3）养殖水体体积的计算　将所求的水面面积乘以平均水深即等于水体体积。

计算公式为：水体体积（m^2）=水面面积（m）×平均水深（m）

（4）用药量计算　将所求得的水体体积乘以施用的药物浓度（g/m^3水体）即等于总的用药量（g）。

计算公式为：用药总量（g）=药物施用浓度（g/m^3）×水体体积（m^3）

三、病害防治措施

1. 苗种选择与检疫　选择质量好的苗种是保证大黄鱼的产量和质量的关键。质量好的苗种应具有健壮活泼、体色正常、成活率高，无病无伤、无畸形等特征。

苗种的调运或投放前要进行检验、检疫，防止病原体带入。有病的苗种应在原地进行治疗、处理，痊愈并杀灭了传染性病原体后才能调运与投放，从源头上切断病原体传播。

2. 消毒措施　由于苗种检疫防疫制度尚不完善，购买的苗种可能会带有病原体，或在运输中造成苗种损伤体表，所以放养前应对苗种进行消毒，以免带入病原体。在鱼种培育阶段性分养操作时，可能会引起应激反应和造成体表损伤，也应重视鱼体的消毒处理，并同时拌饲料投喂广谱性抗菌药物，以预防病原体的入侵。在寄生虫病害流行季节，可定期用敌百虫、硫酸铜等有效药物进行挂袋，或泼洒药物。替换下来的网箱，清除附着物后先清洗再用药物消毒处理。常用消毒药物有高锰酸钾、福尔马林、敌百虫、漂白粉、生石灰等。

3. 网箱的合理布局　网箱的合理布局既有利于养殖鱼类的健康生长，也可预防病害发生和潮流、台风的影响。设置网箱应避免风浪口、潮流急、航道等海洋区域。布局排列上应考虑潮流方向，以保证水流畅通和提高抗风浪能力。渔排网箱不能过密，网箱总面积一般不能超过该海域面积的10%，否则会影响鱼类的生长。渔排间应保持一定的间距，以保证网箱内的水体良好、水质清新、溶解氧充足。

大黄鱼鱼种培育的网箱一般采用浮动式网箱，网箱规格为（3.0～5.0）m×（3.0～5.0）m×（2.5～3.0）m，网箱的网衣由无结节网片制成。放养全长25～30 mm的鱼苗，网目长为3～4 mm；放养全长40～50 mm的鱼苗，网目长为4～5 mm；放养全长50 mm以上的鱼苗，网目长为5～10 mm。大黄鱼成鱼培育的网箱规格为（3.0～5.0）m×（3.0～5.0）m×（3.0～5.0）m，网目长为10～30 mm，网衣由有结节网片制成。

网箱的日常管理：根据网箱和网目堵塞情况及时换洗网箱。高温季节40目网箱一般间隔3 ~ 5 d，20目网箱间隔5 ~ 7 d，12目网箱间隔8 ~ 10 d就要换洗。网眼较大的5 ~ 8 mm的无结节网箱，一般在15 d左右；网眼10 mm以上的视水温和附着物情况在20 ~ 40 d进行换洗。

深水网箱是近年来才发展起来的一种全新的养殖方式与设备。与传统式网箱相比，抗风浪大型网箱具有以下优点：拓展养殖海域，减轻环境压力；改善养殖条件，提高产品品质；抗风能力强等。

4. 控制放养密度　全长15 mm的鱼苗放养密度在1 000 ~ 1 500尾/立方米，随着鱼体全长增大，密度逐渐降低（表5-1）。放养鱼种的规格随箱内流速而异，流急时宜放大规格鱼种，流缓时宜放小规格。但同一网箱内的鱼种要求规格整齐，以免发生同类相食。

表5-1　不同规格苗种的网箱放养密度参考表

苗种规格（全长，mm）	放养密度（尾/立方米）	苗种规格（全长，mm）	放养密度（尾/立方米）	苗种规格（全长，mm）	放养密度（尾/立方米）
15	1 000 ~ 1 500	50	300 ~ 450	100	50 ~ 72
20	750 ~ 1 250	60	230 ~ 350	110	30 ~ 50
25	600 ~ 900	70	170 ~ 250	120	25 ~ 40
30	480 ~ 720	80	120 ~ 180	140	20 ~ 30
40	380 ~ 560	90	80 ~ 120	160	15 ~ 25

5. “四定”“三看”投饲原则　投喂的“四定”原则即定量、定质、定位、定时。“三看”原则为：一看吃食时间长短，投喂后在3 h内吃完为正常；二看鱼类生长速度，随着鱼的体重增加要增加投喂量；三看水面动静，投食后如果鱼类没有生病则在水面上频繁活动，这是饥饿的表现。反之，吃饱后鱼会钻到水里去。投饵时速度要慢，待鱼群不再上浮抢食，或再也听不到大黄鱼摄食时的“咕咕”叫声时，应停止投饵。

6. 药物预防　大多数疾病的发生都有一定的季节性，多数疾病在4 ~ 10月份流行。因此，掌握发病规律，及时有计划地在疾病流行季节前进行药物预防，是补充平时预防不足的有效措施，具体做法有以下几种。

（1）在食场周围挂药袋或药篓，形成消毒区，利用大黄鱼来食场摄食时，反复通过数次，达到预防目的。网箱养殖可在网箱四周定期挂药袋或药篓。

（2）陆上工厂化养殖车间在疾病流行季节应定期进行药浴，可以用硫酸铜或福尔马林杀灭鱼体表及鳃上的寄生虫及预防疾病。方法是先将池水放掉一部分，一般水深留20～30 cm，然后将药物充分溶解，稀释，全池遍洒，1～2 h后加注满池水。

（3）疾病流行季节期间将药物拌在饲料中制成颗粒药饲投喂。用药的种类随各种疾病而不同，尽量多用中草药和免疫制剂，以免产生耐药性。

7. 病害的及时诊治　从目前大黄鱼养殖状况来看，病害问题已成为制约大黄鱼养殖业健康持续发展的主要原因之一。在养殖过程中必须重视病害防治问题，突出“以防为主、防治结合”的原则，在环境改善、苗种投放、饵料投喂及水质管理等各个环节，严格按照国家的有关标准规范化实施，使养殖的大黄鱼能够达到无公害水产品的标准。

诊断是鱼病防治工作的首要环节，在正确诊断的基础上及时对症用药，以达到事半功倍的效果。要判断病害原因，需要多方面的知识，并要借助仪器设备。养殖单位及养殖生产者往往不具备这些条件，但养殖人员可以从鱼的活动、摄食、体色、体表、鳃等方面，进行现场观察、调查和检查，做出初步判断，以利于及时采取措施。

8. 大黄鱼养殖的科学管理　大黄鱼病害防治贯穿于整个养殖过程，科学的养殖管理既能提高养殖效益又能预防和控制病害的发生、发展。因此，养殖生产者应十分重视大黄鱼养殖生产中的科学管理。

（1）养殖海区的选择　选择风浪较小、潮流畅通、地势平坦、水质无污染的内湾或岛礁环抱、避风较好的浅海。

（2）把好鱼种放养关　选择种质优良、体质健壮、无伤病、规格较大的种苗，消毒后放养，这对提高养殖成活率、减少发病是至关重要的。

（3）适时分养，控制放养密度　网箱养殖密度应根据鱼的种类、规格、养殖条件而定，如放养密度过高，极易导致养殖环境变差，引发鱼病，造成损失。在台风和赤潮来临之前，对网箱中的鱼进行分箱，降低密度，能有效地减少灾害损失。

（4）科学用药　提倡预防用药，改变被动性的治疗用药为主动性的预防用药。掌握药物性质，选择合理用药方法，跟踪使用效果，遵循科学用药规范。

（5）加强生产管理　在养殖过程中，强化管理意识，为养殖鱼类创造良好的生产环境。平时注意巡视鱼的摄食、活动、生长情况；发现病死鱼，及时捞取至陆地填埋处理，以减少环境污染，防止细菌、寄生虫等病原体的大量繁殖和传播；定期更换网衣，保持网箱内的水流畅通，保证良好水质环境，在换网操作过程中要小心，以防鱼体擦伤；定期在饲料中添加维生素、免疫多糖等，以提高鱼体抗病能力；进入秋季投喂优质饵料，强化培育，保证大黄鱼顺利过冬。

第三节　主要疾病与防治

大黄鱼的病害从病原体的种类来划分，可分为四大类：① 病毒性疾病；② 细菌性疾病；③ 寄生虫性疾病；④ 非病原性疾病。

一、病毒性疾病

目前，在养殖大黄鱼体内发现的病毒性疾病仅虹彩病毒病一种。

虹彩病毒病（白鳃病）

（1）病原　病原为虹彩病毒，在病鱼的肝、肾、脾、肠、鳃等处都可发现。病毒颗粒为二十面体，平面为六角形。

（2）症状和诊断　病鱼游动迟缓，摄食减少或拒食，鳃丝苍白、溃烂，肝脏点状出血，脾脏肥大、色偏暗红色，肾脏充血肥大（图5-2至图5-6）。见到上述症状可初步诊断，确诊需经电镜观察。

（3）流行情况　夏季高温期7～9月是发病高峰期，水温为25℃～28℃。该病流行范围很广，在海水网箱养殖中都可见到该病，湾口处较轻，发病率为5%～10%，死亡率为3%～5%；湾底处较重，发病率为25%～55%，死亡率为15%～33%。该病与游动空间小、饵料投喂不当和环境不良有关。

（4）防治措施　目前鱼类的病毒性疾病仍无有效的治疗药物，因此对大黄鱼的病毒性疾病应以预防为主，夏季高温期应降低养殖密度，网箱小改大，保持水流畅通，投喂配合饵料为主，定期（每周2～3 d）在饲料中添加多种维生素、多糖类等免疫类药物以提高鱼体的免疫力。

图5-2　肝脏发黄

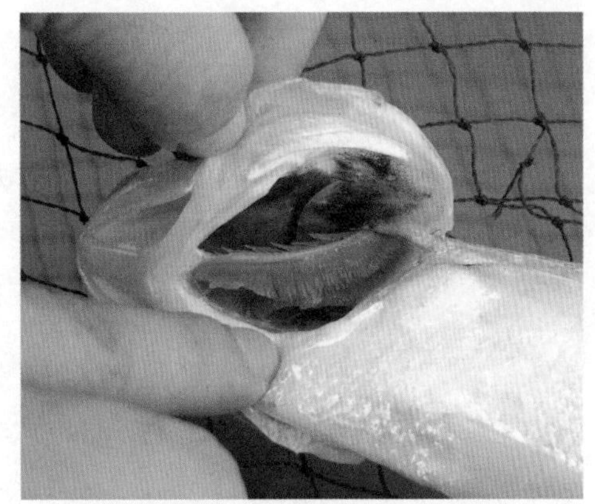

图5-3　鳃丝发白

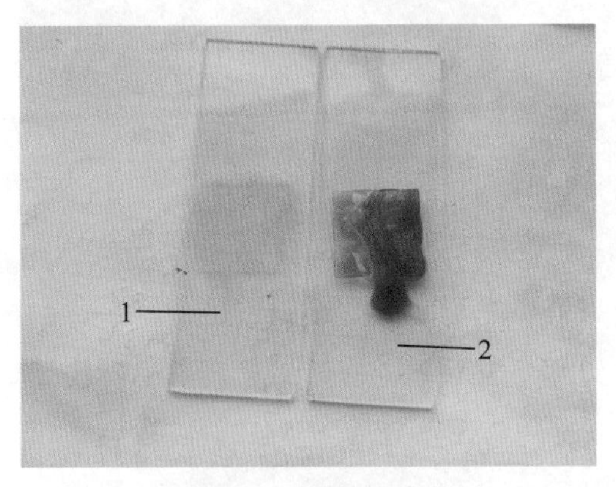

1. 病鱼；2. 健康鱼。

图5-4　血液变白

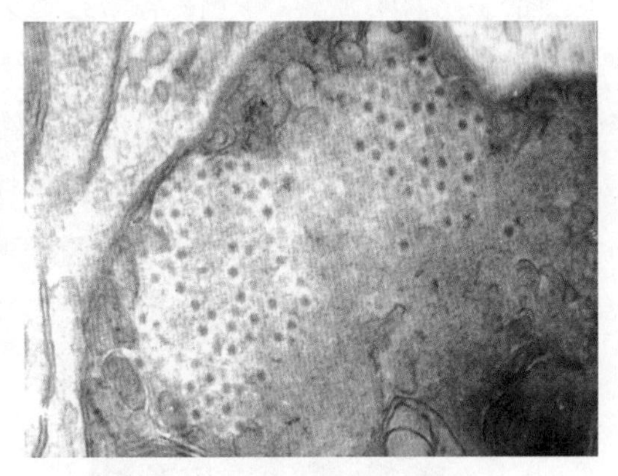

图5-5　电镜下的病毒颗粒

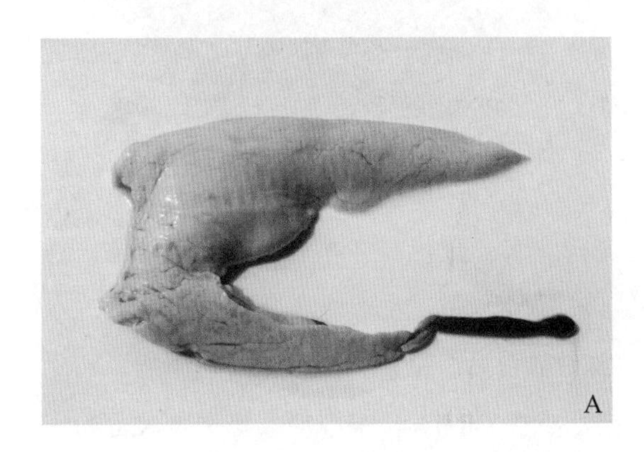

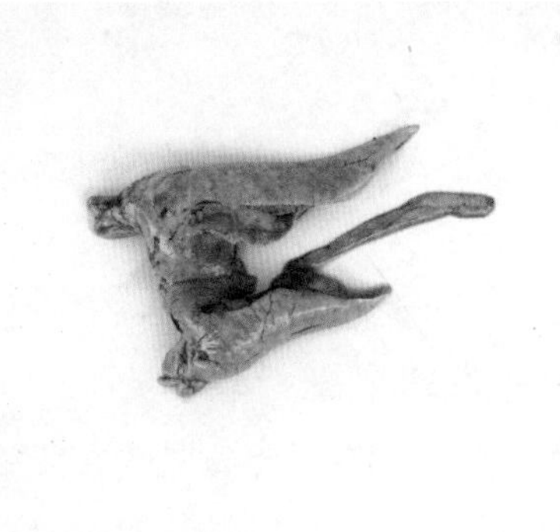

A. 病鱼；B. 健康鱼。

图5-6　病鱼肝脏发黄，胆囊墨绿色

二、细菌性疾病

1. 弧菌病

（1）病原　病原体为弧菌属中的一类弧菌，常见的有鳗弧菌、副溶血弧菌、溶藻弧菌、哈维氏弧菌等。菌体短杆状，稍弯曲或直，大小为（0.5～0.7）μm×（1～2）μm，极端单鞭毛，有运动力。革兰氏阴性菌，较适宜温度为18℃～37℃，pH为6～9。

（2）症状和诊断　此病的典型特征是体表形成溃疡，尤其是头部和尾部溃烂，所以又称为烂头烂尾病（图5-7）。病鱼初期体表皮肤有瘀点或瘀斑，出现不规则的红斑区，尤以腹部、尾柄区为盛。严重者各鳍充血发红、缺损，尾柄肌肉、头部等处溃烂，肛门红肿或有黄色黏液流出，肠道充血，肠内有黄色黏液（图5-8）。有上述症状后，在肝脏或脾脏中取样分离细菌，取样接种在TCBS选择性培养基上，37℃下培养24 h，在培养基上见到黄色菌落基本可初步诊断为弧菌病（图5-9）。要确诊必须进行细菌学的相关检查。

图5-7　弧菌病病鱼

图5-8　病鱼肠内的黄色黏液

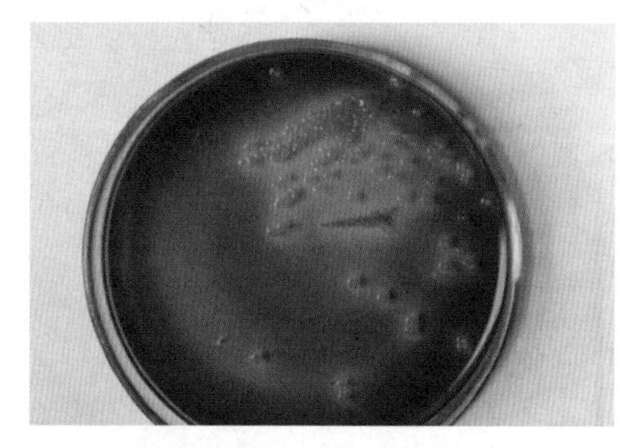

图5-9　TCBS培养基、弧菌（黄色菌落）

（3）流行情况　水温20℃以上开始流行此病，流行高峰在夏、秋高温季节。在养殖区常会发生，死亡率较高。此病流行与饵料质量关系密切。高温季节，冰冻小杂鱼和配合饲料很容易腐败发霉变质，大黄鱼摄食后，抵抗力降低，极易爆发。

（4）防治措施　投喂优质饵料，高温期少投；在饵料中添加大蒜素（大蒜粉）1～2 g/kg，可起到预防作用；发病时停止投喂饵料3 d（病情不重的不用停饵），每千克饵料中添加大蒜素（大蒜粉）3～5 g，连续投喂3 d。

2. 假单胞菌病（内脏白点病）

（1）病原　从病鱼的肝脏、脾脏中分离出的优势菌为假单胞菌，菌体细胞呈短杆状，在菌体的一端有1～6根鞭毛，有运动力。

（2）症状和诊断　病鱼活动力下降，离群缓慢游动，摄食减少甚至不摄食，体色变黑，鱼体外表及鳃部无寄生物或溃疡。解剖发现病鱼脾脏暗红色有许多白点状结节，大小在1 mm以下（图5-10），肾脏也有许多白色结节，大的在2 mm左右，结节内为死亡的细菌，在结节周围有许多活的细菌。胃、肠内容物很少。见到上述症状可初步确诊。

（3）流行情况　该病发生在大黄鱼越冬期间，对大黄鱼来说是一种多发病症，在脾脏和肾脏都有许多白点状结节，病症严重的鱼发生大量死亡。假单胞菌引起的疾病在世界各地的温水性或冷水性的海、淡水鱼中都可能发生。在日本养殖的鲕鱼从大到小都可发生。稚鱼消化不良、放养密度过大、饵料鲜度不好等因素都可引起该病的发生、流行。

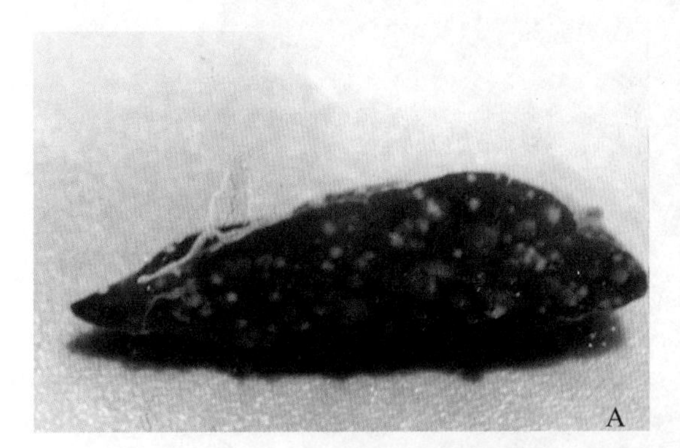

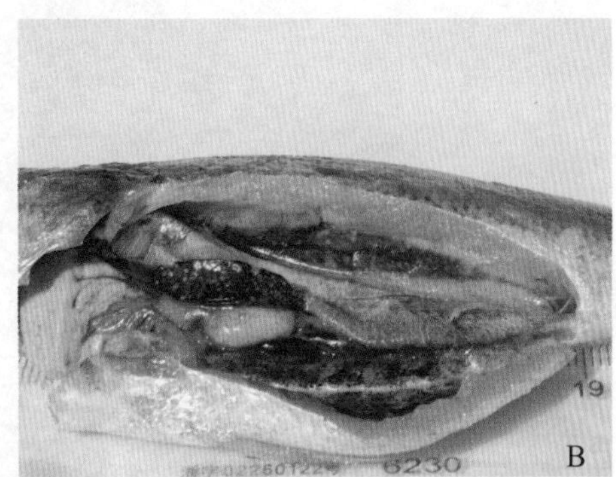

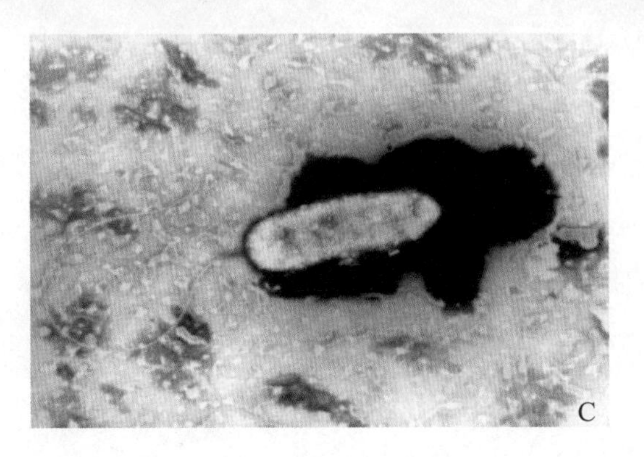

A. 病鱼脾脏照片（×2）；B. 病鱼肾脏照片（×1）；C. 病原菌电镜照片（×10 000）。

图5-10　大黄鱼假单胞菌病的病灶与病原体

（资料来源：刘振勇等，2002）

（4）防治措施　预防此病可合理控制养殖密度，改善水质环境，合理投喂饵料，保持养殖环境生态平衡，合理使用抗生素。病原菌对多西环素、四环素敏感。发病时在饵料中添加1‰～2‰的抗生素，连投3 d。

3. 诺卡氏菌病（疥疮病）与防治

（1）病原　海水鱼类的诺卡氏菌病的病原为卡帕其诺卡氏菌（*Nocardia kampachi*），革兰氏染色阳性，弱抗酸性，无运动性。菌体分枝成丝状。

（2）症状和诊断　在躯干部的皮下脂肪组织和肌肉中发生脓疡，在外观上呈许多大小不一的膨大突出、形态不规则的结节，或叫疥疮（图5-11）。在内脏有较大的结节。从脓疡处取少量脓汁涂片，进行革兰氏染色或直接在显微镜观察，见到比状菌即可确诊为诺卡氏菌病。该病发生与体表破损、饵料变质有关。

（3）防治措施　操作小心、避免鱼体损伤，控制养殖密度，科学投喂饵料。

图5-11　诺卡氏菌病

三、寄生虫性疾病

1.本尼登虫病

（1）病原　病原为梅氏新本尼登虫（*Neobenedenia melleni*）等一类单殖吸虫。虫体椭圆且扁平，白色，长径相差较大，为0.5～6.6 mm，虫体前突，前端两侧有两个小圆形的前吸盘，后端有一个卵圆形的后吸盘，后吸盘比前吸盘大得多，中央有两对锚钩，形态见图5-12。

（2）症状及诊断　该虫寄生在鱼体表各个部位，用后吸盘附着在鱼皮肤上或鳞片下，摄取鱼体上皮细胞、血球。病鱼黏液分泌过多，焦躁不安，不断狂游或摩擦

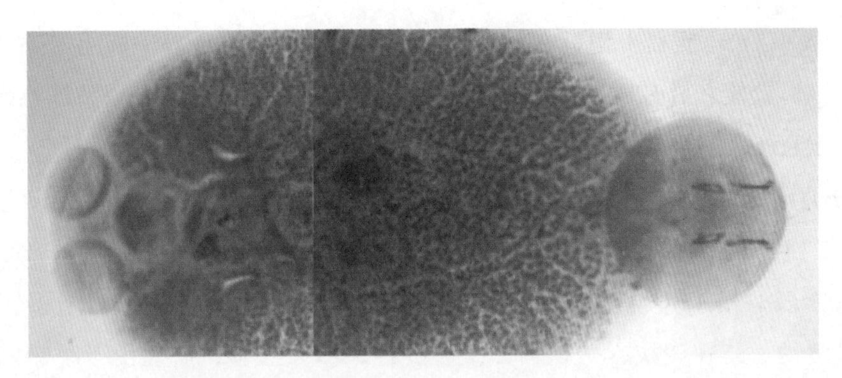

图5-12　本尼登虫

图5-13　本尼登虫病鱼

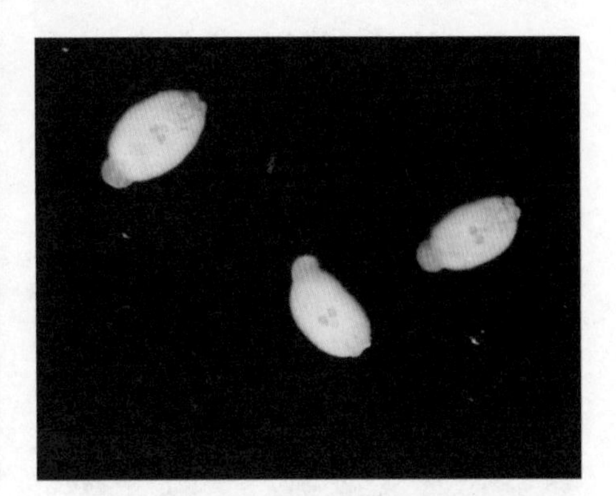

图5-14　淡水浸泡脱落的虫体

网箱壁。病鱼局部鳞片脱落，眼球发红，烂尾、烂头，往往发生继发性细菌感染、溃疡。病鱼外观见图5-13。

见到上述症状基本可初步确诊，或可用淡水浸泡病鱼1～2 min，见到许多虫体脱落到水中（多时可达几百个）便可确诊（图5-14）。

（3）流行情况　发病高峰期在9月上旬至11月中旬，低相对密度海区该病不易发生。在发病高峰期，病鱼食欲减退，由于体表溃疡引发细菌感染而致死亡，死亡率为10%左右。

（4）防治措施　用淡水浸泡驱虫虽然见效快，但在生产上不易实施，且驱虫后虫体很快又会附上。通常的防治措施是在发病高峰期在网箱内吊挂晶体敌百虫（药品），每箱挂1个瓶。吊挂方法：在装有晶体敌百虫瓶子的两侧，用锥子刺上3～5个洞，将药瓶挂在鱼摄食饵料处的网箱中，让药液慢慢渗出。

2. 瓣体虫病

（1）病原　病原体为石斑瓣体虫（*Petalosoma epinephelis*），布娄克虫是其同物异名，是原生动物中纤毛虫的一种，虫体为椭圆形或卵形，大小为（43～81）μm×

(29～55) μm。腹面平坦，有一圆形胞口和漏斗状口管，有一椭圆形大核和一圆球形小核，大核之后有一花朵状折光瓣体。腹面左右侧各有12～14条纤毛线，中间5～8条纤毛线，背面裸露无纤毛。

（2）症状及诊断　在大黄鱼鱼种培育阶段（体长2.5～10 cm），海区水温25℃～27℃，当水流不畅、培育密度大的情况下极易寄生布娄克虫。布娄克虫寄生在鱼体表、鳍条、鳃丝（图5-15、5-16）上，使鱼体黏液分泌增多。病鱼离群缓慢游动，体色变浅，头顶脑部呈粉红色，鳍条挂脏，病鱼由于呼吸困难而把鳃盖打开，其摄食大减。刮取体表黏液或剪下少许鳃丝做成湿片放在显微镜下观察，检出较多虫体便可确诊。

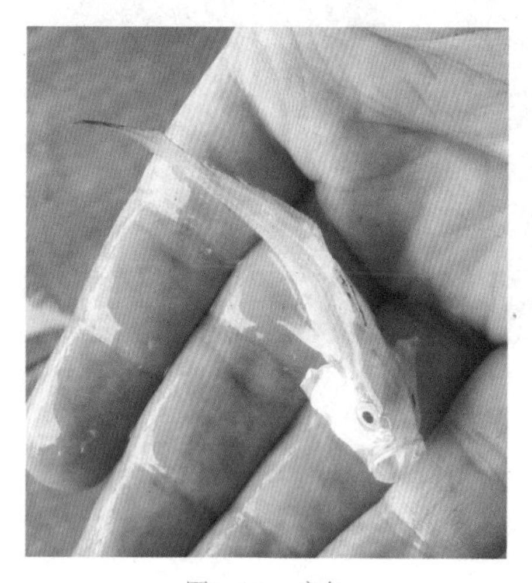

图5-15　病鱼

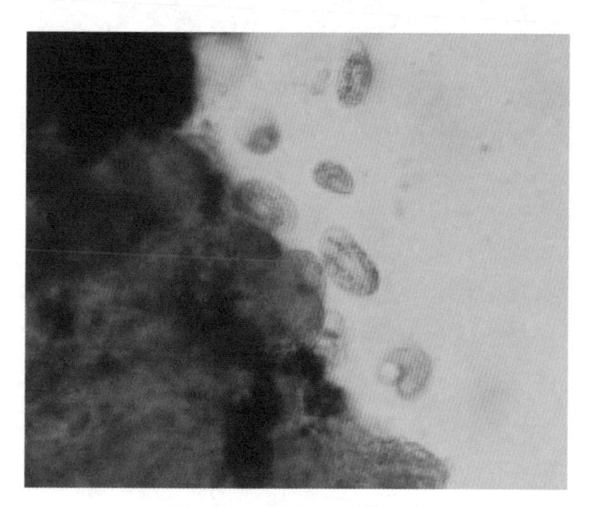

图5-16　鳃丝上的瓣体虫

（3）流行情况　高峰期为5月初至6月末。当鱼种被该虫大量寄生后便引起体质衰弱而大量死亡，日死亡率可达10%以上，在一星期左右便可全部死亡。

（4）防治措施　在鱼种培育过程中，约10 d换网一次，并及时分稀培育，在发病高峰期。治疗措施有：① 用福尔马林200～250 mL/m^{3}的海水浸洗20 min，浸洗容器用帆布桶或台湾桶，浸洗时密度控制在25～35尾/升，并要充气增氧，捞去死鱼。② 浸洗后在饵料中添加2‰～3‰的抗生素（如链霉素、四环素、氟苯尼考等），投喂5 d。浸洗后瓣体虫即可脱落或被杀死，第二天病鱼基本恢复正常。

3. 淀粉卵涡鞭虫病

（1）病原　病原为眼点淀粉卵涡鞭虫（*Amyloodinium ocellatum*），虫体内含有淀粉粒，成虫用假根状突起固着在鱼体上。寄生期的虫体为营养体，营养体成熟后形成孢囊，虫体在孢囊内用二分裂法反复进行分裂，最后形成几百个涡孢子冲出孢囊，在水中游泳，涡孢子遇到宿主鱼就会附着上去，成为营养体。形态如图5–17所示。

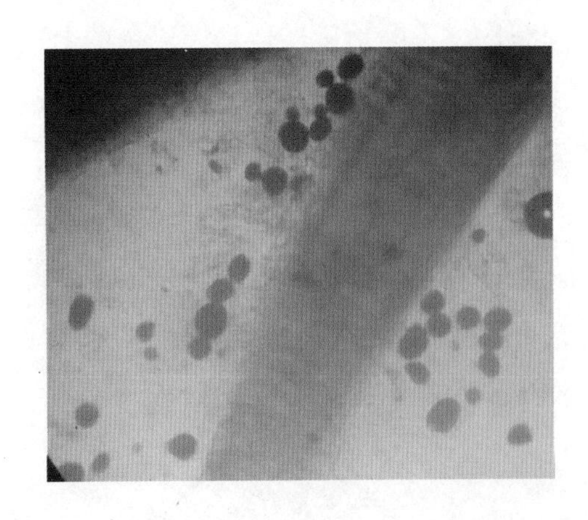

图5–17　淀粉卵涡鞭虫

（2）症状及诊断　淀粉卵涡鞭虫主要寄生在鱼的鳃、皮肤、鳍等处，肉眼可看到有许多小白点，与刺激隐核虫病相似，不过白点比刺激隐核虫病小得多。病鱼浮于水面，鳃盖开闭不规则，口不能闭，游泳迟缓，鱼体瘦弱，鳃呈灰白色，呼吸困难而死。上述症状可初步诊断为淀粉卵涡鞭虫病，但要确诊还得刮取体表黏液或剪下少许鳃丝做成湿片在显微镜下进行检查。

（3）流行情况　闽东地区每年3～6月及9～10月都会发生。3～6月时，主要是各大黄鱼人工育苗场池养的亲鱼及培育的仔、稚鱼发病，水温平均为18℃～25℃。9～10月时，此病主要发生在池塘养殖的大黄鱼上，苗种及养成鱼都可感染，发病水温在25℃～29℃。淀粉卵涡鞭虫病传染迅速，仔、稚鱼一旦发现该病在2～3d内便可大量死亡，甚至全军覆没。池养成体大黄鱼如不及时治疗也会大批死亡。

（4）防治措施　开始大黄鱼人工育苗之前，各种设施要进行清洗、消毒；亲鱼入池时要用福尔马林浓度为200～250 mL/m^{3}的海水浸浴5 min，亲鱼培育阶段也要用福尔马林溶液适时浸洗；育苗阶段要把好各环节的卫生关，一旦发病要立即隔离治疗，防止病原传播。治疗方法可用淡水浸浴3～5 min；或每吨海水泼洒硫酸铜0.8～1.2 g，连续泼洒3 d。

4. 刺激隐核虫病（白点病）

（1）病原　病原为刺激隐核虫（*Cryptocaryon irritans*），海水小瓜虫（*Ichtyohthirius marinus*）是其同物异名。虫体球形或卵形，长径为0.4～0.5 mm，全身披纤毛，前端有一胞口，有4个卵圆形组合成的呈马蹄状排列的念珠状大核（图

5–18、图5–19）。刺激隐核虫生活史（图5–20）可以分为营养体和包囊两个时期，营养体时期是寄生在鱼体上的时期，其发育过程是：游泳于水中的纤毛幼虫遇到适宜的宿主鱼时，就钻入鱼的体表或鳃的上皮组织内，不断地旋转运动，以鱼的上皮组织为食，逐渐生长发育。周围的组织受到虫体刺激后，形成白色的膜囊将虫体包住，虫体在膜囊内长成以后，破膜而出，离开鱼体，暂时游泳于水中，静止不动，自身分泌出薄膜将虫体包住，成为包囊（图5–20、图5–21、图5–22），包囊壁逐渐加厚。包囊略呈球形，直径为200～300 μm。虫体在包囊内进行分裂增殖，经多次分裂，可形成200多个的囊内纤毛幼虫。纤毛幼虫冲破包囊在水中游泳，遇到鱼体

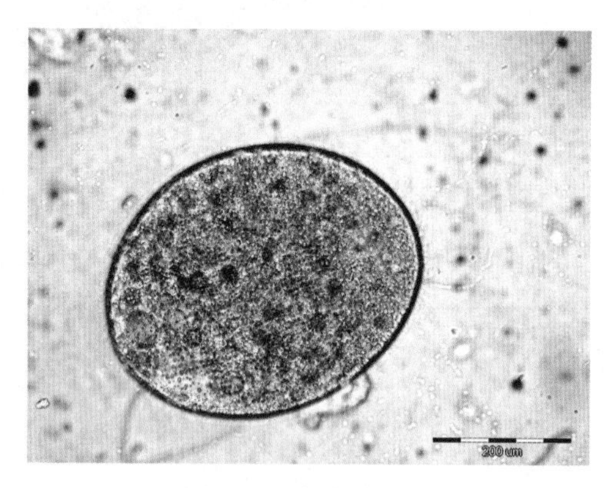

图5–18　刺激隐核虫

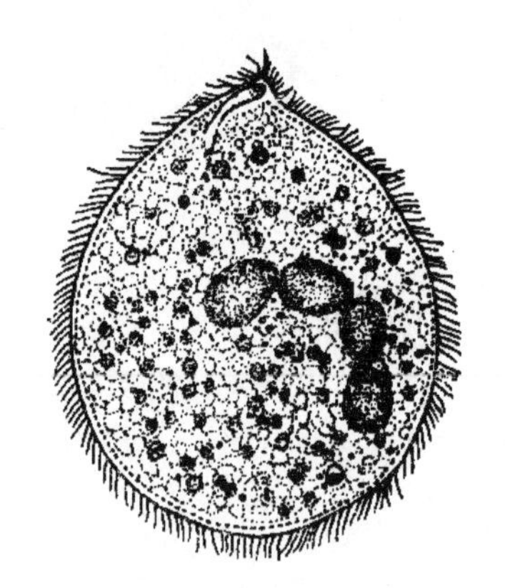
图5–19　刺激隐核虫形态示意图

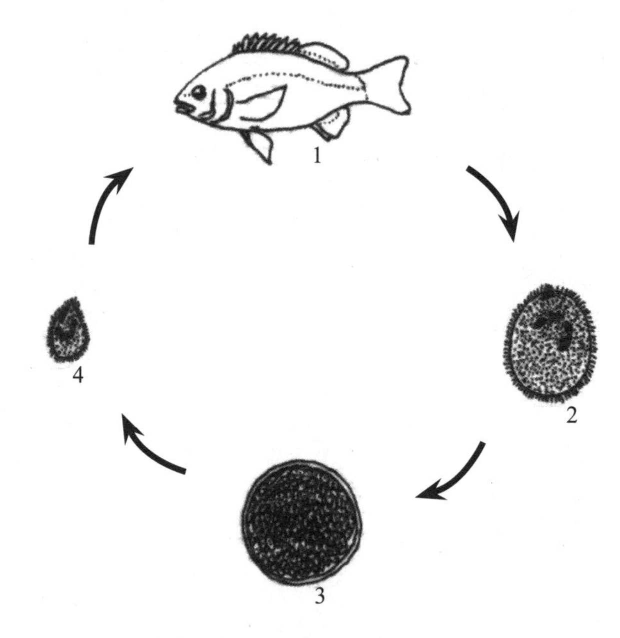

1. 大黄鱼宿主；2. 成虫；3. 包囊；4. 幼虫。
图5–20　刺激隐核虫生活史

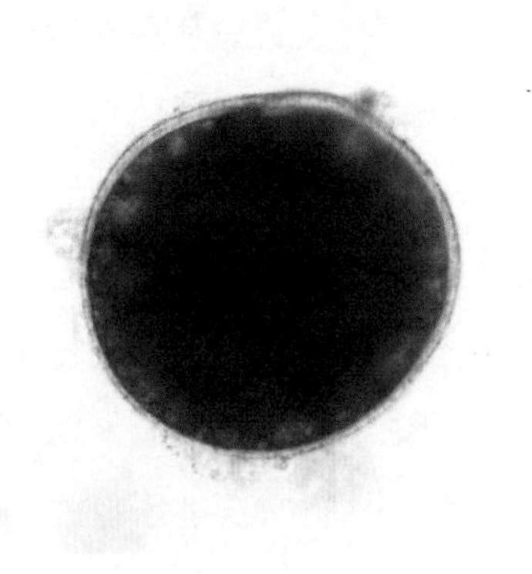

图5-21　包囊前期

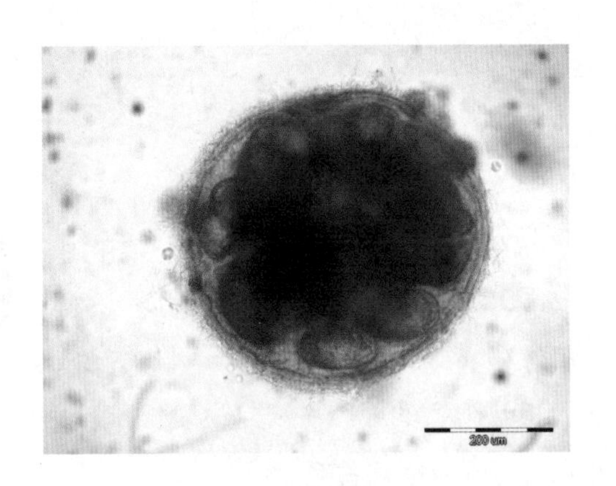

图5-22　包囊后期

后就附着上去，钻入上皮组织之下，开始新的寄生生活。整个生活史周期需7 ~ 12 d，水温的高低对生活史的周期时间有影响，水温高则周期短，水温低则周期长。

（2）*症状及诊断*　大黄鱼各阶段的鱼都可能患该病，用肉眼观察水中的鱼，其体表上有许多小白点（离水后看不到小白点），又称为白点病。刺激隐核虫主要寄生在鱼的皮肤、鳍、鳃瓣上，在眼角膜和口腔等与外界接触的地方也都可寄生。刺激隐核虫在皮肤上寄生得很牢固，必须用镊子等用力刮才能刮下。病鱼的皮肤和鳃因受刺激分泌大量黏液（图5-23），严重者体表形成一层混浊的白膜，皮肤上有许多点状充血，体表呈粉红色。

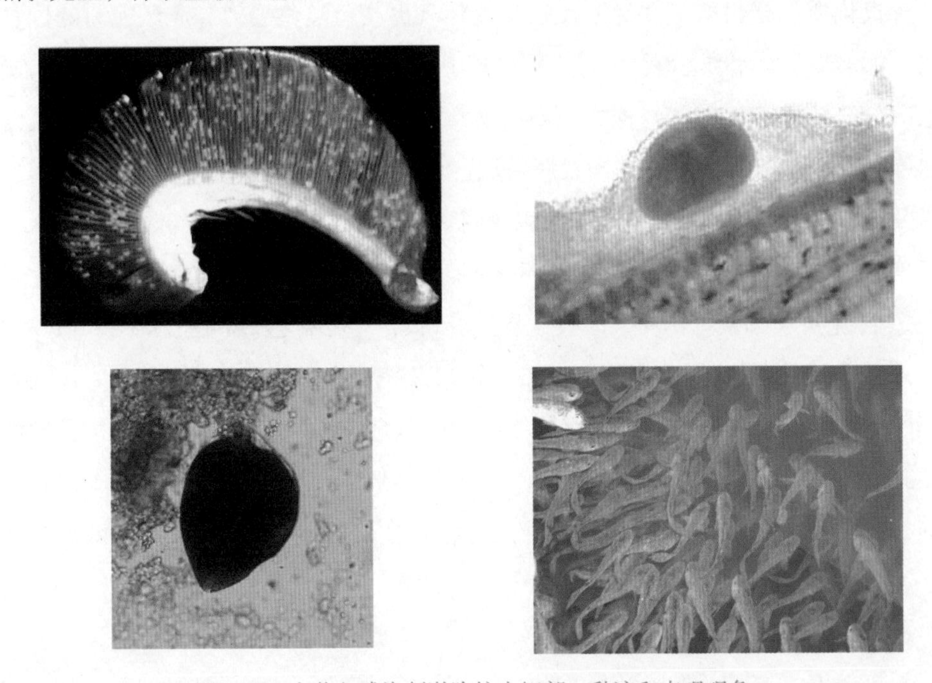

图5-23　大黄鱼感染刺激隐核虫鳃部、黏液和表观现象

（3）流行情况　网箱、室内水泥池及室外池塘养殖的大黄鱼从鱼苗到亲鱼均会发生刺激隐核虫病，发病率一般为30%～50%，在局部的网箱密集区可高达90%以上。刺激隐核虫繁殖的较适宜水温为23℃～27℃，因此该病主要流行季节为6月初至7月初和9月中旬至10月下旬的两个高峰期，目前该病的流行时间和水温有向两端延伸的趋势，在全年都有可能发生刺激隐核虫病。在适宜的水温下刺激隐核虫繁殖速度很快，在环境不良的情况下病鱼几天之内就会大批死亡，死亡率可达80%以上。患该病大批量死亡的原因主要是继发性细菌感染和缺氧，此病的发生还与放养密度过大和水流不畅有密切关系。

（4）防治措施　海上网箱、池塘不同养殖模式和室内水泥池的亲鱼患此病时，就要根据其养殖水体环境采取相应的防治措施。室内水泥池培育亲鱼与池塘养殖的大黄鱼患此病的防治措施可参照淀粉卵涡鞭虫病的防治方法。对于海上网箱养殖的大黄鱼，其防治措施如下。

预防措施：① 合理规划和布局，规范养殖行为。保持网箱内水流畅通（流速最大应达0.15～0.2 m/s），有条件者可疏散渔排至潮流畅通的新区海域进行养殖，对原养殖区可实行轮养模式使生态环境得以改善和修复。② 控制适宜的养殖密度。养殖密度应控制在每立方米30尾以下，达到商品规格的及时起捕。③ 提高鱼体的抗病能力。提倡健康养殖，投喂优质饲料，在发病高峰期（6～9月）停止投喂鲜杂鱼饵料，改投优质配合饵料，并经常投喂一些具有提高鱼类免疫力和应激能力的饲料添加剂（如多糖、多种维生素等）。④ 提高卫生意识。死鱼或濒死病鱼应及时捞出集中上岸，统一进行无害化处理，切不可随意丢弃海中，以免刺激隐核虫大量散发，增加传染源，造成二次污染，导致病情加剧和蔓延。⑤ 保持网箱清洁与水流畅通，定期泼洒生石灰等，并勤换洗网箱，以免附着孢囊孵出幼虫重新感染养殖鱼。

治疗措施：① 在发病初期，将网箱和鱼整体搬迁，改善水环境条件，效果较好。② 停止投喂鲜杂鱼饵料，改投优质配合饵料。③ 用兰片（硫酸铜）和白片（三氯尿氰酸）挂袋。每个小网箱兰片2～3片，以杀灭刺激隐核虫幼虫；白片1～2片，其作用为杀灭体表病原菌和降低水体中细菌的数量。④ 将网箱提起、套袋，用淡水或200 mL/m^{3}的福尔马林溶液浸泡10～20 min，连续2 d，杀灭寄生在鱼体上的刺激隐核虫的成虫和幼虫。⑤ 保持水流畅通，或增设增氧设施，提高水中的溶解氧含量，可有效地避免鱼的大量死亡。

5. 棘头虫病

（1）病原　病原为鲷长颈棘头虫（*Longicollum pagrsomi*），虫体长10～20 mm，

由吻、颈、躯干组成。虫体白色，呈圆筒状，吻上有11～15行吻钩，每行9～12个（图5-24、图5-25）。

（2）症状和诊断　虫体寄生在大黄鱼的直肠中，其吻刺入直肠壁内，破坏肠组织，病鱼食欲减退，身体消瘦，生长缓慢，可引起继发细菌感染，出现肠炎并发症等症。在直肠中可寄生几十只虫体，严重者导致大黄鱼死亡。

（3）流行情况　在网箱中养殖的大黄鱼偶有发现，发病高峰期为7～9月，未发现其大面积流行。虫体可能是由冰鲜饵料中带来，应引起重视。

（4）防治措施　投喂配合饵料或经冷冻的鲜饵料。发病时投喂甲苯达唑药饵，用药量每次50 mg/kg（体重），连用2 d。

图5-24　鲷长颈棘头虫

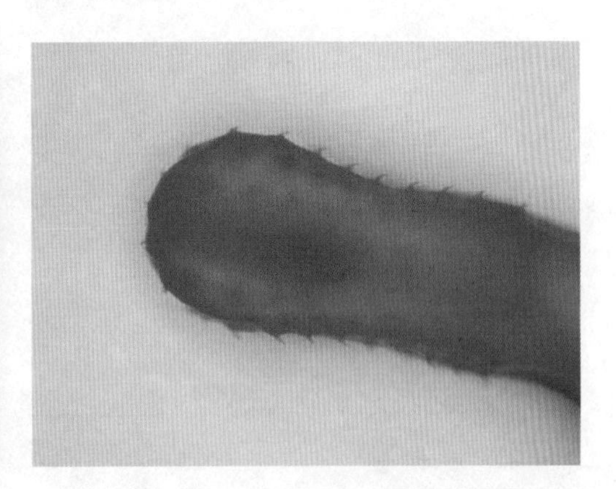

图5-25　虫体上的吻钩

第四节　非病原性疾病

非病原性疾病其病因不是由病原生物引起的疾病，其病因主要有营养不良、先天不足、环境不良等。

一、肝胆综合征

1. 病因　主要是大量或长期投喂腐败变质或冷冻的冰鲜饲料，或过量或长期使用抗生素、化学合成类药物和杀虫剂，损伤鱼体肝脏引起的。

2. 症状和诊断　病情较轻的鱼体，其体色、体形等无明显改变，仅表现为游动无力或有时烦躁不安，甚至痉挛窜游。肝脏病变的类型有：① 脂肪肝，肝组织中大量的脂肪积累，形成红、白相间的“花肝”（图5–26–A）；② 肝淤血，颜色呈暗红色，形成“红肝”，其胆囊膨大，胆汁充盈，颜色呈艳红色（图5–26–B）；③ 肝胆汁淤积，颜色变浅，形成“绿肝”，其胆囊膨大，局部呈绿色（图5–26–C）。当发现养殖鱼食欲不振或不摄食，体表无明显症状和内脏有上述症状时，结合检查投喂的饲料质量和用药史即可诊断。

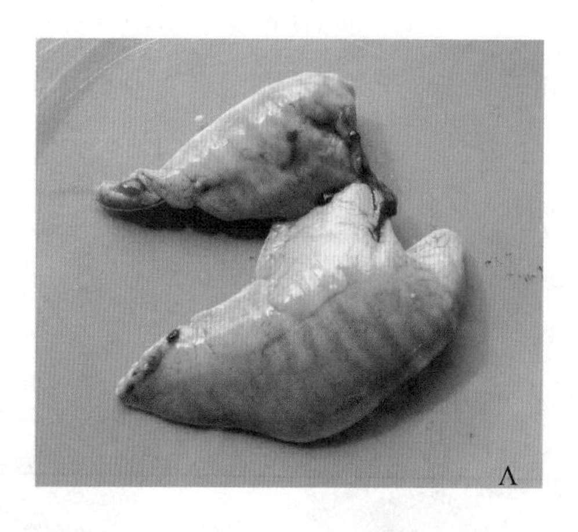

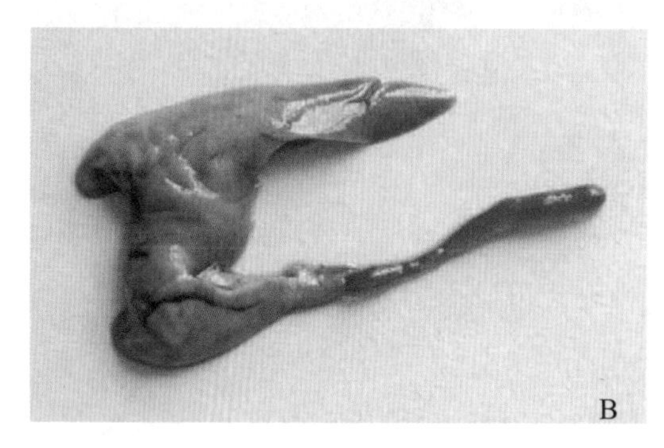

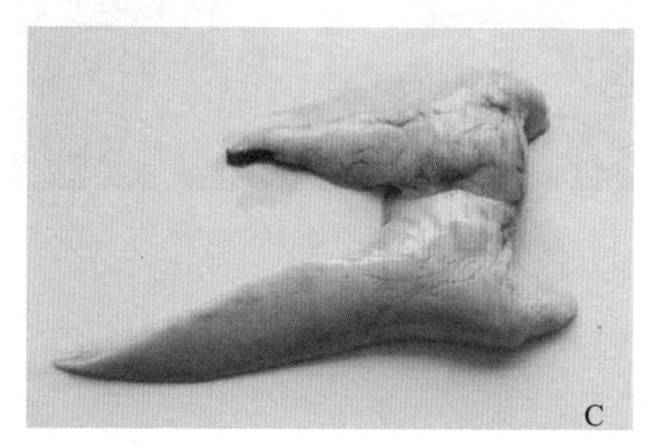

A. 脂肪肝；B. 肝淤血；C. 肝胆汁淤积。

图5–26　大黄鱼肝胆综合征

3. 流行情况　夏、秋季易发生此症，病鱼陆续死亡，死亡率最高可达20%。

4. 防治措施　改变传统的小网箱养殖模式为深水大网箱养殖模式（网箱大小达100 m^2以上，深度达5 m以上），加大鱼的活动空间，放养密度不宜过大（养殖密度控制在50尾/立方米以下），努力做到仿生态养殖，减少大黄鱼肝脏疾病的发生；投喂新鲜饵料或优质的配合饵料，控制好饵料中的脂肪含量和各种营养成分的配比，适当控制投饵量；病害防治要对症下药，谨慎使用病害防治药物，避免长期、过量使用抗生素、化学合成类药物和杀虫剂；在养殖过程中适时添加保肝利胆的药物（处方：多种维生素5 g/kg、黄肝散5 g/kg，拌饵投喂，连用5 d），以改善肝脏的生理功能。

二、卵巢滞产症

1. 病因　雌性大黄鱼卵巢中的卵细胞成熟后，无法自引排卵，便在卵巢中吸水膨胀，便发生滞产而死，总死亡率可达20%。

2. 症状和诊断　病鱼腹部膨胀，游动迟缓；解剖观察，卵巢几乎占满整个腹腔，卵粒模糊（图5–27）。见到上述症状即可确诊。

图5–27　卵巢滞产症

3. 流行情况　大黄鱼每年在春季和秋季有两个繁殖期均会发生。

4. 防治措施　扩大鱼的游动空间，网箱小改大、控制适宜的养殖密度；使用优质饵料，在秋季繁殖季节前，适当减少饵料投喂量。

三、浮头和泛池（缺氧症）

1. 病因　该病是由于水中溶解氧量低于大黄鱼的忍耐极限而发生的。在高温期，由于海水中的溶解氧含量较低，在水流不畅、网箱布局密集、养殖密度大的养殖区易出现缺氧情况，尤其是在小潮水期间的凌晨极易出现，在溶解氧低于4 mg/L时就可能发生。

2. 症状和诊断　在水中溶解氧不足的情况下，大黄鱼大量上浮水面，头朝上，口露出水面张口吞气，这叫浮头。这时如不及时进行增氧抢救，很快就会出现大批鱼窒息而死，这叫泛池。见到上述症状即可确诊。

3. 流行情况　在夏季高温期，养殖密度大，水流不畅的网箱中，或在小潮水期间，天气闷热时，时有发生此症。如果抢救不及时死亡率高达100%。

4. 防治措施　合理设置渔排，适时降低养殖密度；发现浮头时立即采取人工增氧的办法，及时用水泵抽水喷洒或用人力泼水。

四、“应激反应”综合征

1. 病因　大黄鱼为应激反应敏感的海水鱼类，受到养殖密度过大、水环境突变、长期处不良养殖环境、鱼体寄生虫等应激因子刺激，而引起持续性神经兴奋、鱼体机能与代谢紊乱。

2. 症状和诊断　患应激反应综合征早期，没有人为搬动等操作，鱼体游动或摄食正常，体表亦无充血等明显的异常现象。但一经搬动，轻者表现为不摄食、性腺不发育，最常见的是引发体表或全身充血发红、各鳍慢性溃烂的继发细菌性病症，严重者即可引发痉挛并急性休克死亡。

3. 流行情况　多数海水鱼类，尤其是大黄鱼，无论是亲鱼、鱼种、鱼苗，不管在什么季节均可发生应激反应，尤以秋季较为常见。

4. 防治措施　该症主要在于预防，其预防措施有：① 日常保持良好而稳定的养殖水环境，保持合理的养殖密度；② 定期或在养殖鱼移动操作前，投喂数日的多种维生素或维生素C，以增强鱼体的抗应激能力；③ 及时消除病原体或有关敌害生物应激源；④ 尽量避免在高温（如30℃以上）或低温（如10℃以下）等应激源条件下进行拉箱、捞鱼操作；⑤ 应激发生之前停食2～3 d，可减少应激对鱼体的危害程度；⑥ 丁香酚麻醉技术应用在大黄鱼幼鱼标志与亲鱼催产操作，可有效降低应激反应风险。

参考文献

[1] 艾庆辉，麦康森，王正丽，等. 维生素C对鱼类营养生理和免疫作用的研究进展［J］. 水产学报，2005，29（6）：857-861.

[2] 蔡立胜，吴天星，黄小燕，等. 鮸鱼、美国红鱼和大黄鱼对试验日粮的消化率研究［J］. 浙江农业学报，2006，18（3）：256-259.

[3] 陈慧，陈武，林国文，等. 官井洋种群网箱养殖大黄鱼的形态特征与生长式型［J］. 海洋渔业，2007，4（29）：331-336.

[4] 陈佳，袁重桂，阮成旭. 温度和盐度对大黄鱼生长性能的联合效应［J］. 广州大学学报（自然科学版），2013，12（5）：35-39.

[5] 陈佳杰，徐兆礼. 东、黄海大黄鱼种群划分与地理隔离分析［J］. 中国水产科学，2012，19（2）：310-320.

[6] 陈清建，叶晓园. 深水网箱黑鮸鱼与大黄鱼立体套养试验［J］. 科学养鱼，2008（1）：22-23.

[7] 陈思行. 挪威海洋渔业概况［J］. 海洋渔业，2001，23（4）：193-196.

[8] 陈志海. 抗风浪船型组合式网箱系统的研制及其应用［J］. 浙江海洋学院学报，2002，21（3）：205-209.

[9] 成永旭. 生物饵料培养学［M］. 北京：中国农业出版社，2005.

[10] 程镇燕. 大黄鱼（*Pseudosciaena crocea*）和鲈鱼（*Lateolabrax japonicus*）对几种水溶性维生素营养需求及糖类营养生理的研究［D］. 青岛：中国海洋大学，2010.

[11] 丁雪燕，何中央，何丰，等. 大黄鱼膨化和湿软饲料的饲喂效果. 宁波大学学报（理工版）［J］. 2006，19（1）：49-53.

[12] 段青源，钟惠英，斯列钢，等. 网箱养殖大黄鱼与天然大黄鱼营养成分的比较分析［J］. 浙江海洋学院报，2000，19（2）：125-128.

[13] 冯晓宇，丁玉庭，郑岳夫. 大黄鱼低沉性配合饲料养殖试验［J］. 浙江海洋学院学报（自然科学版）. 2006，25（2）：143-153.

[14] 福建省科学技术厅. 大黄鱼养殖［M］. 北京：海洋出版社，2004.

［15］郭果为，陈文列，汪彦愔，等. 寄生海水养殖鱼类的拟格拉夫涡虫（*Pseudograffilla* sp.）记述［J］. 福建师范大学学报（自然科学版），2006，22（1）：82–86.

［16］韩坤煌，黄伟卿，戴燕彬. 围网与普通网箱养殖大黄鱼营养成分的比较与分析［J］. 河北渔业，2011（12）：24–28.

［17］何爱华，林奕坚，郭永建，等. 大黄鱼幼鱼虹彩病毒感染的电镜研究［J］. 福建水产，1999（3）：56–59.

［18］何志刚，艾庆辉，麦康森. 大黄鱼营养需求研究进展［J］. 饲料工业，2010，31（24）：56–59.

［19］何志刚. 大黄鱼（*Pseudosciaen acrocea* R.）和鲈鱼（*Lateolabrax japonicus*）苏氨酸和苯丙氨酸营养生理研究［D］. 青岛：中国海洋大学，2008.

［20］侯永清. 鱼类营养与饲料配方技术［M］. 北京：化学工业出版社，2009.

［21］胡保友，杨新华. 国内外深海养殖网箱现状及发展趋势［J］. 硅谷，2008（10）：28–29.

［22］胡荣炊. 大黄鱼深水网箱养殖技术［J］. 福建水产，2011（2）：62–64.

［23］胡荣炊. 真鲷的抗风浪深水网箱养殖技术初探［J］. 福建水产，2006（2）：72–73.

［24］黄滨，关长涛，崔勇，等. 国产HDPE升降式深水网箱下沉关键技术的研究［J］. 渔业科学进展，2009，30（5）：102–107.

［25］黄伟卿，刘招坤，郑昇阳，等. 2个大黄鱼群体选育世代F2生长性状研究［J］. 水生态学杂志，2014，35（2）：80–85.

［26］黄伟卿，王楠楠. 大黄鱼三种寄生虫病爆发与同期水温关系的探讨［J］. 黑龙江农业科学，2012（12）：71–72.

［27］黄伟卿，张艺，柯巧珍，等. 大黄鱼选育子2代生长性状研究［J］. 南方水产科学，2013，9（3）：7–12.

［28］黄伟卿，张艺，刘兴彪，等. 大黄鱼瓣体虫病及其继发感染细菌性疾病的防治技术研究［J］. 齐鲁渔业，2012（10）：10–13.

［29］黄伟卿，张艺，郑昇阳，等. 鮸鱼（*Miichthys miiuy* ♀）与大黄鱼（*Larimichthys crocea* ♂）杂交子代的胚胎发育［J］. 水产学杂志，2014，27（2）：46–51.

［30］黄伟卿，韩坤煌，张艺，等. 36月龄雌、雄大黄鱼生长性状的相关分析与通径

系数［J］. 水产学杂志，2014，27（3）：39–43.
［31］黄伟卿. 淡水养殖大黄鱼技术初探［J］. 水产科学，2015，5（34）：327–330.
［32］黄伟卿，韩坤煌，陈仕玺，等. 海捕野生大黄鱼选育子代生长性能及现实遗传力分析［J］. 水产科学，2016，35（3）：204–209.
［33］黄伟卿，阮少江，张艺，等. 大黄鱼低盐养殖生长性状的相关性和遗传力分析［J］. 水产科学，2017，36（1）：78–82.
［34］黄艳平，杨先乐，湛嘉，等. 贝尼登虫及其危害的研究进展［J］. 海洋渔业，2003（2）：58–61.
［35］李兵，钟英斌，吕为群. 大黄鱼早期发育阶段对盐度的适应性［J］. 上海海洋大学学报，2012，21（2）：204–210.
［36］李会涛，麦康森，艾庆辉，等. 大黄鱼对几种饲料蛋白原料的消化率研究［J］. 水生生物学报，2007，31（3）：370–376.
［37］李会涛. 饲料中有毒有害物质对鲈鱼和大黄鱼生长的影响及其在鱼体组织残留的研究［D］. 青岛：中国海洋大学，2004.
［38］李立伟，杨文川. 梅氏新贝尼登虫钩毛蚴及成虫活力（单殖吸虫目：多室科）［J］. 厦门大学学报（自然科学版），2002，41（1）：100–102.
［39］李明云，苗亮，陈炯，等. 基于种群生态学概念论大黄鱼种群的划分［J］. 宁波大学学报，2013，26（1）：1–6.
［40］李清禄，陈强. 海水网箱养殖大黄鱼细菌性病原鉴定与感染治疗研究［J］. 应用与环境生物学报，2001（5）：489–493.
［41］李燕. 鲈鱼和大黄鱼支链氨基酸与组氨酸营养生理的研究［D］. 青岛：中国海洋大学，2010.
［42］林丹军，张健，骆嘉，等. 人工养殖的大黄鱼性腺发育及性周期研究. 福建师范大学学报（自然科学版）［J］，1992，8（3）：81–87.
［43］林克冰，周宸，刘家富，等. 海水网箱养殖大黄鱼弧菌病的病原菌［J］. 台湾海峡（自然科学版），1999，18（3）：342–346.
［44］林树根，黄志坚. 关于几种海水鱼类的养殖技术之三：大黄鱼河弧菌病的诊治［J］. 中国水产，2001（6）：52.
［45］林星，肖彭哲. 大黄鱼弧菌病的诊治［J］. 水产养殖，1998（4）：29–30.
［46］林永添，陈洪清，余祚溅. 网箱养殖大黄鱼肝胆症的成因与防治［J］. 中国水产，2004（2）：52–53.

[47] 林永添. 大黄鱼布娄克虫病的诊断与防治[J]. 中国水产，2002（7）：49.
[48] 林永添. 海水网箱养殖海水鱼黏孢子虫病的防治水产科技情报[J]. 2002，19（12）：41.
[49] 刘家富. 大黄鱼养殖与生物学[M]. 厦门：厦门大学出版社，2013.
[50] 刘家富，余祚溅，林永添，等. 大黄鱼假单胞菌病的初步研究[J]. 海洋科学，2004，28（2）：5-7.
[51] 刘家富，张艺，郑升阳，等. 论海水鱼网箱的健康养殖与节能减排[J]. 现代渔业信息，2009，24（7）：3-5.
[52] 刘家富. 配合饲料饲喂大黄鱼鱼种的试验[J]. 中国水产，1998（10）：38.
[53] 刘家富. 人工育苗条件下的大黄鱼胚胎发育及其仔、稚鱼形态特征与生态习性的研究[J]. 海洋科学，1999（6）：61-65.
[54] 刘爽，李兵，吕为群. 不同长途运输方案对大黄鱼低盐养殖的影响[J]. 广东农业科学，2013，40（8）：128-132.
[55] 刘振勇，林小金，谢友佺，等. 大黄鱼刺激隐核虫病继发细菌感染致死原因的研究[J]. 福建水产，2012，1（2）：11-15.
[56] 刘振勇，王兴春，杨毓环. 网箱养殖大黄鱼门多萨假单胞菌病的研究[J]. 水产学报，2002，26（9）：77-81.
[57] 刘振勇，谢友佺. 刺激隐核虫生活史的观察[J]. 福建水产，2010，1（3）：46-48.
[58] 刘振勇. 大黄鱼瓣体虫病的防治技术[J]. 中国水产，1998（11）：39.
[59] 孟庆付. 快速孵化卤虫冬卵的方法[J]. 科学养鱼，1995（6）：23.
[60] 孟庆闻，苏锦祥，李婉端. 鱼类比较解剖[M]. 北京：科学出版社，1987.
[61] 孟庆显. 海水养殖动物病害学[M]. 北京：中国农业出版社，1996.
[62] 农业部工人技术培训教材编审委员会. 海洋生物饵料培养[M]. 北京：中国农业出版社，1993：102-113.
[63] 全汉锋，刘巧灵. 大黄鱼育苗常见的白点病及其防治[J]. 中国水产，1997（4）：30-31.
[64] 沙学绅. 大黄鱼*Pseudosciaena crocea*（Richardson）卵子和仔、稚鱼的形态特征[J]. 海洋科学集刊，1962（2）：79-97.
[65] 上海水产学院. 组织胚胎学[M]. 北京：中国农业出版社，1981.
[66] 申屠基康. 大黄鱼对21种饲料原料表观消化率及色氨酸营养需要研究[D]. 青

岛：中国海洋大学，2010.
［67］沈锦玉，余旭平，潘晓艺，等. 网箱养殖大黄鱼假单胞菌病病原的分离与鉴定［J］. 海洋水产研究，2008，29（1）：1-6.
［68］沈盎绿，陈亚瞿. 低盐度驯化对大黄鱼和黑鲷存活的影响［J］. 水利渔业，2007，27（6）：47-48.
［69］苏锦祥. 鱼类学与海水鱼类养殖学［M］. 北京：中国农业出版社，1993.
［70］苏跃中，游岚. 大黄鱼稚幼鱼窒息点与耗氧率的初步研究［J］. 福建水产，1995（4）：21-24.
［71］田明诚，徐恭昭，余日秀. 大黄鱼*Pseudosciaena crocea*（Richardson）形态特征的地理变异与地理种群问题［J］. 海洋科学集刊，1962（2）：79-97.
［72］万军利. 鲈鱼和大黄鱼必需氨基酸营养生理研究［D］. 青岛：中国海洋大学，2005.
［73］汪彦愔，郭果为，高如承，等. 寄生海水养殖鱼类的拟格拉夫涡虫的流行、危害与防治［J］. 水产学报，2006，30（2）：260-263.
［74］汪彦愔，郭果为，高如承，等. 一种危害眼斑拟石首鱼的寄生涡虫及其防治［J］. 水产学报，2002，26（4）：379-381.
［75］王丹丽，徐善良，严小军，等. 大黄鱼仔、稚、幼鱼发育阶段的脂肪酸组成及其变化［J］. 水产学报，2006，30（2）：241-245.
［76］王晓清，王志勇，何湘蓉. 大黄鱼（*Larimichthys crocea*）耐环境因子试验及其遗传力的估计［J］. 海洋与湖沼，2009，40（6）：781-785.
［77］王秀英，邵庆均，黄磊. 高不饱和脂肪酸强化培养的卤虫无节幼体培育海水鱼苗的应用及其研究进展［C］//舟山国家“863”计划资源环境技术领域办公室第一届海洋生物高技术论坛论文集. 2003：142-148.
［78］王月娜，李频钟. 刺激隐核虫（*Cryptocaryon irritans*）的研究进程［J］. 科学时代，2011（9）：49-51.
［79］徐恭昭，罗秉征，黄颂芳. 大黄鱼生殖季节体长体重关系的种内变异［J］. 海洋科学集刊，1984（22）：1-8.
［80］徐恭昭，罗秉征，王可玲. 大黄鱼*Pseudosciaen acrocea*（Richardson）种群结构的地理变异［J］. 海洋科学集刊，1962（2）：98-109.
［81］徐君卓. 深水网箱养鱼业的现状与发展趋势［J］. 海洋渔业，2004，26（3）：225-230.

[82] 薛学忠. 大黄鱼贝尼登虫病及防治技术［J］. 福建农业科技，1993（3）：41–42.

[83] 鄢庆枇，王军，苏永全，等. 网箱养殖大黄鱼弧菌病研究［J］. 集美大学学报（自然科学版），2001，6（3）：191–196.

[84] 杨文川，李立伟，石磊，等. 福建海水养殖鱼类寄生贝尼登虫病原学研究［J］. 台湾海峡，2001，20（2）：205–209.

[85] 杨文川，李立伟，王彦海. 福建海水养殖鱼类本尼登虫病研究［J］. 海洋科学，2004，28（7）：36–39.

[86] 伊伦甫. 海水鱼类营养需求及饲料的配制［J］. 饲料研究，2006（3）：48–52.

[87] 于海瑞. 大黄鱼仔、稚鱼营养生理及其开口饲料的开发研究［D］. 青岛：中国海洋大学，2003.

[88] 于海瑞. 大黄鱼仔、稚鱼消化生理、蛋白质和蛋氨酸需求量的研究［D］. 青岛：中国海洋大学，2006.

[89] 张春晓，麦康森，艾庆辉，等. 饲料中添加肽聚糖对大黄鱼生长和非特异性免疫力的影响［J］. 水产学报，2008，32（3）：411–416.

[90] 张春晓. 大黄鱼（*Pseudosciaen acrocea* R.）、鲈鱼（*Lateolabrax japonicus*）主要B族维生素和矿物质——磷的营养生理研究［D］. 青岛：中国海洋大学，2006.

[91] 张佳明，艾庆辉，麦康森，等. 大黄鱼幼鱼对饲料中的锌需求量［J］. 水产学报，2008，32（3）：417–424.

[92] 张佳明. 鲈鱼（*Lateolabrax japonicus*）和大黄鱼（*Pseudosciaen acrocea* R.）微量元素——锌、铁的营养生理研究［D］. 青岛：中国海洋大学，2007.

[93] 张璐，艾庆辉，张春晓，等. 不同无机盐预混料含量对鲈鱼生长和钙磷代谢的影响［J］. 水产科学，2008，27（1）：4–7.

[94] 张璐，麦康森，艾庆辉，等. 饲料中添加植酸酶和非淀粉多糖酶对大黄鱼生长和消化酶活性的影响［J］. 中国海洋大学学报，2006，36（6）：923–928.

[95] 张璐. 鲈鱼和大黄鱼几种维生素的营养生理研究和蛋白源开发［D］. 青岛：中国海洋大学，2006.

[96] 张其永，洪万树，杨圣云，等. 大黄鱼地理种群划分的探讨［J］. 现代渔业信息，2011，26（2）：3–8.

[97] 张清靖，赵萌，贾成霞，等. 轮虫土池规模化培养中的敌害防治［J］. 中国水

产，2009（6）：59–60.

［98］张庆华，瞿小英，郑岳夫，等. 大黄鱼体表溃烂症病原菌的鉴定［J］. 上海水产大学学报，2003，12（3）：233–237.

［99］张薇，徐善良，沈勤，等. 大黄鱼鱼种阶段脂肪酸组成研究［J］. 水产科学，2009，28（3）：117–121.

［100］张学舒，王英. 大黄鱼鱼苗耗氧率和窒息点的研究［J］. 经济动物学报，2007，11（3）：148–152.

［101］赵金柱. 大黄鱼（*Pseudosciaena crocea* Richardson）仔、稚鱼脂类营养生理的研究［D］. 青岛：中国海洋大学，2006.

［102］赵占宇. 共轭亚油酸（CLA）对大黄鱼脂肪代谢、免疫、肉品质及PPAR基因表达的影响［D］. 杭州：浙江大学，2008.

［103］郑长涛，林德芳，杨长厚，等. HDPE双管圆形深海抗风浪网箱的研制［J］. 海洋水产研究，2005，26（1）：61–67.

［104］朱元鼎，罗云林，伍汉霖. 中国石首鱼类分类系统的研究和新属新种的叙述［M］. 上海：上海科学技术出版社，1963.

［105］朱元鼎，伍汉霖. 福建鱼类志下卷［M］. 福州：福建科学技术出版社，1985.

［106］Ai Q, Mai K, Tan B, et al. Replacement of fish meal by meat and bone meal in diets for large yellow croaker, *Pseudosciaena crocea*. Aquaculture, 2006, 260（1–4）: 255–263.

［107］Ai Q, Mai Kn, Tan B, et al. Effects of dietary Vitamin C on survival, growth, and immunity of large yellow croaker, *Pseudosciaena crocea*. Aquaculture, 2006, 261（1）: 327–336.

［108］Duan Q, Mai K, Zhong H, et al. Studies on the nutrition of the large yellow croaker, *Pseudosciaena crocea* R. I: growth response to graded levels of dietary protein and lipid. Aquaculture Research, 2001, 32（Suppl.1）: 46–52.

［109］Mai K, Wan J, Ai Q, et al. Dietary methionine requirement of large yellow croaker, *Pseudosciaena crocea* R. Aquaculture, 2006, 253（1–4）: 564–572.

［110］Mai K, Zhang C, Ai Q, et al. Dietary phosphorus requirement of large yellow croaker, *Pseudosciaena crocea*. Aquaculture, 2006, 251（2–4）: 346–353.

附 录

附录1

NY

中华人民共和国农业行业标准

NY 5052—2001

无公害食品　海水养殖用水水质

1. 范围

本标准规定了海水养殖用水水质要求、测定方法、检验规则和结果判定。

本标准适用于海水养殖用水。

2. 规范性引用文件

下列文件中的条款通过本标准的引用而成为本标准的条款。凡是注日期的引用文件，其随后所有的修改单（不包括勘误的内容）或修订版均不适用于本标准，然而，鼓励根据本标准达成协议的各方研究是否可使用这些文件的最新版本。凡是不注日期的引用文件，其最新版本适用于本标准。

GB/T 7467 水质　六价铬的测定　二苯碳酰二肼分光光度法

GB/T 12763.2　海洋调查规范　海洋水文观测

GB/T 12763.4　海洋调查规范　海水化学要素观测

GB/T 13192　水质 有机磷农药的测定　气相色谱法

GB 17378（所有部分）海洋监测规范

3. 要求

海水养殖水质应符合表1要求。

表1　海水养殖水质标准

序　号	项　目	标准值
1	色、臭、味	海水养殖水体不得有异色、异臭、异味
2	大肠菌群，个/升	≤5 000，供人生食的贝类养殖水质≤500
3	粪大肠菌群，个/升	≤2 000，供人生食的贝类养殖水质≤140
4	汞，mg/L	≤0.000 2
5	镉，mg/L	≤0.005
6	铅，mg/L	≤0.05
7	六价铬，mg/L	≤0.01
8	总铬，mg/L	≤0.1
9	砷，mg/L	≤0.03
10	铜，mg/L	≤0.01
11	锌，mg/L	≤0.1
12	硒，mg/L	≤0.02

续表

序　号	项　目	标准值
13	氰化物，mg/L	≤0.005
14	挥发性酚，mg/L	≤0.005
15	石油类，mg/L	≤0.05
16	六六六，mg/L	≤0.001
17	滴滴涕，mg/L	≤0.000 05
18	马拉硫酸，mg/L	≤0.000 5
19	甲基对硫磷，mg/L	≤0.000 5
20	乐果，mg/L	≤0.1
21	多氯联苯，mg/L	≤0.000 02

4. 测定方法

海水养殖用水水质按表2提供方法进行分析测定。

表2　海水养殖水质项目测定方法

序　号	项　目	分析方法	检出限（mg/L）	依据标准
1	色、臭、味	（1）比色法　（2）感官法	– –	GB/T 12763.2 GB 17378
2	大肠菌群	（1）发酵法　（2）滤膜法	–	GB 17378
3	粪大肠菌群	（1）发酵法　（2）滤膜法	–	GB 17378
4	汞	（1）冷原子吸收分光光度法 （2）金捕集冷原子吸收分光光度法 （3）双硫腙分光光度法	1.0×10^{-6} 2.7×10^{-6} 4.0×10^{-4}	GB 17378 GB 17378 GB 17378
5	镉	（1）双硫腙分光光度法 （2）火焰原子吸收分光光度法 （3）阳极溶出伏安法 （4）无火焰原子吸收分光光度法	3.6×10^{-3} 9.0×10^{-5} 9.0×10^{-5} 1.0×10^{-5}	GB 17378 GB 17378 GB 17378 GB 17378
6	铅	（1）双硫腙分光光度法 （2）阳极溶出伏安法 （3）无火焰原子吸收分光光度法 （4）火焰原子吸收分光光度法	1.4×10^{-3} 3.0×10^{-4} 3.0×10^{-5} 1.8×10^{-3}	GB 17378 GB 17378 GB 17378 GB 17378
7	六价铬	二苯碳酰二肼分光光度法	4.0×10^{-3}	GB/T 7467

续表

序 号	项 目	分析方法	检出限（mg/L）	依据标准
8	总铬	（1）二苯碳酰二肼分光光度法 （2）无火焰原子吸收分光光度法	3.0×10^{-4} 4.0×10^{-4}	GB 17378 GB 17378
9	砷	（1）砷化氢-硝化氢-硝酸银分光光度法 （2）氢化物发生原子吸收分光光度法 （3）催化极谱法	4.0×10^{-4} 6.0×10^{-5} 1.1×10^{-3}	GB 17378 GB 17378 GB 7585
10	铜	（1）二乙氨基二硫化甲酸钠分光光度法 （2）无火焰原子吸收分光光度法 （3）阳极溶出伏安法 （4）火焰原子吸收分光光度法	8.0×10^{-5} 2.0×10^{-4} 6.0×10^{-4} 1.1×10^{-3}	GB 17378 GB 17378 GB 17378 GB 17378
11	锌	（1）双硫腙分光光度法 （2）阳极溶出伏安法 （3）火焰原子吸收分光光度法	1.9×10^{-3} 1.2×10^{-3} 3.1×10^{-3}	GB 17378 GB 17378 GB 17378
12	硒	（1）荧光分光光度法 （2）二氨基联苯胺分光光度法 （3）催化极谱法	2.0×10^{-4} 4.0×10^{-4} 1.0×10^{-4}	GB 17378 GB 17378 GB 17378
13	氰化物	（1）异烟酸-吡唑啉酮分光光度法 （2）吡啶-巴比士酸分光光度法	5.0×10^{-4} 3.0×10^{-4}	GB 17378 GB 17378
14	挥发性酚	蒸馏后4-氨基安替比林分光光度法	1.1×10^{-3}	GB 17378
15	石油类	（1）环己烷萃取荧光分光光度法 （2）紫外分光光度法 （3）重量法	6.5×10^{-3} 3.5×10^{-3} 0.2	GB 17378 GB 17378 GB 17378
16	六六六	气相色谱法	1.0×10^{-6}	GB 17378
17	滴滴涕	气相色谱法	3.8×10^{-6}	GB 17378
18	马拉硫磷	气相色谱法	6.4×10^{-4}	GB/T 13192
19	甲基对硫磷	气相色谱法	4.2×10^{-4}	GB/T 13192
20	乐果	气相色谱法	5.7×10^{-4}	GB 13192
21	多氯联苯	气相色谱法	1.0×10^{-6}	GB 17378
注：部分有多种测定方法的指标，在测定结果出现争议时，以方法（1）测定为仲裁结果				

5. 检验规则

海水养殖用水水质监测样品的采集、贮存、运输和预处理按GB/T 12763.4和GB 17378.3的规定执行。

6. 结果判定

本标准采用单项判定法，所列指标单项超标，判定为不合格。

附录2

NY

中华人民共和国农业行业标准

NY 5072—2002
代替NY 5072—2001

无公害食品　渔用配合饲料安全限量

1. 范围

本标准规定了渔用配合饲料安全卫生限量的要求、试验方法、检验规则。

本标准适用于渔用配合饲料的成品，其他形式的渔用饲料可参照执行。

2. 规范性引用文件

下列文件中的条款通过本标准的引用而成为本标准的条款。凡是注日期的引用文件，其随后所有的修改单（不包括勘误的内容）或修订版均不适用于本标准，然而，鼓励根据本标准达成协议的各方研究是否可使用这些文件的最新版本。凡是不注日期的引用文件，其最新版本适用于本标准。

GB/T 5009.45　水产品卫生标准的分析方法

GB/T 9675　海产食品中多氯联苯的测定方法

GB/T 13080　饲料中铅的测定方法

GB/T 13081　饲料中汞的测定方法

GB/T 13082　饲料中镉的测定方法

GB/T 13083　饲料中氟的测定方法

GB/T 13084　饲料中氰化物的测定方法

GB/T 13086　饲料中游离棉酚的测定方法

GB/T 13087　饲料中异硫氰酸酯的测定方法

GB/T 13088　饲料中铬的测定方法

GB/T 13089　饲料中噁唑烷硫酮的测定方法

GB/T 13090　饲料中六六六、滴滴涕的测定

GB/T 13091　饲料中沙门氏菌的检验方法

GB/T 13092　饲料中霉菌的检验方法

GB/T 14699.1　饲料采样方法

GB/T 17480—1998　饲料中黄曲霉毒素B1的测定　酶联免疫吸附法

SC 3501　鱼粉

SC/T 3502　鱼油

《饲料药物添加剂使用规范》[中华人民共和国农业部公告[2001]第168号]

《禁止在饲料中动物饮用水中使用的药物品种目录》[中华人民共和国农业部公告[2002]第176号]

《食品动物禁用的兽药及其他化合物清单》[中华人民共和国农业部公告

［2002］第193号］

3. 要求

3.1　原料要求

3.1.1　加工渔用饲料所用原料应符合各类原料标准的规定，不得使用受潮、发霉、生虫、腐败变质及受到石油、农药、有害金属等污染的原料。

3.1.2　皮革粉应经过脱铬、脱毒处理。

3.1.3　大豆原料应经过破坏蛋白酶抑制因子的处理。

3.1.4　鱼粉的质量应符合SC 3501的规定。

3.1.5　鱼油的质量应符合SC/T 3502中二级精制鱼油的要求。

3.1.6　使用的药物添加剂种类及用量应符合农业部《允许作饲料药物添加剂的兽药品种及使用规定》中的规定。

3.2　安全卫生指标

渔用配合饲料的安全限量应符合表1规定。

表1　渔用配合饲料的安全限量

项　目	限　量	适用范围
铅（以Pb计），mg/kg	≤5.0	各类渔用饲料
汞（以Hg计），mg/kg	≤0.5	各类渔用饲料
无机砷（以As计），mg/kg	≤3	各类渔用饲料
镉（以Cd计），mg/kg	≤3	虾类配合饲料
	≤0.5	其他渔用配合饲料
铬（以Cr计），mg/kg	≤10	各类渔用饲料
氟（以F计），mg/kg	≤350	各类渔用饲料
喹乙醇，mg/kg	不得检出	各类渔用饲料
游离棉酚，mg/kg	≤300	温水杂食性鱼类、虾类配合饲料
	≤150	冷水性鱼类、海水鱼类配合饲料
氰化物，mg/kg	≤50	各类渔用饲料
多氯联苯，mg/kg	≤0.3	各类渔用饲料
异硫氰酸酯，mg/kg	≤500	各类渔用饲料
噁唑烷硫酮，mg/kg	≤500	各类渔用饲料

续表

项 目	限 量	适用范围
油脂酸价（KOH），mg/g	≤2	渔用育成饲料
	≤6	渔用育苗饲料
	≤3	鳗鲡育苗饲料
黄曲霉毒素B_1，mg/kg	≤0.01	各类渔用饲料
六六六，mg/kg	≤0.3	各类渔用饲料
滴滴涕，mg/kg	≤0.2	各类渔用饲料
沙门氏菌，cfu/25 g	不得检出	各类渔用饲料
霉菌，cfu/g	$\leq 3\times10^4$	各类渔用饲料

4. 检验方法

4.1 铅的测定

按GB/T 13080规定进行。

4.2 汞的测定

按GB/T 13081规定进行。

4.3 无机砷的测定

按GB/T 5009.45规定进行。

4.4 镉的测定

按GB/T 13082规定进行。

4.5 铬的测定

按GB/T 13088规定进行。

4.6 氟的测定

按GB/T 13083规定进行。

4.7 游离棉酚的测定

按GB/T 13086规定进行。

4.8 氰化物的测定

按GB/T 13084规定进行。

4.9 多氯联苯的测定

按GB/T 9675规定进行。

4.10　异硫氰酸酯的测定

按GB/T 13087规定进行。

4.11　噁唑烷硫酮的测定

按GB/T 13089规定进行。

4.12　油脂酸价的测定

按SC/T 3501中规定进行。

4.13　黄曲霉毒素B1的测定

按GB/T 17480规定进行。

4.14　喹乙醇的测定

SN/T 0197规定进行。

4.15　六六六、滴滴涕的测定

按GB/T 13090规定进行。

4.16　沙门氏菌的检验

按GB/T 13091规定进行。

4.17　霉菌的检验

按GB/T 13092规定进行。

5. 检验规则

5.1　组批

以生产企业中每天（班）生产的成品为一检验批，按批号抽样。在销售者或用户处按产品出厂包装的标示批号抽样。

5.2　抽样

渔用配合饲料产品的抽样按GB/T 14699.l—1993规定执行。

批量在1 t以下时，按其袋数的1/4抽取。批量在1 t以上时，抽样袋数不少于10袋。沿堆积立面以X形或W形对各袋抽取。产品未堆垛时应在各部位随机抽取，样品抽取时一般应用钢管或铜制管制成的槽形取样器。由各袋取出的样品应充分混匀后按四分法分别留样。每批饲料的检验用样品不少于500 g。另有同样数量的样品作为留样备查。

作为抽样应有记录，内容包括样品名称、型号、抽样时间、地点、产品批号、抽样数量、抽样人签字等。

5.3 判定

5.3.1 渔用配合饲料中所检的各项安全指标均应符合标准要求。

5.3.2 所检安全指标中有一项不符合标准规定时，允许加倍抽样将此项指标复验一次，按复验结果判定本批产品是否合格。经复检后所检指标仍不合格的产品则判为不合格品。

附录3

SC

中华人民共和国水产行业标准

SC/T 2049.2—2006

大黄鱼 鱼苗鱼种

1. 范围

本标准规定了大黄鱼*Pseudosciaena crocea*（Richardson）鱼苗、鱼种的来源、质量要求、试验方法和检验规则。

本标准适用于闽—粤东族大黄鱼鱼苗、鱼种。

2. 规范性引用文件

下列文件中的条款通过本标准的引用而成为本标准的条款。凡是注日期的引用文件，其随后所有的修改单（不包括勘误的内容）或修订版均不适用于本标准，然而，鼓励根据本标准达成协议的各方研究是否可使用这些文件的最新版本。凡是不注日期的引用文件，其最新版本适用于本标准。

SC/T 2049.1**大黄鱼亲鱼**

3. 苗种来源

3.1　鱼苗

由符合SC/T 2049.1 规定的亲鱼人工繁殖或海区捕捞的鱼苗。

3.2　鱼种

由符合SC/T 2049.1 规定的亲鱼人工繁殖或海区捕捞的鱼种。

4. 鱼苗质量

4.1　外观

4.1.1　鱼苗大小规格整齐。

4.1.2　肉眼观察95%以上的鱼苗卵黄囊基本消失、鳔充气、能平游和主动摄食，且色泽光亮。

4.1.3　集群游泳，行动活泼，在容器中轻微搅动水体，90%以上的鱼苗有逆水能力。

4.2　可数与可量指标

4.2.1　可数指标

畸形率小于3%，伤病率小于1%。

4.2.2　可量指标

95%以上的鱼苗全长达到3.0 cm以上。

4.3　检疫

对国家规定的二、三类疫病进行检疫。

5. 鱼种质量

5.1　外观

5.1.1　鱼种大小规格整齐。

5.1.2　体形正常，鳍条、鳞被完整。

5.1.3　体表光滑有黏液，色泽正常，游动活泼。

5.2　可数与可量指标

5.2.1　可数指标

畸形率小于1%，伤病率小于1%。

5.2.2　可量指标

5.2.2.1　鱼种体长与体重的关系式为：$W=0.022\ 2L^{2.948\ 8}$。式中：L—鱼体体长，单位为厘米（cm）；W—鱼体体重，单位为克（g）。

大黄鱼鱼种体长与体重的对应关系见表1。

表1　大黄鱼鱼种体长与体重的对应关系

体长（cm）	体重（g）	体长（cm）	体重（g）	体长（cm）	体重（g）	体长（cm）	体重（g）
10.0	19.7	12.5	38.1	15.0	65.2	17.5	102.8
10.1	20.3	12.6	39.0	15.1	66.5	17.6	104.5
10.2	20.9	12.7	39.9	15.2	67.8	17.8	108.0
10.3	21.5	12.8	40.9	15.3	69.1	17.9	109.8
10.4	22.2	12.9	41.8	15.4	70.5	18.0	111.7
10.5	22.8	13.0	42.8	15.5	71.8	18.1	113.5
10.6	23.4	13.1	43.7	15.6	73.2	18.2	115.4
10.7	24.1	13.2	44.7	15.7	74.6	18.3	117.2
10.8	24.8	13.3	45.7	15.8	76.0	18.4	119.1
10.9	25.4	13.4	46.8	15.9	77.5	18.5	121.1
11.0	26.1	13.5	47.8	16.0	78.9	18.6	123.0
11.1	26.8	13.6	48.9	16.1	80.4	18.7	125.0
11.2	27.6	13.7	49.9	16.2	81.8	18.8	126.9
11.3	28.3	13.8	51.0	16.3	83.3	18.9	128.9
11.4	29.0	13.9	52.1	16.4	84.9	19.0	131.0
11.5	29.8	14.0	53.2	16.5	86.4	19.1	133.0
11.6	30.6	14.1	54.3	16.6	87.9	19.2	135.1

体长（cm）	体重（g）	体长（cm）	体重（g）	体长（cm）	体重（g）	体长（cm）	体重（g）
11.7	31.3	14.2	55.5	16.7	89.5	19.3	137.2
11.8	32.1	14.3	56.7	16.8	91.1	19.4	139.3
11.9	33.0	14.4	57.8	16.9	92.7	19.5	141.4
12.0	33.8	14.5	59.0	17.0	94.3	19.6	143.5
12.1	34.6	14.6	60.2	17.1	96.0	19.7	145.7
12.2	35.5	14.7	61.5	17.2	97.7	19.8	147.9
12.3	36.3	14.8	62.7	17.3	99.3	19.9	150.1
12.4	37.2	14.9	64.0	17.4	101.0	20.0	152.3

5.2.2.2　鱼种的体重实测值与理论值的偏差应在10%以内。

5.3　检疫

对国家规定的二、三类疫病进行检疫。

6. 试验方法

6.1　外观要求

用肉眼观察。

6.2　可量指标

全长、体长用直尺（精确到0.1 cm）测量，体重用天平（精确到0.1 g）称重。

6.3　可数指标

用肉眼观察计数。

6.4　检疫

按水生动物疫病检疫方法检验。

7. 检验规则

7.1　抽样

每批鱼苗、鱼种随机取样应在100尾以上，鱼苗、鱼种可量指标测量每批应分别在50尾和30尾以上。

7.2　判定

7.2.1　所检的各项指标均应符合标准要求。

7.2.2　检疫不合格时，则判定本批鱼苗、鱼种为不合格；所检其他指标中有一项不符合标准规定时，允许抽样将此项指标复检一次，按复检结果判定本批鱼苗、鱼种是否合格。经复检后所检指标仍不合格的则判本批鱼苗、鱼种为不合格。